软件测试丛书

▼

Selenium
自动化测试完全指南

▼

基于 Python

赵卓◎编著

人民邮电出版社
北京

图书在版编目（CIP）数据

Selenium自动化测试完全指南：基于Python / 赵卓编著. -- 北京：人民邮电出版社, 2021.5
（软件测试丛书）
ISBN 978-7-115-55716-2

Ⅰ. ①S… Ⅱ. ①赵… Ⅲ. ①软件工具－自动检测－指南 Ⅳ. ①TP311.561-62

中国版本图书馆CIP数据核字(2020)第262671号

内 容 提 要

本书共有 19 章。第 1~10 章介绍 Selenium IDE、Selenium WebDriver、Selenium Grid、Appium 等工具的应用。第 11~16 章介绍自动化测试实战的组织及模式优化，包括如何通过 Selenium 进行功能测试和非功能测试，如何完善功能测试驱动，如何设置功能测试的逻辑组织结构，如何优化功能测试的物理组织结构，如何增强功能测试的运行反馈机制。第 17~19 章讲述自动化实战的落实及实践优化。

本书适合测试人员和开发人员阅读。

◆ 编　著　赵　卓
　　责任编辑　谢晓芳
　　责任印制　王　郁　焦志炜

◆ 人民邮电出版社出版发行　北京市丰台区成寿寺路 11 号
　邮编　100164　电子邮件　315@ptpress.com.cn
　网址　https://www.ptpress.com.cn
　大厂回族自治县聚鑫印刷有限责任公司印刷

◆ 开本：800×1000　1/16
　印张：21.75
　字数：503 千字　　　　　　　2021 年 5 月第 1 版
　印数：1-2 000 册　　　　　　2021 年 5 月河北第 1 次印刷

定价：99.00 元

读者服务热线：(010)81055410　印装质量热线：(010)81055316
反盗版热线：(010)81055315
广告经营许可证：京东市监广登字 20170147 号

前　　言

软件测试技术在不断发展：最开始没有专门的测试人员，到后来人们终于认可了测试人员的价值；一开始测试人员仅执行复杂的手工测试，又逐渐发展到使用自动化测试。而对于自动化测试，开始有了大大小小的分类，各种自动化测试工具如雨后春笋般涌现。如今软件行业对测试质量和效率的要求已经与多年前有天壤之别。在追求敏捷开发和 DevOps 的今天，自动化测试的成效已经成为成功实施敏捷开发或 DevOps 的决定因素之一。

要成功实施自动化测试，工具是其中一个要素。在 Web 功能测试领域，Selenium 是一个免费、开源、跨平台的重要工具，它可以对 Chrome、Firefox、Safari 等浏览器进行测试，支持多种语言（如 Python、Java、C#、Ruby、JavaScript 等），它足以胜任一切 Web 功能测试任务。而在移动端应用程序流行的今天，基于 Selenium WebDriver 协议的 Appium 开始崭露头角，它可以用于 iOS 或 Android 系统，不仅支持在移动设备上测试 Web 应用程序，还支持原生应用程序的测试。Selenium 的这一系列工具支持几乎所有主流应用程序的自动化功能测试。

脚本语言的兴起在一定程度上促进了自动化测试的发展。作为一种面向对象的脚本语言，Python 简单易学，免费、开源，拥有相当多的功能库，极易扩展。仅从自动化测试的角度而言，Selenium 与 Python 的组合比其他组合更具优势。本书基于 Python 进行讲解。

然而，工具本质上只是工具，并不能真正发挥价值。要让自动化测试在测试体系中发挥真正的功效，不仅需要有强大的工具，还需有有效的策略。测试人员不仅要了解如何使用 Selenium，还要学习如何充分发挥这个工具的作用，实现自动化测试的价值。重点是如何更好地用工具来实施自动化测试，如何真正让自动化变得越来越有成效。即使未来的主流测试工具不再是 Selenium，Python 风光不再，核心问题也不会改变。

本书不仅会由浅入深地详述 Selenium 系列工具的全部功能，还将探讨自动测试的核心问题，讲述如何更好地在实际项目中实施自动化测试，如何真正让自动化测试取得成效，充分发挥其价值。不管是刚刚入门的读者，还是想要进一步提高的读者，都能从本书中有所收获。

读者对象

本书不仅适合测试人员、质量保证工程师、软件过程改进人员以及计算机相关专业的师生阅读，还适合开发人员阅读。

如何阅读本书

本书共 19 章，共分为 3 部分，由浅至深介绍各个知识点。

第一部分（第 1～10 章）主要介绍 Selenium 系列工具集（Selenium IDE、Selenium WebDriver、Selenium Grid 和 Appium）的应用，完整覆盖 Web 应用程序及原生应用程序的测试。该部分还展示了 Selenium 4 内测版，大致介绍了 Selenium 4 未来的变化。对于不是特别熟练 Selenium 的读者，建议完整阅读各个章节；对于已经非常熟悉 Selenium 的读者，建议直接从第 3 章开始阅读。

第二部分（第 11～16 章）主要介绍如何在实际项目中组织和优化测试。对于功能测试，使用 Pytest 作为测试框架，以实际项目为例一步一步优化测试的物理结构与逻辑结构，引入测试驱动，不断规划、改善测试文件与测试代码，并完善测试的运行机制，达成最佳测试模式。关于非功能测试，该部分主要介绍了 Selenium 爬虫与性能测试的用法。建议读者多花精力进行研究。

第三部分（第 17～19 章）主要介绍如何让自动化测试取得成功，而不仅仅是一个"秀技术的工程"。该部分先介绍自动化测试目标和测试设计，再讲解执行流程（涉及持续集成），最后描述如何对自动化测试进行评估和改善，其中涉及较多的经验之谈。建议读者不仅要阅读，还要结合实际的项目多加思考。

致谢

首先，感谢全体 Selenium 的制作人员，造就了如此强大易用的工具，为整个软件行业的发展做出了极大的贡献。

同时，非常感谢人民邮电出版社的各位编辑。尤其感谢谢晓芳编辑，在本书写作过程中给予的信任、支持和鼓励。正是有了各位编辑的帮助，本书才有机会与广大读者见面。

感谢我的家人，正是由于他们默默的支持，我才能静下心来写作。

在编写本书的过程中难免会有疏漏或不当之处，敬请广大读者及同行批评指正，谢谢各位！

赵　卓

服务与支持

本书由异步社区出品，社区（https://www.epubit.com/）为您提供相关服务。

提交勘误

作者和编辑尽最大努力来确保书中内容的准确性，但难免会存在疏漏。欢迎您将发现的问题反馈给我们，帮助我们提升图书的质量。

当您发现错误时，请登录异步社区，按书名搜索，进入本书页面，单击"提交勘误"，输入勘误信息，单击"提交"按钮（见下图）即可。本书的作者和编辑会对您提交的勘误进行审核，确认并接受后，您将获赠异步社区的100积分。积分可用于在异步社区兑换优惠券、样书或奖品。

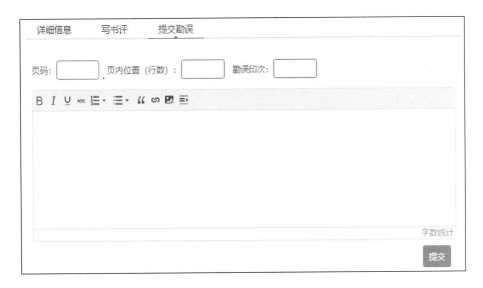

扫码关注本书

扫描下方二维码，您将会在异步社区微信服务号中看到本书信息及相关的服务提示。

与我们联系

我们的联系邮箱是 contact@epubit.com.cn。

如果您对本书有任何疑问或建议，请您发邮件给我们，并请在邮件标题中注明本书书名，以便我们更高效地做出反馈。

如果您有兴趣出版图书、录制教学视频，或者参与图书翻译、技术审校等工作，可以发邮件给我们；有意出版图书的作者也可以到异步社区投稿（直接访问 www.epubit.com/contribute 即可）。

如果您所在学校、培训机构或企业想批量购买本书或异步社区出版的其他图书，也可以发邮件给我们。

如果您在网上发现有针对异步社区出品图书的各种形式的盗版行为，包括对图书全部或部分内容的非授权传播，请您将怀疑有侵权行为的链接通过邮件发送给我们。您的这一举动是对作者权益的保护，也是我们持续为您提供有价值的内容的动力之源。

关于异步社区和异步图书

"异步社区"是人民邮电出版社旗下 IT 专业图书社区，致力于出版精品 IT 图书和相关学习产品，为作译者提供优质出版服务。异步社区创办于 2015 年 8 月，提供大量精品 IT 图书和电子书，以及高品质技术文章和视频课程。更多详情请访问异步社区官网 https:// www.epubit.com。

"异步图书"是由异步社区编辑团队策划出版的精品 IT 专业图书的品牌，依托于人民邮电出版社几十年的计算机图书出版积累和专业编辑团队，相关图书在封面上印有异步图书的 LOGO。异步图书的出版领域包括软件开发、大数据、人工智能、测试、前端、网络技术等。

异步社区

微信服务号

目　录

第一部分　Selenium 工具组

第 1 章　Selenium 自动化测试概览 3
- 1.1　自动化测试简介 3
- 1.2　Selenium 简介 5
- 1.3　Selenium 4 与 Selenium 3 的异同 6
- 1.4　Selenium 工具集 7
  - 1.4.1　Selenium IDE 7
  - 1.4.2　Selenium WebDriver 8
  - 1.4.3　Selenium Grid 8
  - 1.4.4　Appium 8

第 2 章　Selenium IDE 的基本运用 10
- 2.1　Selenium IDE 的安装 10
- 2.2　Selenium IDE 的基本操作 12
  - 2.2.1　录制与回放 13
  - 2.2.2　保存回放文件 17
  - 2.2.3　添加测试验证 18
  - 2.2.4　导出测试脚本 20
  - 2.2.5　其他运用 21

第 3 章　Selenium IDE 的高级运用 23
- 3.1　Selenium IDE 支持的 5 类命令 23
  - 3.1.1　界面操作类命令 23
  - 3.1.2　测试验证类命令 26
  - 3.1.3　执行等待类命令 27
  - 3.1.4　流程控制类命令 28
  - 3.1.5　测试辅助类命令 29
- 3.2　测试套件管理 31
- 3.3　命令行运行器 33
  - 3.3.1　安装并运行各个浏览器 34
  - 3.3.2　常用参数设置 35

第 4 章　Selenium WebDriver 的基本运用 38
- 4.1　Selenium WebDriver 的安装与配置 38
  - 4.1.1　配置驱动程序 38
  - 4.1.2　配置环境变量 42
  - 4.1.3　安装绑定语言 42
- 4.2　选择浏览器开始测试 43
- 4.3　浏览器窗口的基本操作 44
  - 4.3.1　浏览器导航操作 44
  - 4.3.2　浏览器窗口操作 45
  - 4.3.3　获取浏览器信息 45
- 4.4　查找页面元素 47
  - 4.4.1　按 id 属性查找 47
  - 4.4.2　按 name 属性查找 48
  - 4.4.3　按 class 属性查找 48
  - 4.4.4　按链接文本查找 48
  - 4.4.5　按链接文本进行模糊查找 50
  - 4.4.6　按标签类型查找 50
  - 4.4.7　按 XPath 查找 50
  - 4.4.8　按 CSS 选择器查找 53
  - 4.4.9　通过 By 对象按动态条件查找 55
  - 4.4.10　查找元素集合 56
  - 4.4.11　嵌套查找 57
- 4.5　页面元素的基本操作 57
  - 4.5.1　单击元素 57
  - 4.5.2　向元素输入内容或上传附件 59
  - 4.5.3　清空元素的内容 60
  - 4.5.4　提交表单元素 60
  - 4.5.5　下拉框元素的选项操作 61
- 4.6　获取页面元素的内容 63
  - 4.6.1　获取元素的基本属性 63

目录

	4.6.2	获取元素的 HTML 属性、DOM 属性及 CSS 属性 ········ 65
	4.6.3	获取元素的位置与大小 ········ 69
	4.6.4	获取下拉框元素的选项 ········ 70
4.7	处理浏览器弹出框 ············ 71
	4.7.1	弹出框的确认与取消 ········ 73
	4.7.2	获取弹出框的文本 ············ 73
	4.7.3	向弹出框中输入内容 ········ 74
4.8	多网页切换操作 ················ 75
	4.8.1	多浏览器窗口的切换 ········ 75
	4.8.2	IFrame 切换 ······················ 77
4.9	结束 WebDriver 会话 ········ 78

第 5 章 Selenium WebDriver 的高级运用 ··· 79

5.1	深入了解 Selenium 的等待机制 ···· 79
	5.1.1	页面级等待机制 ················ 79
	5.1.2	元素级等待机制——强制等待 ···· 80
	5.1.3	元素级等待机制——隐式等待 ···· 81
	5.1.4	元素级等待机制——显式等待 ···· 82
	5.1.5	脚本级等待机制 ················ 87
5.2	对键盘和鼠标进行精准模拟 ···· 87
	5.2.1	ActionChains——操作链 ········ 87
	5.2.2	ActionChains 支持的全部鼠标与键盘操作设置 ········ 89
	5.2.3	模拟复杂鼠标操作案例——拖放操作 ········ 91
	5.2.4	模拟复杂键盘操作案例——组合键 ········ 93
5.3	操作浏览器 Cookie ············ 95
	5.3.1	读取 Cookie ······················ 95
	5.3.2	新增和删除 Cookie ············ 96
5.4	对浏览器窗口或元素截图 ········ 97
	5.4.1	对浏览器窗口截图 ············ 97
	5.4.2	对元素截图 ······················ 98
5.5	为 Selenium 操作附加自定义事件 ···· 99
	5.5.1	附加 WebDriver 级自定义事件 ···· 99
	5.5.2	附加元素级自定义事件 ········ 102
5.6	浏览器启动参数设置 ············ 103

	5.6.1	WebDriver 实例化参数 ········ 103
	5.6.2	WebDriver 启动选项设置 ········ 106
5.7	通过 JavaScript 执行器进行深度操作 ········ 108
	5.7.1	执行同步脚本——返回值与类型转换 ········ 109
	5.7.2	执行同步脚本——传入参数 ···· 110
	5.7.3	执行同步脚本——复杂案例：引入 JavaScript 库处理 HTML5 拖曳 ········ 111
	5.7.4	执行异步脚本 ····················· 114

第 6 章 Selenium Grid 的基本运用 ········ 117

6.1	Selenium Grid 各组件的部署 ···· 118
	6.1.1	部署 Selenium Grid Hub ········ 119
	6.1.2	部署 Selenium Grid Node ······· 120
6.2	在 Selenium Grid 上运行测试 ···· 122
	6.2.1	创建远程实例运行测试 ········ 122
	6.2.2	远程实例管理 ····················· 124
	6.2.3	独立模式 ····························· 125

第 7 章 Selenium Grid 的高级运用 ········ 126

7.1	Selenium Grid 详细参数设置 ······· 126
	7.1.1	Hub 与 Node 的功能参数设置 ···· 128
	7.1.2	WebDriver 浏览器参数设置 ···· 131
7.2	使用 Selenium Grid 进行分布式并行测试 ········ 134
7.3	容器化 Selenium——整合 Docker ···· 135
	7.3.1	Docker 简介 ························· 135
	7.3.2	安装 Docker 并拉取 Selenium 镜像 ········ 137
	7.3.3	在同一台机器上部署 Selenium Grid 镜像 ········ 139
	7.3.4	在多台机器上部署 Selenium Grid 组成集群 ········ 142
7.4	容器化 Selenium——整合 Kubernetes ········ 143
	7.4.1	Kubernetes 简介 ···················· 144
	7.4.2	Kubernetes 的安装与配置 ········ 145

	7.4.3	Kubernetes 的关键概念——
		Pod、Deployment、Service……146
	7.4.4	在 Kubernetes 集群中部署
		Selenium Grid ……………… 148

第8章 Selenium 4 的新特性预览………152
- 8.1 Selenium WebDriver 4………………152
  - 8.1.1 下载 WebDriver ………………152
  - 8.1.2 相对定位器…………………153
  - 8.1.3 显式等待组合逻辑…………155
  - 8.1.4 其他更新……………………156
- 8.2 Selenium Grid 4 ……………………158
  - 8.2.1 下载与启动…………………158
  - 8.2.2 运行测试……………………160

第9章 Appium 的基本运用……………162
- 9.1 Appium 运行原理简介………………162
- 9.2 Appium 的安装与配置………………164
  - 9.2.1 安装 Android SDK …………164
  - 9.2.2 安装 Appium 服务器…………170
  - 9.2.3 安装 Appium 客户端…………171
- 9.3 使用 Appium 测试 Web 程序………172
  - 9.3.1 设置浏览器驱动程序………172
  - 9.3.2 编写代码操作 Web 应用程序……174
  - 9.3.3 通过 Appium 工具查看元素
          信息……………………………175
  - 9.3.4 其他替代方案………………177
- 9.4 使用 Appium 测试 App ……………178
  - 9.4.1 连接真实的移动设备………179
  - 9.4.2 解析启动属性 appPackage
          和 appActivity ………………179
  - 9.4.3 查看并定位界面元素………182
  - 9.4.4 编写操作代码——微信登录
          案例……………………………184

第10章 Appium 的高级运用……………186
- 10.1 Appium 检测工具的具体功能……186
- 10.2 移动设备元素独有的定位…………195
- 10.3 移动设备界面独有的操作…………198
  - 10.3.1 滑动操作与多点触控………198
  - 10.3.2 触控操作链…………………201
  - 10.3.3 剪贴板与虚拟键盘操作……204
- 10.4 移动设备 App 独有的操作………205
  - 10.4.1 App 的安装、卸载、启用、
            关闭与隐藏…………………205
  - 10.4.2 操作及获取当前的 appPackage
            和 appActivity ……………208
- 10.5 移动设备系统独有操作……………209
  - 10.5.1 网络信号与通话……………209
  - 10.5.2 设备与电源管理……………210
  - 10.5.3 模拟 GPS 定位………………211
- 10.6 测试辅助操作………………………212
  - 10.6.1 屏幕录制……………………212
  - 10.6.2 获取 App 性能消耗信息
            及上下文信息………………212
- 10.7 并行运行多个移动设备……………214
- 10.8 将 Appium 加入 Selenium Grid
       集群……………………………………215

第二部分 自动化测试实战：
组织及模式优化

第11章 使用 Selenium 进行功能测试…221
- 11.1 完善测试的基本要素………………222
- 11.2 结合 Pytest 进行功能测试………224
  - 11.2.1 Pytest 的安装与简介………225
  - 11.2.2 基于 Pytest 编写 Selenium
            测试…………………………226
  - 11.2.3 选择合适的执行方式………227

第12章 完善功能测试驱动以规范测试…230
- 12.1 引言…………………………………230
- 12.2 线性测试……………………………233
- 12.3 模块化与库…………………………234
- 12.4 数据驱动……………………………235
- 12.5 关键字驱动…………………………235
- 12.6 使用驱动时的误区…………………236
  - 12.6.1 数据驱动的误区……………236
  - 12.6.2 关键字驱动的误区…………237

12.7 最佳模式：混合驱动 ·············238
    12.7.1 混合第一层驱动 ·············238
    12.7.2 混合第二层驱动 ·············240
12.8 创建配置文件以应对不同环境······242
    12.8.1 让公共信息支持多环境配置···242
    12.8.2 让用例数据支持多环境配置 ·············243

第 13 章 设计功能测试的逻辑组织结构···245
13.1 测试的前置操作与后置操作······245
    13.1.1 Pytest setup 与 teardown 功能详解 ·············245
    13.1.2 前后置操作实际运用案例···247
13.2 设定测试函数的先后顺序 ·············250
    13.2.1 文件级执行顺序 ·············250
    13.2.2 函数级执行顺序 ·············251
    13.2.3 自定义顺序 ·············251
13.3 测试粒度规划 ·············252
    13.3.1 小粒度的测试 ·············252
    13.3.2 中粒度的测试 ·············253
    13.3.3 大粒度的测试 ·············254

第 14 章 优化功能测试的物理组织结构···256
14.1 引言 ·············256
14.2 通过页面对象规划待操作元素······261
14.3 通过继承关系组织公共元素 ······265
14.4 进一步解耦测试用例与操作动作 ·············268
    14.4.1 解耦测试工具级操作 ·············269
    14.4.2 解耦页面元素级操作 ·············274
14.5 通过流式编程技术简化测试代码···279

第 15 章 增强功能测试的运行反馈机制···283
15.1 生成测试报告 ·············283
15.2 并行运行测试 ·············285
15.3 引入重试机制 ·············286

第 16 章 使用 Selenium 进行非功能测试 ·············287
16.1 网络爬虫 ·············287
    16.1.1 爬虫简介 ·············287
    16.1.2 使用 Selenium 实现爬虫 ······288
16.2 性能测试 ·············291
    16.2.1 多线程性能测试 ·············291
    16.2.2 结合 JMeter 进行测试 ·············293

第三部分 自动化测试实战：落实及实践优化

第 17 章 自动化测试的规划 ·············301
17.1 目标决定自动化测试的成败······301
    17.1.1 必定走向失败的目标 ·············301
    17.1.2 能够引领成功的目标 ·············304
17.2 测试设计决定自动化测试的成效···304
    17.2.1 无效的测试设计 ·············305
    17.2.2 有效的测试设计 ·············306

第 18 章 使用 Jenkins 进行持续集成 ······308
18.1 必要概念与工具简介 ·············308
    18.1.1 持续集成与 Jenkins 简介 ······308
    18.1.2 Jenkins 的安装与配置 ·············310
18.2 配置基于网站代码变化而自动执行的 Selenium 脚本 ·············315
    18.2.1 编写一个基于 Flask 的网站···316
    18.2.2 编写该网站的自动部署脚本···317
    18.2.3 编写测试该网站的 Selenium 测试脚本 ·············319
    18.2.4 在 Jenkins 中配置自动构建、部署与执行测试 ·············320
18.3 配置基于时间定期自动执行的 Selenium 脚本 ·············326
18.4 完善运行反馈配置 ·············328
    18.4.1 配置测试报告 ·············328
    18.4.2 配置邮件发送 ·············329

第 19 章 选择自动化测试的实施方式···334
19.1 不同产品架构与开发流程下的自动化测试 ·············334
19.2 以正确的数据说话——建立自动化测试评估体系 ·············336
19.3 打造自动化测试闭环 ·············338

第一部分　Selenium 工具组

　　Selenium 是一系列自动化工具集的统称，其官方工具有 Selenium IDE、Selenium WebDriver、Selenium Grid，它们主要用于桌面端 Web 应用程序的自动化，由不同的工具处理不同的运用场景。

　　随着移动端应用程序的流行，Appium 应运而生，它基于 Selenium WebDriver 协议，不仅支持在移动设备上运行 Web 应用程序，还支持运行 App，进一步扩展了 Selenium 工具集。

　　Selenium 的这一系列工具可用于所有主流应用程序的自动化测试，满足不同场景下的自动化测试需要。

　　本书这一部分将详细介绍 Selenium 系列工具的运用。

第 1 章　Selenium 自动化测试概览

1.1 自动化测试简介

即使是经验非常丰富的程序员，在开发编码时也很容易犯错，这些错误也许是由于需求不明确，也许是由于设计问题，也许是编码中出现了失误等。但无论是怎样的错误，若不及时处理，都会降低软件的可靠性，严重时甚至会导致整个软件的失败。

为了排除这些错误，人们引入了软件测试的概念。通俗地说，软件测试就是为了发现程序中的错误而分析或执行程序的过程。

测试和修正的活动可以在软件生命周期的任何阶段进行。然而，随着开发的不断进行，找出并修正错误的成本也会急剧增加。在需求阶段就能发现问题并进行修改，成本就会很低。如果代码已经编写完毕，再进行更改，则成本将会高许多。

随着行业的蓬勃发展，开发周期不断缩短，人们对软件研发效率和质量的要求越来越高，于是自动化测试开始登上历史舞台，代替人来高效地执行大量重复的手工劳动。自动化测试的定义很简单：软件测试一般是由测试人员执行的，如果由机器来代替人执行软件测试，那么这种测试就叫自动化测试。例如，由计算机代替人来单击被测试软件的界面，执行一系列操作并进行验证。

然而，并不是所有测试类型都适合自动化。哪些测试更适合自动化？哪些更适合手工测试？根据 Brain Marick 提出的测试四象限，我们可以对测试进行归类，将其划分到 4 个象限中，以解答这些问题，如图 1-1 所示。

接下来对各个象限进行简单的介绍。

第 1 章 Selenium 自动化测试概览

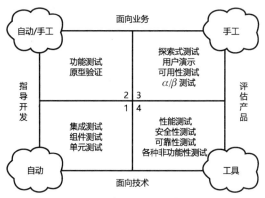

图 1-1 自动化测试四象限

- 第一象限：面向技术和指导开发，该象限中的测试主要为集成测试、组件测试、单元测试等，让开发团队能够获得代码级别的高效反馈，从技术上而言可以实现完全自动化。
- 第二象限：面向业务和指导开发，该象限中的测试主要为功能性的验证测试，判断开发团队的产出是否符合需求，从技术上而言大部分可以实现自动化。但越面向业务，实现成本越高，是否自动化一般取决于成本因素。
- 第三象限：面向业务和评估产品，该象限中的测试（例如探索式测试、可用性测试，等等）需要靠测试人员主动探索系统潜在的故障，而其他类型的测试偏重客户（而非测试人员）在使用过程中的使用体验，所以以手工测试为主。
- 第四象限：面向技术和评估产品，该象限中的测试主要为非功能性测试，例如性能测试、安全性测试、可靠性测试等。这些测试的场景复用度不高，而且一般依赖于特定的测试工具，能否自动化取决于场景是否有复用价值及工具本身是否能有效支持自动化。

第一象限中的测试类型全都可以自动化，包括单元测试、组件测试等。第二象限中的测试类型大部分可以自动化，例如功能验收测试。第四象限中的测试类型受工具的限制，且测试场景具有一定局限性，所以只有小部分可以做成可复用的自动化测试，而第三象限的测试通常只能以手工方式进行。

显然，自动化测试不可能完全取代手工测试。事实上，两者的定位并不相同，分别从不同的层面去保证软件的质量。第一象限、第二象限中的测试是自动化测试的重点，通常我们所说的自动化测试都是在第一象限、第二象限中的自动化测试。

然而，第一象限、第二象限中的测试也并不是全部需要实现自动化的。关于自动化测试的比例，需要有一个健康的模式，才能得到最佳成本收益比。这里引入 Mike Cohn 提出的自动化测试金字塔的概念，合理的自动化测试用例的分布应如图 1-2 所示。

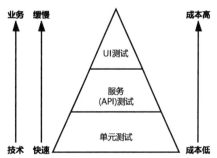

图 1-2 合理的自动化测试用例的分布

合理的自动化测试的分布中,顶部以少而精的用户界面(UI)测试为主,中间由适量的 API 测试组成,而底部由大量的单元测试组成。在测试金字塔中,越往上就越接近真实的业务,其自动化成本越大,运行速度比较缓慢,反馈周期变长,而越往下则越偏向技术层面,虽然离具体业务较远,但运行速度快,实施成本低,反馈周期短。自动化测试的整体搭配越接近图 1-2 所示的金字塔形,自动化程度越高,收益越高。

在测试金字塔的顶端,强调少而精的测试,作为整个测试体系的点睛之笔,它们必须拥有强力的策略及工具才能支撑。本书将着重介绍策略部分。对于工具,到底要用什么样的工具才能完成这项艰巨的任务呢?

接下来,本书的主角 Selenium 闪亮登场。唯有它能真正胜任这项艰巨的任务。

1.2 Selenium 简介

Selenium(其图标见图 1-3)是一系列基于 Web 的自动化工具。它提供了一系列操作函数,用于支持 Web 自动化。这些函数非常灵活,能够通过多种方式定位界面元素、操作元素并获取元素的各项信息。

图 1-3 Selenium 的图标

Selenium 作为一款强大的工具,具有以下几个特性。

- 支持全部主流浏览器(如 Chrome、Firefox、Safari、Android 或 iOS 手机浏览器等)。
- 支持多种语言(例如 Python、Java、C#、Ruby、JavaScript 等)。
- 跨平台(例如桌面平台 Windows、Linux、macOS,移动平台 iOS、Android 等)。
- 开源免费。

在目前 Web 应用为主流应用的情况下,正是由于以上这些特性,通过 Selenium 实施自动化工作才能起到事半功倍的效果,而这是其他任何工具无法比拟的。

很明显,Selenium 是一种自动化操作工具,有多种自动化方面的用途。基于良好的测试用例设计,Selenium 自然也可以用于自动化测试的执行。

Selenium 发展史

Selenium 最早发布于 2004 年,主要用来将 Web 前端应用程序的测试自动化,缩短手工验证需要的时间。Selenium 包含 Selenium IDE(录制回放工具)、Selenium RC(多语言编程接口)及 Selenium Grid(在多机器上执行并行测试的平台)。

Selenium 1 的核心工具为 Selenium RC,测试的原理主要为将 JavaScript 注入待测试的 Web 页面来模拟用户的交互。这种方式在当时并不完美,它首先受制于各浏览器的 JavaScript 引擎及其执行速度,其次被 JavaScript 安全模型限制,而它本质上只是模拟用户操作,和用户的真正操作有一定区别。虽然当时的 Selenium 并不完美,但已经具备很好的发展潜力。

Selenium 2 开始着手解决 Selenium 1 的遗留难题,引入了 WebDriver,从 JavaScript 模拟操作,逐渐转变为由浏览器厂商基于一定规范提供原生级别的操作实现。WebDriver 对于界面的操作将基于这些原生的操作实现,就相当于用户在真实操作浏览器,高度还原了真实的测试场景。Selenium 2 同时保留了 Selenium RC 和 WebDriver。一方面,大量仍在使用 Selenium RC 的用户需要一定的时间迁移到 WebDriver;另一方面,WebDriver 还未完全成熟,并非每个浏览器都提供了原生操作实现。对于尚不支持的浏览器,还需要 Selenium RC。

Selenium 3 发布时,WebDriver 已经非常成熟,它定义的协议和标准已经逐渐发展为 W3C 统一标准,各主流浏览器厂商都已基于该标准制作了各个浏览器的 WebDriver 驱动程序,实现了完全原生的浏览器操作,运行更稳定,性能更优良。落后于时代的 Selenium RC 遭到淘汰,不再包含到 Selenium 3 当中。

时至今日,Selenium 4 也蓄势待发,对 Selenium 3 进行了大量的改进,并支持更多新的功能。

整个 Selenium 的发展史可以用图 1-4 概括。

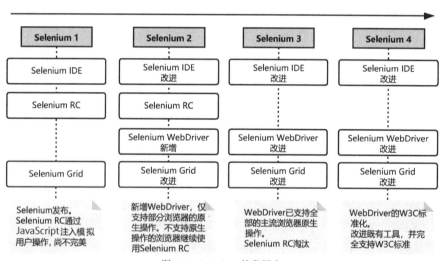

图 1-4　Selenium 的发展史

1.3　Selenium 4 与 Selenium 3 的异同

截至目前,Selenium 4 已发布了 Beta 版本,距离正式版本还有一定时间,相对于 Selenium 3 来说,它的核心功能没有任何变化,拥有相同的工具集,使用方式和 Selenium 3 几乎一致,但进行了一些改进并且增加了新功能。

Selenium 4 的主要改进如下。

❑　优化 Selenium IDE 对各个浏览器的支持,优化运行器底层方案。

- ❑ 优化对 Docker 的支持。
- ❑ 优化框架（即 HTML 中的 Frame）操作，可直接识别父框架。
- ❑ 优化并调整了 Selenium Grid 中的部分命令及属性，优化了配置过程，优化了 Selenium Grid 的界面，对用户更加友好，更易于使用。

Selenium 4 的主要新增功能如下。

- ❑ 支持 Microsoft Edge 浏览器的 Chromium 驱动程序。
- ❑ 拥有对 Chrome 开发工具的原生支持，可通过新的 API 获取详尽的 Chrome 开发工具属性（应用程序缓存、网络、性能、配置、各项资源响应时间、安全等）。
- ❑ 使用原生支持的 W3C 标准，替代原来的 JSON 通信协议。
- ❑ 支持相对定位器，用于定位邻近元素。
  - `toLeftOf()`：位于指定元素左侧的元素。
  - `toRightOf()`：位于指定元素右侧的元素。
  - `above()`：位于指定元素上方的元素。
  - `below()`：位于指定元素下方的元素。
- ❑ `near()`：待定位元素距离指定元素大约多少像素。
- ❑ 支持同时在不同浏览器上运行，支持同时在同一浏览器的不同标签页上运行。

对于不同的语言绑定，Selenium 4 支持的功能不尽相同。关于 Selenium 4 在 Python 语言下的新增功能将在后续章节详细介绍。

1.4 Selenium 工具集

Selenium 本质上是由多种工具组合在一起的多功能测试工具集，在最新的版本中，它包含以下 4 个工具。

1.4.1 Selenium IDE

Selenium IDE（其图标见图 1-5）是 Chrome 和 Firefox 的扩展工具，用于在浏览器中进行便捷的录制与回放测试的操作。

Selenium IDE 的特点如下。

- ❑ 开箱即用：适用于任何 Web 应用，可以轻松快速地编写测试。
- ❑ 易于调试：IDE 的功能非常丰富，且易于对测试进行调试（例如设置断点或在异常处暂停）。

图 1-5　Selenium IDE 的图标

- ❑ 跨浏览器：通过 Selenium IDE 的命令行运行程序，可在任意浏览器与操作系统的组合上并行执行测试。

1.4.2　Selenium WebDriver

Selenium WebDriver（其图标见图 1-6）可以在本地或远程计算机上以原生方式驱动浏览器，就好像用户在真实操作浏览器一样。

Selenium WebDriver 的特点如下。

- ❑ 简洁明快：WebDriver 易于上手，是一种简洁而紧密的编程接口，可以通过多种编程语言（例如 Python、Java、C#、Ruby 等）来调用 WebDriver。

图 1-6　Selenium WebDriver 的图标

- ❑ 支持全部主流浏览器：例如 Firefox、Safari、Edge、Chrome 及 Internet Explorer 等，在这些浏览器中的自动化操作等同于按真实用户的方式进行交互。
- ❑ WebDriver 标准是 W3C 标准：主要的浏览器厂商（Mozilla、Google、Apple、Microsoft 等）都支持 WebDriver 标准，将据此优化浏览器及开发控制代码（可将控制代码称为驱动程序，各个浏览器拥有自身的 WebDriver 驱动程序），提供更统一的原生操作支持，使自动化脚本更加稳定。

1.4.3　Selenium Grid

Selenium Grid（其图标见图 1-7）支持在多台机器上同时运行多个基于 WebDvrier 的测试，减少在多浏览器和多操作系统上测试耗费的时间。

Selenium Grid 的特点如下。

- ❑ 支持多浏览器、多版本及多操作系统：Selenium Grid 可以在多种不同的浏览器、版本及操作系统的组合上运行自动化脚本。
- ❑ 大幅缩短执行时间：提升执行效率，缩短自动化脚本的总体运行时间。

图 1-7　Selenium Grid 的图标

除此以外，根据 WebDriver 的实现思路，还诞生了另一个强大的开源工具。它完全基于 WebDriver 标准，通过不同的 WebDriver，不仅实现了对 iOS、Android、Windows 平台的原生应用程序、Web 应用程序及混合应用程序的支持，还实现了对以上 3 个平台的跨平台支持，达成了高度的自动化复用。这个开源工具就是 Appium。

1.4.4　Appium

Appium（其图标见图 1-8）是基于 WebDriver 标准的开源工具，主要用于移动设备原生 App 及 Web 应用程序的自动化测试。

Web 应用程序自不必多言,但原生应用程序需要一提。虽然 Appium 也支持 Windows 的原生应用,但目前 Windows 的原生应用和其他平台并没有什么共通性和复用性可言,且有其他更成熟的工具代替。而由于 React Native 的出现,iOS 和 Android 原生应用拥有了更多共通点及可复用之处,因此 Appium 在移动设备上将发挥更大的作用。

图 1-8　Appium 的图标

以上这些工具组成了强大的 Selenium 工具集,它们可以满足不同场景下的自动化需要。接下来,我们将一步步介绍这些工具的使用。

第 2 章　Selenium IDE 的基本运用

Selenium IDE 是实现 Web 自动化的一种便捷工具，本质上它是一种浏览器插件。该插件支持 Chrome 和 Firefox 浏览器，拥有录制、编写及回放操作等功能，能够快速实现 Web 的自动化测试。除此以外，它还具备轻量级的测试管理功能及测试代码导出功能。

Selenium IDE 本身的定位并不是用于复杂的自动化场景，而是用于一些对效率拥有极高要求的简易场景。在这些场景下，无须套用复杂及厚重的框架及体系，只是临时复用这些由 Selenium IDE 快速产生的操作回放记录及脚本。这些场景如下。

- 发现 Bug 时，创建 Bug 重现脚本提交给开发人员，提升沟通效率。
- 在执行手工探索式测试等情况下，通过录制回放操作实现半自动化，提升手工验证效率。
- 针对某个新功能的手工测试用例，创建轻量级、临时性的回归测试，提升测试效率。
- 录制操作后导出脚本，节省自动化测试代码的编写时间，提升编程效率。
- 其他一些非测试性场景，例如抢票操作、抢购操作、刷浏览量或下载量等。

善用 Selenium IDE 能使效率大幅提升。理想情况下，建议测试人员常备 Selenium IDE，以便在需要时随时使用这些便捷的功能来辅助工作。

2.1　Selenium IDE 的安装

Selenium IDE 的安装并不复杂，一共有两种方式，接下来分别介绍。

1. 通过官网下载 Selenium IDE

先进入 Selenium 官网，并找到图 2-1 所示的位置。

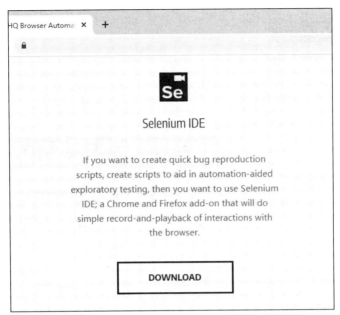

图 2-1　Selenium 官网上的 Selenium IDE 简介与下载界面

单击 DOWNLOAD 按钮进入下载页面，滑动到 Selenium IDE 的展示位置，找到下载链接，如图 2-2 所示。

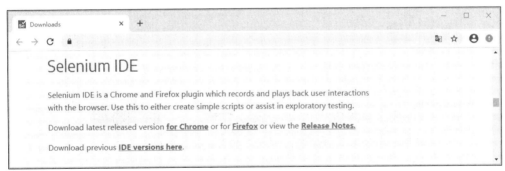

图 2-2　Selenium 下载链接

注意：Selenium IDE 虽然分为 Chrome 版及 Firefox 版，但因为 Google 页面在国内无法访问，所以 Chrome 版本无法下载。如果你无法绕过外网限制，可以单击 Firefox 链接，使用 Firefox 版本的 Selenium IDE。本书使用的是 Firefox 插件，功能和 Chrome 版完全一致。

2. 通过 Firefox 附加组件下载 Selenium IDE

打开 Firefox 浏览器，在浏览器选项中选择"附加组件"，如图 2-3 所示。

接着在搜索框中输入"selenium ide"，第一条搜索结果便是 Selenium IDE，如图 2-4 所示，单击进入 Selenium IDE 即可。

第 2 章　Selenium IDE 的基本运用

图 2-3　Firefox 浏览器选项

图 2-4　Selenium IDE 搜索结果

无论是在 Selenium 官网上单击 Firefox 链接，还是在 Firefox 插件搜索页面中单击 Selenium IDE 搜索结果，都会进入图 2-5 所示的安装界面。

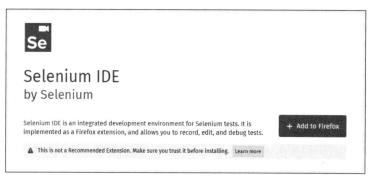

图 2-5　Selenium IDE 安装界面

单击"+ Add to Firefox"按钮，并确认添加，即可完成安装。

2.2　Selenium IDE 的基本操作

接下来将介绍 Selenium IDE 的基本操作。我们先使用 Selenium IDE 在一分钟内创建一个简单却完整的自动化操作，并分别实现本章开头所述的几种使用场景。

安装完成后，在 Firefox 浏览器中单击 Selenium 插件按钮，启动插件，如图 2-6 所示。

图 2-6　Selenium IDE 插件按钮

2.2.1　录制与回放

启动后进入 Selenium IDE 欢迎界面，如图 2-7 所示。欢迎界面有 4 个选项，对应的中文含义分别为"在新项目中录制新测试""打开已有项目""创建新项目""关闭 Selenium IDE"，这里我们单击第一个选项。

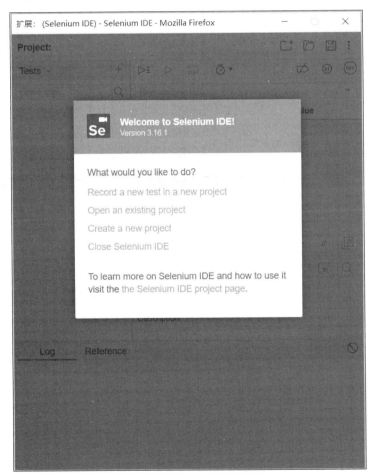

图 2-7　Selenium IDE 欢迎界面

然后在创建项目界面中输入项目的名称。在本例中，我们以百度搜索为例进行操作，因此在 PROJECT NAME 文本框中输入项目名称"BaiduSearch",如图 2-8 所示。

单击 OK 按钮后,将弹出项目初始 URL 设置界面,这里我们输入百度的 URL 即可,如图 2-9 所示。

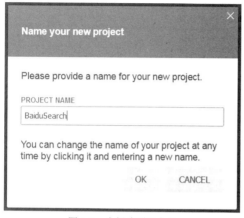
图 2-8　为新建项目命名

图 2-9　设置初始 URL

单击 START RECORDING 按钮,将开始录制。Selenium IDE 将打开一个新的浏览器窗口,并以刚才填写的初始 URL 作为浏览器打开的页面地址,同时在浏览器窗口的右下方,可以看到 Selenium IDE 录制窗口,表示该浏览器窗口正处于录制状态,如图 2-10 所示。

图 2-10　Selenium IDE 录制窗口

接着,在录制窗口中执行以下操作。

(1)单击搜索文本框,激活文本框输入。

(2)在文本框中输入"hello world"关键字。

(3)单击"百度一下",执行搜索。

操作执行后的结果如图 2-11 所示。

2.2 Selenium IDE 的基本操作

图 2-11 操作执行结果

现在已经完成了一个基本的百度搜索操作，可以停止录制了。切换到 Selenium IDE 录制窗口，单击右上角的停止录制按钮，如图 2-12 所示。

此时会弹出一个界面，提示输入测试的名称，这里我们可以将该测试命名为"SearchHelloWorld"，如图 2-13 所示。

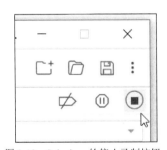

图 2-12 Selenium 的停止录制按钮

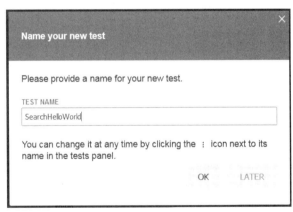

图 2-13 为测试命名

录制结束后，界面如图 2-14 所示。在 Command 表格中，可以看到所有浏览器的操作，在录制时都转换成了 Selenium 命令，存放在 Command 表格中。

首先简单说明 Command 表格。它使用的是关键字驱动的方式，由 3 列信息组成。

❑ Command：表示要执行的操作是什么。
❑ Target：参数 1，通常表示要操作的界面元素是哪一个。
❑ Value：参数 2，通常表示操作时使用的值时多少。

Command 表格中各行命令的含义如表 2-1 所示。

第 2 章 Selenium IDE 的基本运用

图 2-14 Selenium IDE 界面

表 2-1 Command 表格中各行命令的含义

Command	Target	Value	说明
open	/	—	打开 URL，Target 为/，表示初始 URL（注意，某些版本的 Selenium IDE 要求 Target 参数必须填写完整 URL，否则无法正常回放。如果遇到无法回放的情况，请在 Target 参数填入完整 URL，例如 "https://www.epub.com"）
click	id=kw	—	单击界面上 id=kw 的元素，百度搜索文本框的 HTML 源码为 "<input id="kw" .../>"，即单击百度搜索文本框
type	id=kw	hello word	在界面上 id=kw 的元素中输入 "hello world"，即在百度搜索文本框中输入 "hello world"
click	id=su	—	单击界面上 id=su 的元素，"百度一下" 按钮的 HTML 源码为 "<input id="su" .../>"，即单击 "百度一下" 按钮

现在，Selenium IDE 已经录制了一套基本的自动化操作。

还记得本章开头提到的其中一个使用场景吗？"在执行手工探索式测试等情况下，通过录制回放操作实现半自动化，提升手工验证效率。"

假设现在你正在执行手工探索式测试，一边执行一边录制，现在录制已经完成。后续再次验证功能，需要类似操作时，你可以单击回放按钮，让 Selenium 帮助你快速完成没有技术含量的操作动作，待操作结束后，可以人工检测是否已出现预期结果。

单击 Selenium 的回放测试按钮，即可开始回放，如图 2-15 所示。

接下来 Selenium IDE 将打开 Firefox 浏览器窗口，重新将以上步骤执行一遍。窗口会停留在搜索结果页面，接下来你可以自由进行检查了。执行完成后，Selenium IDE 的 Log 选项卡中将显示各个步骤执行的情况，如图 2-16 所示。

图 2-15　回放测试按钮

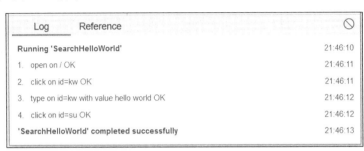

图 2-16　Selenium IDE 执行日志

2.2.2　保存回放文件

假设在现在的探索式测试中，你发现操作执行后的结果不符合预期，这有可能是跳转的页面错误，或者界面上没有像预期的那样搜索出带有对应关键字的结果。现在你发现了这个 Bug，想把 Bug 提交给开发人员让他们排查问题。然而，提交 Bug 时需要完整描述重现步骤。这就是本章开头提到的另一种使用场景——发现 Bug 时，创建 Bug 重现脚本提交给开发人员，提升沟通效率。

现在你已经有了这个重现脚本，只需要将它保存一份并提交给开发人员即可。

图 2-17　Selenium IDE 保存按钮

单击 Selenium IDE 右上角的保存按钮，将弹出保存窗口，如图 2-17 所示。

在保存窗口中选择存放路径，并命名文件（后缀名默认为 side），单击"保存"按钮，如图 2-18 所示。

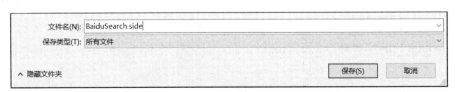

图 2-18　保存文件

现在我们已经有了 BaiduSearch.side 文件，不管你是使用 Jira 记录 Bug，还是通过其他途径反馈 Bug，都可以直接将这个文件作为附件，提交给开发人员。你不必再描写任何冗长的重现步骤，也不需要在开发人员未能理解重现步骤描述时，亲自跑到现场重新操作以演示问题，只要让开发人员执行这个文件，就可以重现问题了。因此，沟通效率将大幅提升。

2.2.3 添加测试验证

上述内容只是实现了 Selenium IDE 的录制及回放操作的部分，但并未涉及验证用途。在某些时候手动测试某些功能时，可能经常会执行一些相同的操作与验证，这正是本章开头提到的另一种使用场景——针对某个新功能的手工测试用例，创建轻量级、临时性的回归测试，提升测试效率。

之前录制的脚本只涉及操作部分，但缺乏验证部分。我们可以对其进行少量修改，增加验证部分，使其成为一个完整的测试。

在 Selenium IDE 的 Command 表格中，单击表格的第 5 行添加一条命令，将 Command 设置为 assert element present，如图 2-19 所示。

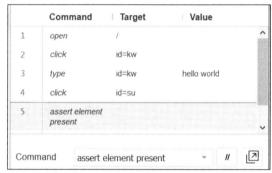

图 2-19　在 Command 表格中添加命令

当选中 Command 表格中的某一行命令时，Selenium IDE 最下方的 Reference 标签页会显示当前选中命令的使用说明，如图 2-20 所示。

图 2-20　assert element present 命令的使用说明

该使用说明的中文含义如下。

- ❑ 命令功能：验证界面上是否已显示指定元素。如果验证失败，测试将停止执行。
- ❑ 命令参数。
  - 元素定位：元素定位表达式。

单击 Reference 标签页中的命令名称（即图中粗体显示的 assert element present 链接），将跳转到 Selenium IDE 所有命令的说明文档页面，可以看到 Selenium IDE 支持的所有命令及对应的说明。

设置好 Command 后，就可以设置 Target 了，这里可以单击"选取元素"图标，以便直接在界面上抓取元素，如图 2-21 所示。

接着，将鼠标指针移动到 Selenium IDE 打开的浏览器窗口，将鼠标指针指向第一个搜索结果的链接，如图 2-22 所示。Selenium IDE 会自动将其背景填充为浅蓝色，表示当前选中的元素范围。元素选中后，单击即可确定选取。

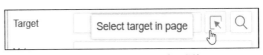

图 2-21　单击"选取元素"图标

图 2-22　选取第一个搜索结果的链接

选取元素后，Target 中会自动填入选取元素的定位表达式，这里我们不用做任何更改，如图 2-23 所示。

图 2-23　第 5 条命令的全部内容

至此，第 5 条命令编写结束，它表示在执行第 1~4 条命令后，将验证页面上第一条搜索结果的文本是否为"hello world_百度百科"。

之后，我们再次回放测试，测试会执行第 1~4 条命令，然后执行验证操作，执行结果如图 2-24 所示。

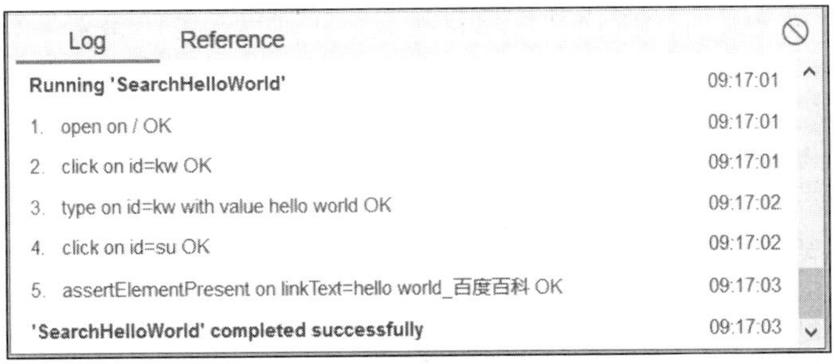

图 2-24　完整的测试执行结果

现在，我们已经有了一个完整的测试。

2.2.4 导出测试脚本

通过 Selenium IDE，我们可以快速、便捷地录制操作，将其转换为 Selenium 命令。除此以外，我们还可以将录制好的 Selenium 命令转换为编程代码。这正是本章开头提到的另一种使用场景——录制操作后导出脚本，节省自动化测试代码的编写时间，提升编程效率。

导出脚本的操作很简单，只需在 Selenium IDE 左侧的 Test 区域选中测试，右击测试名称，选择 Export，如图 2-25 所示。

接着会弹出语言选择界面，将测试脚本导出为选定编程语言对应的代码文件。在本例中选择 Python pytest，如图 2-26 所示。

图 2-25 选择导出脚本

图 2-26 选择编程语言

单击 EXPORT 按钮后，将弹出文件保存窗口，将其另存为代码文件。在本例中导出的文件内容如下。

```
import pytest
import time
import json
from selenium import webdriver
from selenium.webdriver.common.by import By
from selenium.webdriver.common.action_chains import ActionChains
from selenium.webdriver.support import expected_conditions
from selenium.webdriver.support.wait import WebDriverWait
from selenium.webdriver.common.keys import Keys
```

```python
from selenium.webdriver.common.desired_capabilities import DesiredCapabilities

class TestSearchHelloWorld():
  def setup_method(self, method):
    self.driver = webdriver.Firefox()
    self.vars = {}

  def teardown_method(self, method):
    self.driver.quit()

  def test_searchHelloWorld(self):
    self.driver.get("https://www.baidu.com/")
    self.driver.find_element(By.ID, "kw").click()
    self.driver.find_element(By.ID, "kw").send_keys("hello world")
    self.driver.find_element(By.ID, "su").click()
    elements = self.driver.find_elements(By.LINK_TEXT, "hello world_百度百科")
    assert len(elements) > 0
```

2.2.5 其他运用

最后，我们还可能进行一些非测试性质的操作，就如同前面说到的另一种使用场景——其他一些非测试性情景，例如抢票操作、抢购操作、刷浏览量或下载量等。

这里以刷浏览量的操作为例，这类操作的本质其实是循环，只需略微修改 Selenium IDE 中的命令，就可以实现这类操作。

Selenium IDE 有多种类型的循环操作，可以按条件表达式或按数组数据来执行复杂循环，这里只演示一个简单的按次数循环。

在 Selenium IDE 的 Command 表格中，选中第一行命令，右击并选择 Insert new command，以插入新命令，如图 2-27 所示。

在第 1 行中插入 times 命令，将 Target 设置为 10，表示循环执行 10 次。然后删除之前的 assert text 命令，在最后一行中插入 end 命令，从 times 到 end 的所有命令将作为循环体执行多次。最终的 Command 表格如图 2-28 所示。

再次单击回放按钮，Selenium IDE 将打开浏览器窗口，将第 2~5 条命令重复执行 10 次，然后操作结束，执行结果如图 2-29 所示。

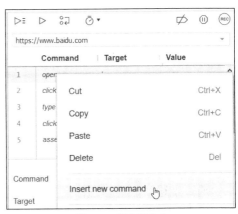

图 2-27 插入新命令

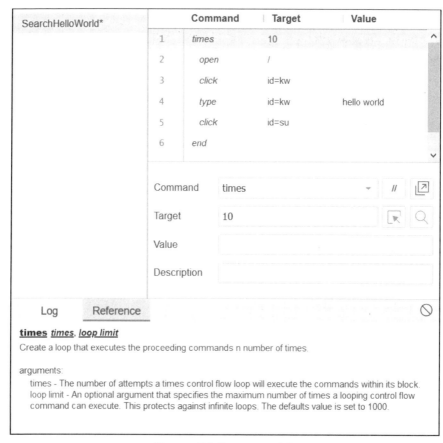

图 2-28 最终的 Command 表格

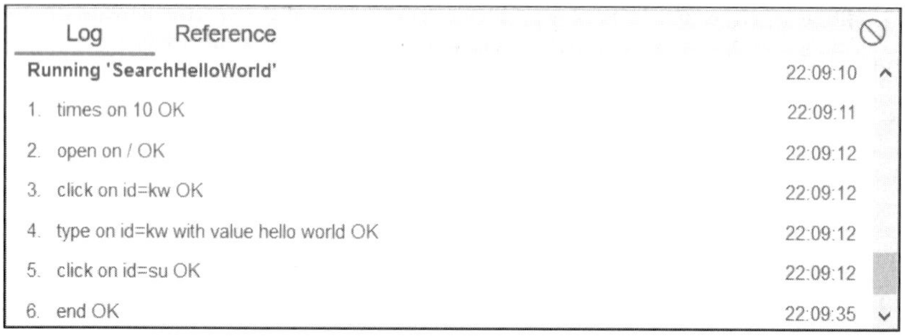

图 2-29 循环操作的执行结果

通过上述功能，相信你已经能发现 Selenium IDE 的便捷与强大，合理使用 Selenium IDE 将能有效提高测试工作的效率。

然而，Selenium 的用途包括但不限于以上几种，实际上它支持的命令相当丰富，涵盖方方面面的场景。下面将简要介绍 Selenium 的一些高级用法。

第 3 章　Selenium IDE 的高级运用

Selenium IDE 不仅支持非常丰富的命令，还能对测试用例进行组织和管理，通过命令行运行器，还可以在各个不同的浏览器上快速运行测试。

3.1 Selenium IDE 支持的 5 类命令

除上述演示过程中的命令以外，Selenium IDE 还支持多种命令。这些命令可分为 5 大类，分别是界面操作类、测试验证类、执行等待类、流程控制类、测试辅助类。接下来将分别对这些命令进行介绍。

3.1.1 界面操作类命令

Selenium 支持的第一类命令便是界面操作类命令，主要用于对浏览器及各个界面元素进行操作。它们的作用类似于"单击（click）这个链接"以及"选择（select）这个选项"。如果一个命令运行失败或出现错误，则会中断当前测试的执行。

表 3-1 中列出了该类型下的所有命令及其用法。这类命令分为 4 个子类——浏览器窗口操作、页面元素操作、弹出框操作以及键鼠模拟操作。

表 3-1　界面操作类命令

子类	命令	功能	参数
浏览器窗口操作	open	打开指定的 URL。URL 可以为相对或绝对 URL。open 命令等待页面加载完毕才执行下一个命令	Target（页面的 URL，可以为相对 URL，也可以为绝对 URL）

续表

子类	命令	功能	参数
浏览器窗口操作	set window size	设置浏览器的窗口大小	Target（分辨率，格式为"宽度×高度"，例如"1280×800"）
	select window	选择浏览器窗口。选定某一浏览器窗口后，后续所有命令都会在该窗口下执行	Target（标签页或窗口的句柄）
	select frame	在当前浏览器窗口中选择框架（frame），如果要操作的元素位于多层嵌套框架中，需要多次执行这个命令进入指定框架。后续所有命令都会在该框架下执行	Target（元素的定位表达式），向内选择子框架，表达式为 index = {框架索引}，索引从 0 开始（例如 index=0，表示选中首个子框架）。向外选择父框架，表达式为 relative=parent，要返回页面顶部，表达式为 relative=top
	close	关闭当前的浏览器窗口	—
页面元素操作	click	单击目标元素（例如链接、按钮、复选框、单选框）	Target（元素的定位表达式）
	click at	功能同 click，但支持相对坐标以调整偏移量	Target（元素的定位表达式），Value（坐标表达式：相对于目标元素的坐标位置，以"X,Y"的形式表达，例如"-20,10"）
	double click	双击目标元素（例如链接、按钮、复选框、单选框）	Target（元素的定位表达式）
	double click at	功能同 double click，但支持相对坐标以调整偏移量	Target（元素的定位表达式），Value（坐标表达式：相对于目标元素的坐标位置，以"X,Y"的形式表达，例如"-20,10"）
	check	勾选单选框或复选框	Target（元素的定位表达式）
	uncheck	取消勾选单选框或复选框	Target（元素的定位表达式）
	type	向可输入元素（即<input>类元素）输入指定值，就像用户真的在浏览器中操作一样，一般用于普通文本框赋值。它也可以用于给下拉框、复选框赋值，但是这个时候输入的值应该是选项值，而不是可见的文本	Target（元素的定位表达式），Value（要输入的值）
	edit content	设置可编辑元素（例如<textarea>）的值，就像用户真的在浏览器中操作一样	Target（元素的定位表达式），Value（要输入的值）
	select	在下拉框中选择指定选项	Target（下拉框的定位表达式），Value（选项的表达式：默认情况下，直接填写选项的文本值即可）
	add selection	向多选框中添加一个选项	Target（元素的定位表达式），Value（要输入的值）
	remove selection	删除多选框中的一个已有选项	Target（元素的定位表达式），Value（选项的表达式：默认情况下，直接填写选项的文本值即可）

3.1 Selenium IDE 支持的 5 类命令

续表

子类	命令	功能	参数
页面元素操作	drag and drop to object	将一个元素拖曳到另一个元素上	Target（待拖曳元素的定位表达式），Value（要拖曳到的目标元素的定位表达式）
	submit	提交表单。特别适用于一些没有明显提交按钮的表单	Target（待提交表单的定位表达式）
弹出框操作	choose ok on next confirmation	如果下一次出现确认弹出框，则单击"确认"按钮	—
	choose cancel on next confirmation	如果下一次出现确认弹出框，则单击"取消"按钮	—
	answer on next prompt	如果下一次出现信息输入框，则输入指定文本，然后单击"确认"按钮	Target（要输入的文本）
	choose cancel on next prompt	如果下一次出现信息输入框，则单击"取消"按钮	—
	webdriver choose ok on visible confirmation	如果当前已出现确认弹出框，则单击"确认"按钮	—
	webdriver choose cancel on visible confirmation	如果当前已出现确认弹出框，则单击"取消"按钮	—
	webdriver answer on visible prompt	如果当前已出现信息输入框，则输入指定文本，然后单击"确认"按钮	Target（要输入的文本）
	webdriver choose cancel on visible prompt	如果当前已出现信息输入框，则输入指定文本，然后单击"取消"按钮	—
键鼠模拟操作	mouse down	模拟用户按下鼠标左键（但还未松开）	Target（元素的定位表达式）
	mouse down at	功能类似于 mouse down，但支持相对坐标以调整偏移量	Target（元素的定位表达式），Value（坐标表达式：相对于目标元素的坐标位置，以"X,Y"的形式表达，例如"-20,10"）
	mouse move at	功能类似于 mouse down at，区别在于 mouse down at 是直接在目标元素的位置按下鼠标左键，而 mouse move at 是在当前光标位置按下鼠标左键，并将光标移动到目标元素的位置	Target（元素的定位表达式），Value（坐标表达式：相对于目标元素的坐标位置，以"X,Y"的形式表达，例如"-20,10"）
	mouse up	模拟用户松开鼠标按键时发生的事件	Target（元素的定位表达式）
	mouse up at	功能类似于 mouse up，但支持相对坐标以调整偏移量	Target（元素的定位表达式），Value（坐标表达式：相对于目标元素的坐标位置，以"X,Y"的形式表达，例如"-20,10"）
	mouse over	模拟用户将鼠标指针悬停在指定元素上	Target（元素的定位表达式）
	mouse out	模拟用户将鼠标指针从指定元素上移开	Target（元素的定位表达式）
	send keys	用于模拟键盘敲击事件，一个键一个键地按	Target（元素的定位表达式），Value（要敲击的按键，部分特殊按键可以使用按键符表示，例如${KEY_ENTER}）

3.1.2 测试验证类命令

Selenium 支持的第二类命令是测试验证类命令,主要用于验证应用程序的状态,并检查这些状态是否符合预期结果,例如"确认该页面的标题是 xxx"或"验证该复选框为勾选状态"。

测试验证类命令主要分为 assert 和 verify 两个子类。

区别在于如果 assert 失败,测试会中断;而 verify 失败时,失败将被记录下来,但测试依然会继续执行。因此建议用单个 assert 来检查当前应用程序是否位于正确的页面,然后使用一系列 verify 命令来测试表单字段的值、标签值,等等。表 3-2 中列出了该类型下的所有命令及其用法。

表 3-2 测试验证类命令

子类	命令	功能	参数
断言	assert	检查指定变量的值是否为期望值	Target(变量名称,不带${}符号),Value(期望值:变量应该包含的字符串)
	assert title	检查网页的标题是否包含期望文本	Target(期望的文本)
	assert text	检查指定元素的文本是否包含期望文本	Target(元素的定位表达式),Value(期望的文本)
	assert not text	检查指定元素的文本是否未包含期望文本	Target(元素的定位表达式),Value(期望的文本)
	assert value	检查可输入元素(即<input>类元素)的值是否等于或不等于期望值,例如文本框、复选框、单选框中的值(换句话说,就是取这些元素的 value 属性的值)	Target(元素的定位表达式),Value(对于文本框,期望值应填写指定文本;对于复选框或单选框,期望值应填写 on[表示已勾选]或 off[表示未勾选])
	assert checked	检查可勾选元素(单选框或复选框)是否已勾选	Target(元素的定位表达式)
	assert not checked	检查可勾选元素(单选框或复选框)是否未勾选	Target(元素的定位表达式)
	assert selected label	检查下拉框是否已选中指定项(选中项的文本是否已包含期望文本)	Target(下拉框的定位表达式),Value(期望文本)
	assert selected value	检查下拉框是否已选中指定项(选中项的 Value 属性是否包含期望值)	Target(下拉框的定位表达式),Value(期望值)
	assert not selected value	检查下拉框是否未选中指定项(选中项的 Value 属性是否未包含期望值)	Target(下拉框的定位表达式),Value(期望值)
	assert editable	检查元素是否处于可编辑状态	Target(元素的定位表达式)
	assert not editable	检查元素是否处于不可编辑状态	Target(元素的定位表达式)
	assert element present	检查元素是否在页面代码中存在	Target(元素的定位表达式)
	assert element not present	检查元素是否在页面代码中不存在	Target(元素的定位表达式)

续表

子类	命令	功能	参数
断言	assert alert	检查是否出现过警告弹出框,并且是否包含期望文本	Target(期望的文本)
	assert confirmation	检查是否出现过确认弹出框,并且是否包含期望文本	Target(期望的文本)
	assert prompt	检查是否出现过信息输入框,并且是否包含期望文本	Target(期望的文本)
验证	verify	类似于 assert,区别在于检查失败后测试依然会继续执行	
	verify title	类似于 assert title,区别在于检查失败后测试依然会继续执行	
	verify text	类似于 assert text,区别在于检查失败后测试依然会继续执行	
	verify not text	类似于 assert not text,区别在于检查失败后测试依然会继续执行	
	verify value	类似于 assert value,区别在于检查失败后测试依然会继续执行	
	verify checked	类似于 assert checked,区别在于检查失败后测试依然会继续执行	
	verify not checked	类似于 assert not checked,区别在于检查失败后测试依然会继续执行	
	verify selected label	类似于 assert selected label,区别在于检查失败后测试依然会继续执行	
	verify selected value	类似于 assert selected value,区别在于检查失败后测试依然会继续执行	
	verify not selected value	类似于 assert not selected value,区别在于检查失败后测试依然会继续执行	
	verify editable	类似于 assert editable,区别在于检查失败后测试依然会继续执行	
	verify not editable	类似于 assert not editable,区别在于检查失败后测试依然会继续执行	
	verify element present	类似于 assert element present,区别在于检查失败后测试依然会继续执行	
	verify element not present	类似于 assert element not present,区别在于检查失败后测试依然会继续执行	

3.1.3 执行等待类命令

Selenium 支持的第三类命令是执行等待类命令,主要用于等待应用程序的某些元素变为期望状态时再进行下一步操作,例如"等文本框可编辑时再输入"或"等按钮可见时再单击"。

执行等待类命令主要分为两个子类——有条件等待和无条件等待。表 3-3 中列出了该类型下的所有命令及其用法。

表 3-3 执行等待类命令

子类	命令	功能	参数
有条件等待	wait for element editable	等待指定元素变为可编辑状态	Target 表示元素的定位表达式,Value 表示最长等待时间(单位是毫秒)
	wait for element not editable	等待指定元素变为不可编辑状态	Target 表示元素的定位表达式,Value 表示最长等待时间(单位是毫秒)

续表

子类	命令	功能	参数
有条件等待	wait for element present	等待指定元素出现在页面代码中	Target 表示元素的定位表达式，Value 表示最长等待时间（单位是毫秒）
	wait for element not present	等待指定元素未出现在页面代码中	Target 表示元素的定位表达式，Value 表示最长等待时间（单位是毫秒）
	wait for element visible	等待指定元素在页面上可见（比 wait for element present 条件更苛刻，要求元素既要在页面代码中出现，又不能带"display:none"，不能被其他元素覆盖，而且高度、宽度不能为 0）	Target 表示元素的定位表达式，Value 表示最长等待时间（单位是毫秒）
	wait for element not visible	等待指定元素在页面上不可见	Target 表示元素的定位表达式，Value 表示最长等待时间（单位是毫秒）
无条件等待	set speed	设置整个测试的执行速度（即设置每条命令的执行间隔，单位为毫秒），默认为 0	Target 表示执行间隔时间（单位是毫秒）
	pause	等待固定的时间	Target 表示等待时间（单位是毫秒）

3.1.4 流程控制类命令

Selenium IDE 还支持流程控制类命令，流程控制包含循环控制和分支控制两个子类（也就是经常提到的 for、while 和 if、else），通过这些命令能更好地控制测试流程。表 3-4 中列出了该类型下的所有命令及其用法。

表 3-4 流程控制类命令

子类	命令	功能	参数
循环	times	创建一个执行 N 次的固定循环。该循环以 end 命令作为循环体的结尾	Target 表示循环次数。Value 表示最大循环次数，可选参数，主要用于防止无限循环，默认值为 1000
	while	创建一个根据布尔值执行的循环，只要提供的条件表达式值为 true，就会一直循环。该循环以 end 命令作为循环体的结尾	Target 表示 JavaScript 条件表达式，要求返回类型为布尔值。Value 表示最大循环次数，可选参数，主要用于防止无限循环，默认值为 1000
	for each	创建一个根据数组长度执行的循环，它会依次遍历数组中的各个项。该循环以 end 命令作为循环体的结尾	Target 表示 JavaScript 数组变量的名称。Value 表示循环变量的名称，每一次循环都会在该变量中存放数组当前遍历项的值
	do	创建一个至少执行一次的循环。该循环以 repeat if 命令作为循环体的结尾	—
	repeat if	do 循环的循环体结尾，由布尔值决定是否再次执行循环，如果提供的条件表达式值为 true，就会一直循环	Target 表示 JavaScript 条件表达式，要求返回类型为布尔值

续表

子类	命令	功能	参数
分支	if	如果提供的条件表达式值为 true，则执行该命令	Target 表示 JavaScript 条件表达式，要求返回类型为布尔值
	else if	if 分支的一部分。如果不满足前面的 if/else if 条件，则会执行 else if 语句；如果提供的条件表达式值为 true，则执行该命令	Target 表示 JavaScript 条件表达式，要求返回类型为布尔值
	else	if 分支的一部分。如果前面的 if/else if 条件均不满足，则执行该命令	—
通用	end	作为循环命令（times、while、for each）和分支命令（if、else if）的结尾	—

3.1.5 测试辅助类命令

Selenium 支持的最后一类命令是测试辅助类命令，主要分为 3 个子类——辅助调试、辅助执行和辅助存储，分别用于辅助测试的调试（例如打断点或输出日志），执行自定义 JavaScript 代码，以及辅助存储测试时需要从界面上保存的临时值或者自定义值。表 3-5 中列出了该类型下的所有命令及其用法。

表 3-5 测试辅助类命令

子类	命令	功能	参数
辅助调试	debugger	断点，中断执行并进入调试器	
	echo	将指定消息输出到日志中，主要用于调试	Target 表示要输出的消息
辅助执行	run	从当前项目运行指定 Selenium IDE 测试用例	Target 表示当前项目中的 Selenium IDE 测试用例名称
	run script	在当前的网页中插入一个<script>元素，元素中包含 JavaScript 代码段，以执行 JavaScript 代码段	Target 表示要执行的 JavaScript 代码段
	execute script	在当前网页中以匿名函数的形式执行 JavaScript 代码段。要获得返回值，需要在参数 1 的 JavaScript 代码段结尾使用 return 关键字返回某个值，同时在参数 2 中指定变量以存储这个值	Target 表示要执行的 JavaScript 代码段，Value 表示变量名称（不带${}符号）
	execute async script	功能类似于 execute script，区别在于这段代码是异步执行的，虽然参数 1 中依然使用 return 关键字返回某个普通类型的值，但参数 2 中实际存放的是 Promise 类型的值	Target 表示要执行的 JavaScript 代码段，Value 表示变量名称（不带${}符号）
辅助存储	store	将指定文本存储到变量中，以供后续使用	Target 表示要存储的文本，Value 表示变量名称（不带${}符号）

续表

子类	命令	功能	参数
辅助存储	store title	将网页的标题存储到变量中	Target 表示窗口的句柄（可不填写），Value 表示变量名称（不带${}符号）
	store text	将指定元素的文本存储到变量中	Target 表示元素的定位表达式，Value 表示变量名称（不带${}符号）
	store value	将可输入元素（即<input>类元素）的值存储到变量中	Target 表示元素的定位表达式，Value 表示变量名称（不带${}符号）
	store attribute	将元素的某个属性的值存储到变量中	Target 表示先填写元素的定位表达式，后面跟@符号，再填写属性名称，例如"foo@bar"，Value 表示变量名称（不带${}符号）
	store window handle	将当前浏览器窗口的句柄存储到变量中	Target 表示变量名称（不带${}符号）
	store json	将自定义 Json 字符串存储到变量中	Target 表示自定义 JavaScript 对象的字符串表达式，Value 表示变量名称（不带${}符号）
	store xpath count	将与指定 xpath 匹配的节点数量存储到变量中	Target 表示 xpath 表达式，Value 表示变量名称（不带${}符号）

可以通过辅助存储命令生成变量名称和变量的值，以供其他命令使用。除了前面提到的必须传入"变量名称"（不带${}符号）的命令外，所有命令的 Target 和 Value 参数都支持使用辅助存储命令产生的变量，使用形式为"${变量名称}"。

如图 3-1 所示，首先将 https://www.baidu.com 作为值存储到 baiduURL 变量中，然后在 open 命令中以${baiduURL}的形式引用之前的变量，以打开百度首页。再通过两个 store 命令，将搜索文本框的定位表达式 kw 作为值存储到 baiduTextboxLocator 变量中，将 hello world 作为值存储到 searchContent 变量中，然后使用 type 命令，分别用${baiduTextboxLocator}和${searchContent}引用之前定义的变量。执行以下命令后，会在百度搜索文本框中输入 hello world。

	Command	Target	Value
1	store	https://www.baidu.com	baiduURL
2	open	${baiduURL}	
3	store	kw	baiduTextboxLocator
4	store	hello world	searchContent
5	type	${baiduTextboxLocator}	${searchContent}

图 3-1 使用变量

以上是 Selenium IDE 支持的所有命令，灵活使用它们，将带来极大的收益。

3.2 测试套件管理

在之前的示例中，我们演示了在一个项目中拥有一条测试用例的情况。如图 3-2 所示，在 BaiduSearch 项目中，只有一条名为 SearchHelloWorld 的测试用例。

然而，在同一个项目中，可以同时管理多条测试用例。在 Selenium IDE 的测试视图中单击"+"按钮，可以新增测试用例，也可以右击一条测试用例，在上下文菜单中选择 Duplicate（复制）选项进行复制，如图 3-3 所示。

现在我们再添加 3 条测试用例，分别为 SearchSelenium、ImageSearchHelloWorld 和 ImageSearchSelenium，其中 SearchHelloWorld 和 SearchSelenium 测试用例用于网页搜索，而 ImageSearchHelloWorld 和 ImageSearchSelenium 测试用例用于图片搜索（读者可以自行尝试录制或编写图片搜索功能），如图 3-4 所示。

图 3-2 SearchHelloWorld 测试用例

图 3-3 新增或复制测试用例

图 3-4 新增测试用例

现在已经拥有 4 条测试用例，分别属于网页搜索和图片搜索两个模块。可以想象，如果后续测试用例越来越多，模块也越来越多。这个项目中可能还有百度贴吧模块的测试用例，百度音乐模块的测试用例。如果每个模块都有几十条测试用例，那么这些用例在对应的面板下将非常难以维护，以至于根本无法分辨各个用例归属于哪个模块。

很明显，我们需要一个结构化的用例管理功能。Selenium IDE 提供了一种名为"测试套件"（Test Suite）的功能，支持结构化的用例管理。

在 Selenium IDE 中单击 Tests 下拉菜单，会出现 3 个选项。这 3 个选项分别代表测试（Tests）视图、测试套件（Test suites）视图和执行（Executing）视图。这里我们选择 Test Suite，如图 3-5 所示。

视图将会切换到测试套件视图，该视图下拥有一个名为 Default Suite 的默认套件。套件内默认添加了该项目的第一条测试用例 SearchHelloWorld，如图 3-6 所示。

图 3-5　选择 Test suites

图 3-6　默认套件

现在，右击套件名称 Default Suite，在下拉菜单中选择 Rename（重命名）选项，将套件重命名为 PageSearch。然后再次右击套件名称，选择 Add tests（添加测试），如图 3-7 所示，以便接下来将已有测试添加到该套件中。

接下来将弹出 Select tests 窗口，勾选 SearchHelloWorld 和 SearchSelenium 两条测试用例，再单击 SELECT 按钮，添加测试用例，如图 3-8 所示。

图 3-7　向套件中添加测试用例

图 3-8　向 PageSearch 测试套件中添加测试用例

此时可以看到 PageSearch 套件中已加入两条测试用例，分别为 SearchHelloWorld 和 SearchSelenium，如图 3-9 所示。接着再单击 "+" 按钮新增测试套件。

接着将弹出 Add new suites 窗口，输入套件名称 ImageSearch，然后单击 ADD 按钮，新增套件，如图 3-10 所示。

图 3-9　新增的测试用例

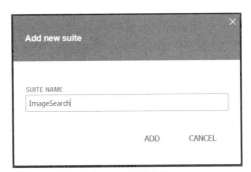
图 3-10　新增套件

然后为该套件选择测试用例，勾选 ImageSearchHelloWorld 和 ImageSearchSelenium 两条测试用例，再单击 SELECT 按钮，如图 3-11 所示。

接着将回到 Selenium IDE 默认界面，可以看到现在已经拥有两个测试套件，分别用于网页搜索和图片搜索。每个套件下维护了两条测试用例，实现了结构化管理测试用例的功能。现在可以按套件来执行测试了，单击 Command 表格上方的第一个按钮，即可运行选中套件下的所有测试用例，如图 3-12 所示。

图 3-11　向 ImageSearch 测试套件中添加测试用例

图 3-12　测试套件的运行

3.3　命令行运行器

通过 Selenium 命令行运行器（Command-line Runner），Selenium IDE 创建的所有测试可以运行在所有浏览器上。命令行运行器还支持并行运行，也支持在 Selenium Grid 上运行。

第 3 章　Selenium IDE 的高级运用

这些功能都不需要额外编写代码。只需安装好 Selenium IDE 命令行运行器，指定浏览器驱动程序，然后在命令行中输入命令就可以运行了。

3.3.1　安装并运行各个浏览器

要运行 Selenium 命令行运行器，首先需要安装最新版本的 Node.js，然后通过以下命令安装 Selenium 命令行运行器。

```
>npm install -g selenium-side-runner
```

接着需要下载各个浏览器的驱动，驱动程序可以在官方网站上直接下载。（详细下载与配置方式参见 4.1.1 节。）

一切就绪后，我们可以通过命令行运行器来执行之前在 Selenium IDE 中创建的 BaiduSearch.side 文件。只需使用以下命令，就可以轻松运行。

```
> selenium-side-runner d:\BaiduSearch.side
```

接着浏览器（默认为 Chrome）将会打开并执行测试。测试结束后，可以看到有两个测试套件，4 条测试用例运行通过，总运行时间为 24.87s，如图 3-13 所示。

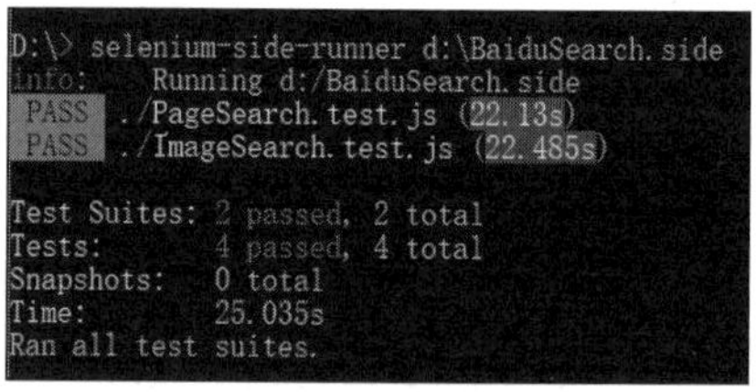

命令行运行器支持多种浏览器命令，只需在运行时带上参数 -c "browserName=浏览器名称"，就可以使用以下命令分别运行在不同的浏览器上。

图 3-13　命令行运行器的执行结果

```
> selenium-side-runner -c "browserName=chrome" d:\BaiduSearch.side
> selenium-side-runner -c "browserName='internet explorer'" d:\BaiduSearch.side
> selenium-side-runner -c "browserName=edge" d:\BaiduSearch.side
> selenium-side-runner -c "browserName=firefox" d:\BaiduSearch.side
> selenium-side-runner -c "browserName=safari" d:\BaiduSearch.side
```

命令行运行器还支持多种参数，在命令行中输入 selenium-side-runner，会显示详细的参数说明，如图 3-14 所示。

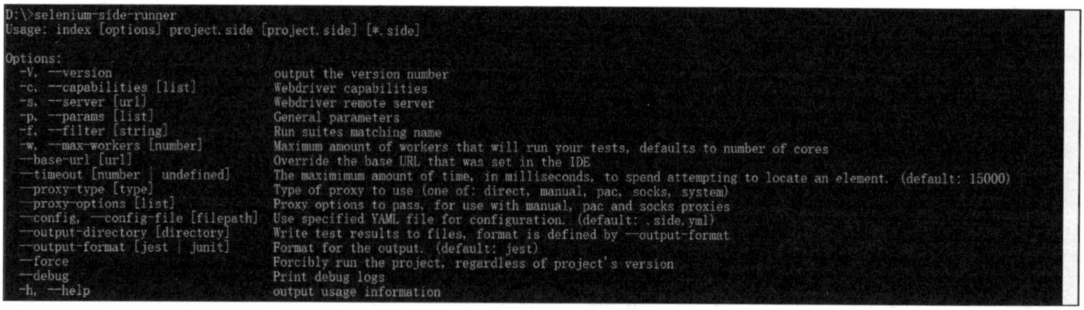

图 3-14　命令行运行器的各项参数

接下来介绍一些常用的参数设置。

3.3.2 常用参数设置

1. 修改基础 URL

在之前的命令中，我们使用的基础 URL 是之前在 Selenium IDE 中设置的"https://www.baidu.com"。然而，在真实开发过程中，这个地址可能随环境的变化而变化，例如在开发环境、测试环境、预发布环境、生产环境等各个环境中，基础 URL 的地址可能完全不同。通过"--base-url 地址"参数，可以指定当前的运行环境，例如以下命令。

```
> selenium-side-runner d:\BaiduSearch.side --base-url http://10.16.45.10
```

之后再运行测试时，浏览器将打开 http://10.16.45.10（假设是本地测试环境），并在上面执行跟之前一样的所有操作。

2. 选取测试运行

可以使用参数"--filter 正则表达式"来筛选要运行的测试，当测试用例名称匹配正则表达式时，测试用例就会执行。假设我们想执行所有图片搜索的测试用例，输入以下命令即可。

```
> selenium-side-runner d:\BaiduSearch.side --filter ImageSearch
```

执行结果如图 3-15 所示，可以看到命令行运行器只执行了两条名称中带有 ImageSearch 关键字的测试用例。

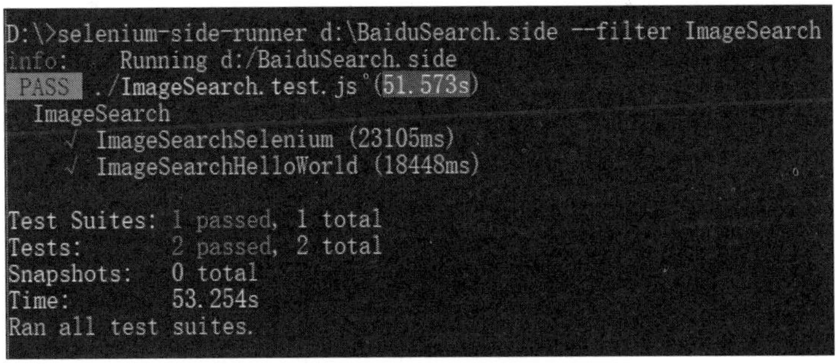

图 3-15　指定测试的执行结果

3. 并行运行测试用例

命令行运行器还支持并行运行测试，打开多个浏览器同时运行多个测试用例，只需使用参数"-w 并行数量"即可。该命令的使用方式如下。

```
> selenium-side-runner d:\BaiduSearch.side -w 4
```

测试执行时会按照套件依次执行，如果一个套件中有多个测试，就会按照设置的并行数开启多个浏览器进行测试。如果套件中的测试总数小于设置的并行数量，则同时打开的浏览器数量等于套件中的测试总数。

除直接使用-w 参数之外，还可以在 Selenium IDE 中直接将套件设置为并行执行。方法是右击某个套件，然后选择 Settings 选项，如图 3-16 所示。

然后将弹出设置界面，在界面上勾选 Run in parallel 即可，如图 3-17 所示。并行执行只能在命令行运行器中生效，直接在 Selenium IDE 中执行仍然是串行执行。

图 3-16　设置套件

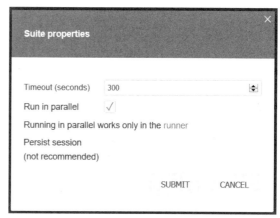

图 3-17　勾选并行执行选项

4. 将测试结果导出为文件

命令行运行器可以将运行结果导出为文件，以便在其他环节使用。通过参数"--output-directory=文件夹路径"可以将运行结果导出到指定路径下，还可使用可选参数"--output-format=jest/junit"指定导出格式（如果不指定格式，默认为 jest）。

```
> selenium-side-runner d:\BaiduSearch.side --output-directory=d:\testresult --output
-format=junit
```

执行结束后，可以在 d:\testresult 文件夹下找到导出的文件，其内容如图 3-18 所示。

```
<?xml version="1.0" encoding="UTF-8"?>
<testsuites time="28.591" failures="0" tests="4" name="jest tests">
  <testsuite time="24.866" failures="0" tests="2" name="ImageSearch" timestamp="2019-12-23T11:15:43" skipped="0" errors="0">
    <testcase time="7.618" name="ImageSearch ImageSearchSelenium" classname="ImageSearch ImageSearchSelenium"> </testcase>
    <testcase time="8.526" name="ImageSearch ImageSearchHelloWorld" classname="ImageSearch ImageSearchHelloWorld"> </testcase>
  </testsuite>
  <testsuite time="26.071" failures="0" tests="2" name="PageSearch" timestamp="2019-12-23T11:15:43" skipped="0" errors="0">
    <testcase time="8.86" name="PageSearch SearchHelloWorld" classname="PageSearch SearchHelloWorld"> </testcase>
    <testcase time="8.484" name="PageSearch SearchSelenium" classname="PageSearch SearchSelenium"> </testcase>
  </testsuite>
</testsuites>
```

图 3-18　结构文件包含的内容

5. 指定配置文件

命令行运行器的参数较多，如果每次运行都重新设置参数会比较麻烦。可以通过创建配置文件的方式指定参数。配置文件的创建很简单，只需将各个参数的全名及指定值以 YAML 格式保存在文件中即可，例如，我们可以创建一个 YAML 文件，在其中填入以下内容。

```
capabilities:
  browserName: "firefox"
```

```
max-workers: 2
output-directory: "d:\testresult"
```

有两种方式使该配置文件生效。

第一种方式是将配置文件和测试文件放到同一文件夹当中，并将其命名为".side.yml"，例如将之前实例中的 BaiduSearch.side 和.side.yml 放到同一个目录（D:\）中，因此再执行 BaiduSearch.side 时默认会使用配置文件中的参数。

第二种方式是直接通过参数"--config-file "YAML 文件路径""指定，例如将配置文件命名为 BaiduSearchConfig.yml 并存放到 D 盘，然后再执行以下命令，测试运行时将使用该路径下的配置参数。

```
> selenium-side-runner d:\BaiduSearch.side --config-file "BaiduSearchConfig.yml"
```

第 4 章　Selenium WebDriver 的基本运用

Selenium 通过 WebDriver 来支持各种浏览器的自动化。WebDriver 是一种 API 和协议，它定义了一种不依赖于编程语言、用于控制 Web 浏览器行为的接口。我们可以引用具体语言（Python、Java、C#、Ruby、JavaScript）绑定的库（对于 C# 是 dll，对于 Java 是 jar 等）来调用这些接口。

每种浏览器还需要有一个特定的基于 WebDriver 的实现来负责控制浏览器，这种实现称为驱动程序。驱动程序通常为可执行文件（.exe），一般由浏览器厂商开发并提供。

WebDriver、驱动程序、浏览器之间的关系如图 4-1 所示。WebDriver 通过驱动程序将命令传递给浏览器，并通过相同的路径接收信息。

图 4-1　WebDriver、驱动程序、浏览器之间的关系

4.1　Selenium WebDriver 的安装与配置

要运行 Selenium，需要完整安装图 4-1 所示的 3 种部件。浏览器的安装很简单，这里不做过多说明，主要介绍驱动程序和语言绑定（本书基于 Python 语言）的安装与配置。

4.1.1　配置驱动程序

对于不同的浏览器，需要下载浏览器驱动程序来支持运行。下面介绍这些浏览器对应的驱动下载方式。

1. 下载 Chrome 浏览器的驱动程序

在 Chrome 浏览器中，首先在"帮助"→"关于 Google Chrome"菜单中查看浏览器版本，在本例中版本号为 79，如图 4-2 所示。

然后访问 Chrome 浏览器的驱动程序下载页面（请在百度中搜索"Selenium Chrome Driver 下载"），找到对应版本的文件夹，如图 4-3 所示。

图 4-2 查看 Chrome 版本

图 4-3 找到对应版本的文件夹

进入对应版本的文件夹，根据操作系统下载对应的驱动程序即可，如图 4-4 所示。

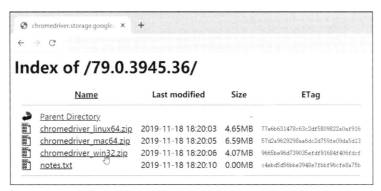

图 4-4 该版本下不同操作系统的 Chrome 驱动程序

2. 下载 Firefox 浏览器的驱动程序

访问 GeckoDriver 下载页面（请在百度中搜索"Selenium Firefox Driver 下载"），然后下载对应操作系统中 Firefox 浏览器的最新驱动程序即可，如图 4-5 所示。

3. 下载 Edge 浏览器的驱动程序

首先进入 Edge 浏览器的设置菜单，滑动到底部可以查看版本号，本例中的版本号为 18，如图 4-6 所示。然后进入 Microsoft WebDriver 下载页面（请在百度中搜索"Selenium Edge Driver 下载"），根据提示下载，下载或设置 Edge 浏览器的驱动程序，如图 4-7 所示。

区域 1 表示对于 18 以上版本的 Edge 只需运行命令就可以下载 Edge 驱动程序。区域 2 表示对于 18 之前版本的 Edge 都需要下载单独的驱动程序，如果是低版本的 Edge，直接单击即可下载。

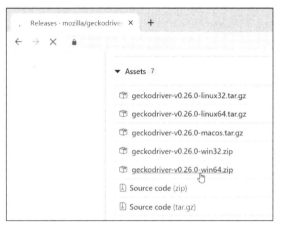

图 4-5　下载 Firefox 驱动程序

图 4-6　查看 Edge 版本

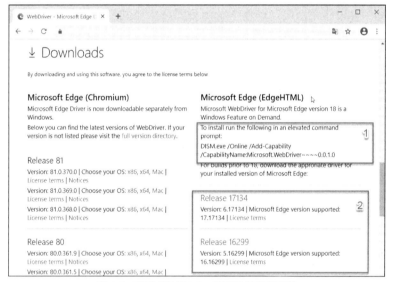

图 4-7　下载或设置 Edge 浏览器的驱动程序

在本例中由于 Edge 浏览器的版本是 18，因此需要在命令行中执行以下命令来安装 Microsoft WebDriver。

```
>DISM.exe /Online /Add-Capability /CapabilityName:Microsoft.WebDriver~~~~0.0.1.0
```

4. 下载 IE 浏览器的驱动程序

访问 IEDriver 下载页面（请在百度中搜索"Selenium IEDriver 下载"），选择 IE 浏览器的最新驱动程序即可，如图 4-8 所示。

4.1 Selenium WebDriver 的安装与配置

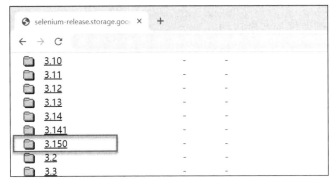

图 4-8 选择 IE 浏览器的最新驱动程序

进入文件夹后，根据操作系统选择合适的驱动程序即可，如图 4-9 所示。

图 4-9 选择合适的驱动程序

5. 下载 Opera 浏览器的驱动程序

访问 OperaDriver 下载页面请在百度中搜索 "OperaDriver 下载"，然后下载对应操作系统的最新驱动程序即可，如图 4-10 所示。

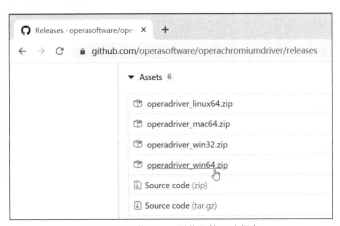

图 4-10 下载 Opera 浏览器的驱动程序

6. 下载 Safari 浏览器的驱动程序

对于 macOS 上的 Safari 浏览器，则只需运行以下命令，启用 SafariDriver 即可。

```
> safaridriver --enable
```

4.1.2 配置环境变量

驱动下载完成后，建议将驱动程序的 exe 文件放到同一个文件夹下进行管理，可按图 4-11 所示的方式统一存放，本例中存放路径为 D:\AllBrowserDrivers。

然后还需要将文件夹配置到环境变量 Path 当中，这样 Selenium 在运行时，就可以通过环境变量 Path 找到驱动程序所在位置。

右击"此电脑"，选择"属性"选项，然后选择"高级系统设置"，在弹出的"系统属性"对话框中单击"环境变量"按钮。在弹出的"环境变量"对话框中，在"系统变量"选项组中，选择 Path 变量，将"D:\AllBrowserDrivers"添加到环境变量 Path 当中，如图 4-12 所示。

图 4-11　统一存放的驱动程序

图 4-12　配置环境变量 Path

浏览器驱动程序的配置到此完成。

4.1.3 安装绑定语言

本书将使用 Python 作为绑定语言运行 WebDriver。Python 的安装非常简单，只需在官网下载安装程序并运行，默认一直单击"下一步"按钮即可。但注意中途需要勾选 Add Python 3.X to PATH 复选框，将 Python 添加到环境变量中。

Python 安装完成后，在命令行窗口中输入以下命令，即可完成针对 Python 的 Selenium 库的安装。

```
> pip install selenium
```

安装完成后，可以通过以下命令查看安装的版本。

```
> pip show selenium
```

语言绑定安装完成后,就可以开始编写 Selenium 的相关代码了。可以使用安装 Python 时自带的默认 IDE——IDLE 来编写、调试和运行代码,也可以使用 PyCharm(个人推荐)等第三方 IDE。PyCharm 不仅支持运行调试,还支持项目管理、代码跳转、智能提示、自动补全、单元测试、版本控制等功能。

除了 IDE,你还可以使用一些喜欢的编辑器(例如 Sublime Text、Visual Studio Code)来编写 Python 代码。

现在我们先来写一些调试代码,看看是否能成功驱动浏览器执行操作。

```
1   from selenium import webdriver
2   from selenium.webdriver.common.by import By
3   driver = webdriver.Chrome()
4   driver.get("https://www.baidu.com/")
5   driver.find_element(By.ID, "kw").click()
6   driver.find_element(By.ID, "kw").send_keys("hello world")
7   driver.find_element(By.ID, "su").click()
8   driver.quit()
```

各行代码的作用分别如下。

之前已经安装了 Selenium,第 1 行用于从 Selenium 库中导入 webdriver 模块。Selenium 库中有 common 和 webdriver 两个模块,common 模块中主要是 Selenium 定义的异常类,webdriver 模块中存放了所有操作浏览器的函数。

第 2 行用于从 selenium.webdriver.common.by 模块中导入名为 By 的类,By 主要用于对象的定位,这在后面的章节中会详细介绍。

第 3 行用于实例化 Chrome WebDriver,将打开空白的 Chrome 浏览器。

第 4 行用于打开百度页面。

第 5 行用于实现通过单击搜索文本框。

第 6 行用于在文本框中输入"hello world"。

第 7 行用于通过单击"百度一下"按钮,进行搜索。

第 8 行用于关闭全部浏览器窗口并结束会话。

执行上述代码将使用 Chrome 浏览器打开百度网站,并在文本框中输入"hello world",然后单击"百度一下"按钮,最后关闭浏览器。

4.2 选择浏览器开始测试

在此之前,我们已经配置了各个浏览器的驱动程序,因此可以在代码中声明不同的 WebDriver 实例,来运行不同的浏览器。

第 4 章　Selenium WebDriver 的基本运用

```
from selenium import webdriver

chrome = webdriver.Chrome()
firefox = webdriver.Firefox()
edge = webdriver.Edge()
ie = webdriver.Ie()
opera = webdriver.Opera()
```
执行以上代码，将依次打开 Chrome、Firefox、Edge、IE、Opera 浏览器。

4.3　浏览器窗口的基本操作

在之后的示例中，我们可以选择一种浏览器进行测试。当浏览器启动完成后，接下来可以针对浏览器做各种各样的操作。

4.3.1　浏览器导航操作

浏览器的导航操作共有 4 个。第一个就是使用在之前示例中提到的 get 函数，只要传入网址，就可以使浏览器打开指定页面，代码如下所示。

```
from selenium import webdriver

driver = webdriver.Chrome()
driver.get("https://www.baidu.com/")
```
执行上述代码，将打开浏览器并跳转到百度首页，如图 4-13 所示。

图 4-13　打开百度页面

除此以外，还有 3 种操作，分别对应浏览器的后退、前进、刷新操作，导航操作按钮如图 4-14 所示。

图 4-14　导航操作按钮

4.3 浏览器窗口的基本操作

这些操作的代码分别如下。

```
driver.back()    #后退
driver.forward() #前进
driver.refresh() #刷新
```

4.3.2 浏览器窗口操作

窗口的位置和大小在一定程度上会影响 Web 页面的显示方式，也会导致操作上有所区别。Selenium 提供了一些函数，用于调整浏览器窗口的位置和大小，以及关闭浏览器窗口。

图 4-15 浏览器窗口的操作按钮

最小化、最大化、关闭浏览器窗口的操作按钮如图 4-15 所示。这些操作的代码分别如下。

```
driver.minimize_window()    #最小化窗口
driver.maximize_window()    #最大化窗口
driver.close()              #关闭窗口
```

还可以使用以下函数来控制浏览器窗口的位置与大小。

```
Driver.set_window_position(坐标X, 坐标Y)  #将浏览器窗口移动到指定位置
Driver.set_window_size(宽度像素, 高度像素)  #将浏览器窗口设置为指定大小
Driver.set_window_rect(坐标X, 坐标Y, 宽度像素, 高度像素)#将浏览器窗口移动到指定位置,同时
#设置窗口大小
```

在下面这段调整窗口的代码中引入了 time 模块，使用 sleep 函数在每个操作之间休眠 3s，以便看到执行效果。

```
from selenium import webdriver
import time

driver = webdriver.Chrome()

driver.set_window_position(0, 0)
time.sleep(3)
driver.set_window_size(500, 300)
time.sleep(3)
driver.set_window_rect(100, 200, 600, 400)
```

代码执行后，浏览器将会打开，并会移动到屏幕左上角（坐标为 0,0），然后休眠 3s，3s 后会将窗口大小设置为 500×300，然后继续休眠 3s，最后会将浏览器移动到距离屏幕左侧 100 像素、屏幕上沿 200 像素的位置，并将窗口大小设置为 600×400。

4.3.3 获取浏览器信息

除了操作浏览器窗口，我们还可以通过一些函数或属性获取浏览器的信息。

最常用的是获取相关信息，例如，获取浏览器窗口当前的标题以及网址。

```
driver.title        #获取浏览器窗口当前的标题
driver.current_url  #获取浏览器窗口当前的网址
```

以下代码的功能是先导航到百度首页，然后获取标题和网址。

```python
from selenium import webdriver
driver = webdriver.Chrome()
driver.get("https://www.baidu.com")

print("浏览器标题: ", driver.title)
print("浏览器网址: ", driver.current_url)
```

代码执行后的输出结果如下。

```
>浏览器标题：百度一下，你就知道
>浏览器网址：https://www.baidu.com/
```

除了导航信息，还可以获取浏览器的窗口位置、大小信息。只需使用以下函数，获取相关的位置和大小对象即可。

```python
driver.get_window_position()  #获取位置对象
driver.get_window_size()      #获取大小对象
driver.get_window_rect()      #获取位置及大小对象
```

接下来编写代码来获取这些对象。因为返回值是 dict 类型的对象，所以需要用对应的键来获取具体的属性值。

```python
from selenium import webdriver

driver = webdriver.Chrome()

print("获取位置对象: ", driver.get_window_position())
print("获取位置坐标 x 值: ", driver.get_window_position()["x"])
print("获取位置坐标 y 值: ", +driver.get_window_position()["y"])

print("获取大小对象: ", driver.get_window_size())
print("获取宽度值", driver.get_window_size()["width"])
print("获取高度值", driver.get_window_size()["height"])

print("获取位置及大小对象: ", driver.get_window_rect())
print("获取位置坐标 x 值: ", driver.get_window_rect()["x"])
print("获取位置坐标 y 值: ", driver.get_window_rect()["y"])
print("获取宽度值: ", driver.get_window_rect()["width"])
print("获取高度值: ", driver.get_window_rect()["height"])
```

代码执行后的输出结果如下。

```
>获取位置对象: {'x': 9, 'y': 9}
>获取位置坐标 x 值: 9
>获取位置坐标 y 值: 9
>获取大小对象: {'width': 1051, 'height': 806}
>获取宽度值 1051
>获取高度值 806
>获取位置及大小对象: {'height': 806, 'width': 1051, 'x': 9, 'y': 9}
>获取位置坐标 x 值: 9
>获取位置坐标 y 值: 9
>获取宽度值: 1051
>获取高度值: 806
```

4.4 查找页面元素

导航到对应页面后,就可以对页面上的元素进行操作了。然而,在进行操作之前,必须要找到相应的元素。如何才能找到这些元素?

随着 HTML 标签的不同,查找条件也各有不同,Selenium 支持多种查找元素的方式,接下来将一一进行讲解。

4.4.1 按 id 属性查找

可以按照 HTML 元素的 id 属性查找元素,只需使用以下函数即可查找首个匹配元素。(还可以使用 `find_element(By.ID, "id属性值")` 来查找元素,详见 4.4.9 节)。

```
driver.find_element_by_id("id属性值")
```

例如,百度首页的搜索文本框如图 4-16 所示。

图 4-16 百度首页的搜索文本框

在 Chrome 浏览器中按 F12 键进入开发模式,查看文本框的 HTML 源码,其代码如图 4-17 所示。

```
<input id="kw" name="wd" class="s_ipt" value maxlength="255" autocomplete="off">
```

图 4-17 百度首页的搜索文本框的 HTML 源码

若要操作该文本框,则可以通过这个 ID(`id="kw"`)作为查找条件获取该元素,代码如下所示。

```
from selenium import webdriver

driver = webdriver.Chrome()
driver.get("https://www.baidu.com")
searchTextBox = driver.find_element_by_id("kw")
searchTextBox.send_keys("找到文本框")
```

其中,`driver.find_element_by_id("kw")`,表示寻找 id 为 kw 的元素,并将元素赋给变量 searchTextBox。然后再执行 `searchTextBox.send_keys("找到文本框")`,在搜索文本框中输入"找到文本框"。

4.4.2 按 name 属性查找

Selenium 可以按照 HTML 元素的 name 属性查找元素，只需使用以下函数即可查找首个匹配元素（还可以使用 `find_element(By.NAME,"name属性值")` 来查找元素，详见 4.4.9 节）。

```
driver.find_element_by_name("name属性值")
```

例如，对于百度首页的搜索文本框，之前我们已经看过其 HTML 源码，其 `name="wd"`，所以以其作为查找条件。代码如下所示。

```
from selenium import webdriver

driver = webdriver.Chrome()
driver.get("https://www.baidu.com")
searchTextBox = driver.find_element_by_name("wd")
searchTextBox.send_keys("找到文本框")
```

这段代码和之前按 id 查找的代码功能相同，执行后都会在搜索文本框中输入"找到文本框"，区别在于 `driver.find_element_by_name("wd")` 查找 name 为 wd 的元素。

4.4.3 按 class 属性查找

Selenium 可以按照 HTML 元素的 class 属性查找元素，只需使用以下函数即可查找首个匹配元素（还可以使用 `find_element(By.CLASS_NAME,"class属性值")` 来查找元素，详见 4.4.9 节）。

```
driver.find_element_by_class_name("class属性值")
```

例如，对于百度首页的搜索文本框，之前我们已经看过其 HTML 源码，其 `class="s_ipt"`，所以以其作为查找条件。代码如下所示。

```
from selenium import webdriver

driver = webdriver.Chrome()
driver.get("https://www.baidu.com")
searchTextBox = driver.find_element_by_class_name("s_ipt")
searchTextBox.send_keys("找到文本框")
```

这段代码和之前示例中的代码功能相同，区别只在于这次查找 class 属性为 s_ipt 的元素。

注意：一般情况下请尽量使用 id 或 name 属性进行查找，因为这两个属性通常用作元素的唯一标识。但 class 属性可能会被多个元素引用，使用这种方式查找需要先判断是否只有目标元素引用这个 class 属性，否则可能意外查找到其他元素。

4.4.4 按链接文本查找

Selenium 支持按链接的文本查找元素，只需使用以下函数即可查找首个匹配元素（还可以使用 `find_element(By.LINK_TEXT,"链接的文本")` 来查找元素，详见 4.4.9 节）。

```
driver.find_element_by_link_text("链接的文本")
```

例如,百度首页左上角的各个链接如图 4-18 所示。

图 4-18　百度首页左上角的各个链接

可以用这些链接的文本作为查找条件来获取链接对象,例如,可以编写代码,实现单击"贴吧"链接进入百度贴吧。

```
from selenium import webdriver

driver = webdriver.Chrome()
driver.get("https://www.baidu.com")
link = driver.find_element_by_link_text("贴吧")
link.click()
```

执行这段代码后,Selenium 会先打开百度首页,然后单击"贴吧"链接,进入百度贴吧,如图 4-19 所示。

图 4-19　百度贴吧

4.4.5 按链接文本进行模糊查找

除了按照链接的文本进行精确查找，Selenium 还支持按照链接的文本进行模糊查找。这意味着只需要知道链接的部分文本，就可以找到想要的链接。可以使用以下函数查找首个匹配元素（还可以使用 find_element(By.PARTIAL_LINK_TEXT,"链接的一部分文本") 来查找元素，详见 4.4.9 节）。

```
driver.find_element_by_partial_link_text("链接的一部分文本")
```

对于之前单击"贴吧"链接的示例，现在我们可以使用模糊查找，代码如下所示。

```
from selenium import webdriver

driver = webdriver.Chrome()
driver.get("https://www.baidu.com")
link = driver.find_element_by_partial_link_text("贴")
link.click()
```

这段代码和 4.4.4 节的代码的功能相同，但它按链接文本进行模糊查找。虽然提供的条件中只有"贴"字，但是依然可以顺利单击"贴吧"链接。

4.4.6 按标签类型查找

Selenium 也支持按照 HTML 标签类型查找元素，只需使用以下函数即可查找首个匹配元素（还可以使用 find_element(By.TAG_NAME, "HTML 标签名称") 来查找元素，详见 4.4.9 节）。

```
driver.find_element_by_tag_name("HTML 标签名称")
```

使用方式如以下代码所示。

```
driver.find_element_by_tag_name("input")    #查找首个<input/>元素
driver.find_element_by_tag_name("a")        #查找首个<a/>元素
driver.find_element_by_tag_name("span")     #查找首个<span/>元素
```

注意：一个页面中可能会有多个 HTML 标签相同的元素，除非页面上只有一个该类型的标签，否则可能会查找到其他元素而非目标元素。请尽量使用其他类型的查找方式。

4.4.7 按 XPath 查找

XPath 是一种综合性的查找方式，不仅支持前 6 种查找方式，而且还能通过 XPath 表达式进行更加丰富的高级查找。

XPath 的全称为 XML 路径语言（XML Path Language），它是一种用来确定目标对象在 XML 文档中的位置的语言。XPath 使用路径表达式来选取 XML 文档中的节点或者节点集。这些路径表达式和我们在常规的计算机文件系统中看到的表达式非常相似。由于 HTML 和 XML 的结构非常相似，因此 XPath 可以用于 HTML 节点的选取。通过 XPath 表达式，几乎可以选取任何想要的节点。

在 Selenium 中，可以通过以下函数查找匹配 XPath 表达式的首个元素（还可以使用 `find_element(By.XPATH,"XPath 表达式")` 来查找元素，详见 4.4.9 节）。

```
driver.find_element_by_xpath("XPath 表达式")
```

接下来对 XPath 进行详细说明。

1. 基于绝对路径或相对路径定位

基本的 XPath 语法类似于在一个文件系统中定位文件，如果路径以斜线（/）开始，那么该路径就表示到一个元素的绝对路径。

我们可以通过这种定位方式顺藤摸瓜，从根元素一层层往下找到想要的元素，例如对于百度搜索文本框，可以使用以下方式定位。

```
driver.find_element_by_xpath("/html/body/div/div/div/div/div/form/span/input")
```

然而，这种方式有缺陷，如果网页的层次稍微有一点变化，上面的表达式将无法查找元素。为了解决这个问题，我们可以使用健壮性稍好的相对路径定位。相对路径定位以双斜线（//）开头，表示选择文档中所有满足双斜线（//）后面的规则的元素（无论层级关系），例如对于百度首页的搜索文本框，还可以使用以下方式定位。

```
driver.find_element_by_xpath("//span/input")    #选择所有父元素是 span 的 input 元素
```

2. 基于索引或属性定位

然而，以上定位方式仍然存在问题，在百度搜索页面，符合以上条件的节点恰好只有一个，但对于复杂页面，与路径表达式匹配的元素可能有多个。如何精准定位到需要的元素上呢？这里需要引用新的定位方式——索引或属性定位。

索引定位非常简单，使用中括号[]并填入索引即可。例如，通过以下两种定位方式，都可以查找到百度首页的搜索文本框。

```
driver.find_element_by_xpath("//span/input[1]")        #选取第 1 个与表达式//span/input 匹配的元素
driver.find_element_by_xpath("//span/input[last()]")   #选取最后 1 个与表达式匹配的元素
```

属性定位通过前缀@来指定属性名称，然后指定期望的属性值来进行定位。例如，以下代码通过 XPath 表达式，实现之前的按 id、name、class 属性定位，并查找匹配条件的 `input` 元素。

```
driver.find_element_by_xpath("//input[@id='kw']")
driver.find_element_by_xpath("//input[@name='wd']")
driver.find_element_by_xpath("//input[@class='s_ipt']")
```

另外，还可以使用通配符*，匹配所有元素。例如，以下代码查找 id 为 kw 的所有元素。

```
driver.find_element_by_xpath("//*[@id='kw']")
```

当然，除了以上 3 种属性，任何属性都可用于属性定位。

3. 基于轴定位

XPath 还支持基于相对关系的定位。之前的查找方式都类似于从上层往下层查找，但 XPath

还支持从下层向上层查找元素,还可以向前或向后查找元素。

我们再来查看百度首页的部分 HTML 源码,了解百度首页的搜索本文框和搜索按钮周边的元素关系,如图 4-20 所示。

```
▼<form id="form" name="f" action="/s" class="fm">
  ▼<span class="bg s_ipt_wr quickdelete-wrap">
      <span class="soutu-btn"></span>
      <input id="kw" name="wd" class="s_ipt" value maxlength="255" autocomplete="off">
      <a href="javascript:;" id="quickdelete" title="清空" class="quickdelete" style="top: 0px; right: 0px; display: none;"></a>
    </span>
  ▼<span class="bg s_btn_wr">
      <input type="submit" id="su" value="百度一下" class="bg s_btn">
    </span>
  </form>
```

图 4-20　百度首页的部分 HTML 源码

现在,对于百度首页的搜索文本框,可以使用它前后的元素,通过关系查找定位百度首页的搜索文本框。

```
driver.find_element_by_xpath("//span[@class='soutu-btn']/following::input[1]")
#第一条代码会先找到 class 属性为 soutu-btn 的 span 标签,然后通过/following::input[1]找到在它之后
#的首个 input 元素

driver.find_element_by_xpath("//a[@id='quickdelete']/preceding::input[1]")
# 第二条代码会先找到 id 属性为 quickdelete 的 a 标签,然后通过/preceding::input[1]找到在它之前的首
#个 input 元素

driver.find_element_by_xpath("//input[@id='su']/parent::span/parent::form//input[@id
='kw']")
#第三条代码会先找到"百度一下"按钮,然后找到它的父级 span 元素,再找到它的父级 form 元素,然后找到 form
#元素内 id 为 wd 的 input 元素
```

4. 基于函数或表达式定位

在 XPath 中还可以使用函数或逻辑表达式辅助定位。接下来以百度首页顶部的链接(见图 4-18)为例进行讲解。

其中,链接"hao123"的 HTML 源码如图 4-21 所示。

```
<a href="https://***.hao123.***" target="_blank" class="mnav c-font-normal c-color-t">hao123</a>
```

图 4-21　链接"hao123"的 HTML 源码

假设现在我们要获取链接"hao123",可以通过多种处理函数获取。

```
driver.find_element_by_xpath("//a[text()='hao123']")   #查找文本为 hao123 的 a 元素
driver.find_element_by_xpath("//a[contains(@href,'www.hao123.com')]")   #查找 href 属性
#包含 www.hao123.com 的 a 元素
driver.find_element_by_xpath("//a[contains(text(),'ao12')]")#查找文本包含 ao12 的 a 元素
driver.find_element_by_xpath("//a[starts-with(@href,'https://www.hao')]")   #查找 href
#属性以 https://www.hao 开始的 a 元素
```

还可以通过一些逻辑表达式来查找元素，例如 and 或 or。

```
driver.find_element_by_xpath("//a[@name='errorname' or text()='hao123']")
# 查找 name 属性为 errorname 或者文本等于 hao123 的元素，虽然第一个条件无法匹配到元素，但由于两个条件
# 是或的关系，因此第二个条件能顺利定位目标

driver.find_element_by_xpath("//a[contains(@href,'hao123') and text()='hao123']")
# 查找 href 属性包含 hao123 并且文本等于 hao123 的元素
```

至此，本章已经讲解了多种 XPath 定位方式，这些方式只展示了 XPath 的少部分应用，但你应该能够发现它的强大。关于 XPath 表达式的资料非常丰富，读者可以自行在网上搜索，这里不再赘述。

提示：在 Chrome 浏览器打开时，按下 F12 键打开开发工具，然后在控制台中输入 $x("XPath 表达式")，就可以测试 XPath 表达式是否能查找到元素，如图 4-22 所示。

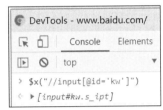

图 4-22 在 Chrome 控制台中测试 XPath 表达式

4.4.8 按 CSS 选择器查找

CSS 选择器也是一种综合性的查找方式，它不但支持前 6 种查找方式，而且能通过 CSS 选择器进行更加丰富的高级查找。

在现代网站中，如果说 HTML 决定了网页的层次结构，那么 CSS 决定了网页的显示效果。CSS 控制了网页的样式和布局。在 CSS 中会定义各种各样用于修饰网页的样式。然而，这些样式需要应用到具体的 HTML 上才能对网页起作用。这种将 CSS 应用到具体 HTML 元素上的表达式称为 CSS 选择器。

例如，以下代码通过 CSS 选择器，定位 id 为 targetElement 的元素，并将其字体颜色设置为红色。

```
#targetElement
{
    color:#FF0000;
}
```

由于 CSS 选择器具有定位 HTML 元素的特性，因此 Selenium 也将其作为定位元素的方式之一。在 Selenium 中，可以通过以下函数查找匹配 CSS 选择器的首个元素（还可以使用 find_element(By.CSS_SELECTOR,"CSS 选择器") 来查找元素，详见 4.4.9 节）。

```
driver.find_element_by_css_selector("CSS 选择器")
```

1. 通过层级关系定位

和 XPath 类似，CSS 选择器也支持通过层级关系定位，例如对于百度搜索文本框，可以使用以下方式定位。

```
driver.find_element_by_css_selector("html > body > div > div > div > div > div > form > span > input")
driver.find_element_by_css_selector("span > input")
```

2. 基于关键属性定位

除了层级关系，还可以通过关键属性定位百度首页的搜索文本框，例如以下代码。

```
driver.find_element_by_css_selector("#kw")        #符号"#"代表使用id匹配，即匹配id为kw的元素
driver.find_element_by_css_selector(".s_ipt")     #符号"."代表使用class名称匹配，即匹配
#class名称为s_ipt的元素
driver.find_element_by_css_selector("[name=wd]")  #表达式"[属性名称=属性值]"表示按照属性
#匹配，这里匹配name属性为wd的元素
```

3. 基于属性进行模糊定位

CSS 选择器还支持对指定属性进行模糊匹配，例如对于链接 "hao123"，可以使用以下几种方式定位。

```
driver.find_element_by_css_selector("[href^='https://www.hao']")   #查找href属性值以
#https://www.hao开头的元素
driver.find_element_by_css_selector("[href$='123.com']")    #查找href属性值以123.com结尾
#的元素
driver.find_element_by_css_selector("[href*=hao123]")    #查找href属性值包含hao123的元素
```

4. 组合式定位

以上定位可以组合在一起，例如可以通过以下方式查找百度首页的搜索文本框。

```
driver.find_element_by_css_selector("span > input[class='s_ipt'][name='wd']")   #查找
# 任意span下Class名称为s_ipt，Name属性为wd的input元素
```

至此，我们已经讲解了几种 CSS 定位方式，这些方式只展示了 CSS 选择器的少部分应用。关于 CSS 选择器的资料非常丰富，读者可以自行在网上搜索，这里不再赘述。

CSS 选择器和 XPath 表达式都是综合性的查找方式，如果遇到前 6 种简单查找方式（通过 id 属性、name 属性、class 属性、链接文本、链接文本模糊查找、标签类型）无法定位的元素，则必须使用 XPath 表达式或 CSS 选择器来定位。CSS 选择器和 XPath 表达式两者各有优劣。简单来说，CSS 选择器比 XPath 表达式运行速度更快，但 XPath 支持的场景比 CSS 选择器丰富。相对来说，更推荐使用 XPath 表达式。

提示：打开 Chrome 浏览器，按下 F12 键打开开发工具，然后在控制台中输入 $("CSS 选择器")，就可以测试 CSS 选择器是否能查询到，如图 4-23 所示。

图 4-23　在 Chrome 控制台中测试 CSS 选择器

4.4.9　通过 By 对象按动态条件查找

在之前的查找中,都直接使用对应的查找函数来查找元素,但这样做并不利于代码的维护。在分层较好的测试框架中,查找动作与查找条件互相隔离,查找元素时并不知道是按什么方式查找的,只是依赖于动态传入的条件,因此这种条件并不能完全确定,可能是按 id 查找,也可能是按其他方式查找。

Selenium 提供了 By 对象来动态传入条件。使用 By 对象之前需要先从 selenium.webdriver.common.by 模块导入 By 对象。

```
from selenium.webdriver.common.by import By
```

使用 By 对象的方式和之前的代码略有差异,但本质上功能都是一样的。之前的 8 种查找方式都可以改为通过 By 对象来创建查找条件,然后传入查找函数。查找函数的调用方式如下。

```
driver.find_element(By.查找条件, "条件值")
```

例如,以下代码通过不同的动态条件查找元素。

```
from selenium import webdriver
from selenium.webdriver.common.by import By

driver = webdriver.Chrome()
driver.get("https://www.baidu.com")

driver.find_element(By.ID, "kw")
driver.find_element(By.NAME, "wd")
driver.find_element(By.CLASS_NAME, "s_ipt")
driver.find_element(By.LINK_TEXT, "地图")
driver.find_element(By.PARTIAL_LINK_TEXT, "地")
driver.find_element(By.TAG_NAME, "input")
driver.find_element(By.XPATH, "//input[@id='kw']")
driver.find_element(By.CSS_SELECTOR, "#kw")
```

建议优先使用 By 对象来查找。后续示例中也将统一使用 By 对象进行查找。

4.4.10 查找元素集合

之前的示例主要查找单个匹配元素，但在实际使用时，可能要同时查找多个匹配元素并进行操作。Selenium 提供了以下函数来支持同时查找多个匹配元素。

```
driver.find_elements_by_id("id 属性值")
driver.find_elements_by_name("name 属性值")
driver.find_elements_by_class_name("class 属性值")
driver.find_elements_by_link_text("链接的文本")
driver.find_elements_by_partial_link_text("链接的一部分文本")
driver.find_elements_by_tag_name("HTML 标签名称")
driver.find_elements_by_xpath("XPath 表达式")
driver.find_elements_by_css_selector("CSS 选择器")
driver.find_elements(By.查找条件, "条件值")
```

这些函数和之前讲解的函数非常相似，唯一的区别在于之前的函数都以 `find_element` 开头，而这些函数以 `find_elements` 开头。

接下来以百度首页顶部的各个链接（见图 4-18）为例进行讲解。

这些链接的 HTML 源码如图 4-24 所示。

```
▼<div id="s-top-left" class="s-top-left s-isindex-wrap">
   <a href="http://news.baidu.com" target="_blank" class="mnav c-font-normal c-color-t">新闻</a>
   <a href="https://www.hao123.com" target="_blank" class="mnav c-font-normal c-color-t">hao123</a>
   <a href="http://map.baidu.com" target="_blank" class="mnav c-font-normal c-color-t">地图</a>
   <a href="https://haokan.baidu.com/?sfrom=baidu-top" target="_blank" class="mnav c-font-normal c-color-t">视频</a>
   <a href="http://tieba.baidu.com" target="_blank" class="mnav c-font-normal c-color-t">贴吧</a>
   <a href="http://xueshu.baidu.com" target="_blank" class="mnav c-font-normal c-color-t">学术</a>
 ▼<div class="mnav s-top-more-btn">
     <a href="http://www.baidu.com/more/" name="tj_briicon" class="s-bri c-font-normal c-color-t" target="_blank">更多</a>
   ▶<div class="s-top-more" id="s-top-more">…</div>
   </div>
 </div>
```

图 4-24　链接的 HTML 源码

它们的 `class` 属性包含值 `mnav`，因此可以按照 CLASS_NAME 查找全部链接。接下来编写以下代码，查找这些链接，并依次输出这些链接的文本。

```python
from selenium import webdriver
from selenium.webdriver.common.by import By

driver = webdriver.Chrome()
driver.get("https://www.baidu.com")

baiduLinks = driver.find_elements(By.CLASS_NAME, "mnav")
print("找到的链接数量：", len(baiduLinks))
print("链接文本如下：")
for link in baiduLinks:
    print(link.text)
```

代码执行后的输出结果如下。

```
>找到的链接数量：7
>链接文本如下：
>新闻
>hao123
>地图
>视频
>贴吧
>学术
>更多
```

4.4.11 嵌套查找

Selenium 还支持基于已有元素嵌套查找元素，查找在已有元素之下符合条件的子元素。嵌套查找完全支持之前讲解的 10 种查找方式。

不同的是，之前都使用 WebDriver 对象的 `find_element...` 函数来查找，现在使用 WebElement 对象的 `find_element...` 函数来查找元素。

例如，可以先查找百度搜索的表单元素，然后基于该元素，搜索它之下的百度搜索文本框子元素。

```
baiduSearchForm = driver.find_element(By.ID, "form")
baiduSearchTextbox = baiduSearchForm.find_element(By.ID, "kw")
```

4.5 页面元素的基本操作

当查找到页面元素后，就可以对其进行操作了。对页面元素最基本的操作包括对页面元素的单击、输入内容、清空文本或勾选、提交表单以及从下拉框选择。接下来分别进行介绍。

4.5.1 单击元素

Selenium 支持对元素的单击操作，对应的函数如下。

```
webElement.click()
```

click 函数通常用于单击按钮（`<button/>`、`<input type="reset"/>`、`<input type="submit">`）、链接（`<a/>`）、单选框（`<input type="radio"/>`）、复选框（`<input type="checkbox"/>`）等元素，但实际上对于页面上任何可见的元素，都可用 click 函数单击。

接下来以百度首页为例进行讲解，在页面上执行单击操作。首先在页面上单击"设置"，然后在弹出的菜单中选择"搜索设置"，如图 4-25 所示。

图 4-25　单击"设置"并选择"搜索设置"

接着页面上方会弹出设置面板,在其中单击"不显示"单选按钮,然后单击"高级搜索"标签页,最后单击"×"按钮,如图 4-26 所示。

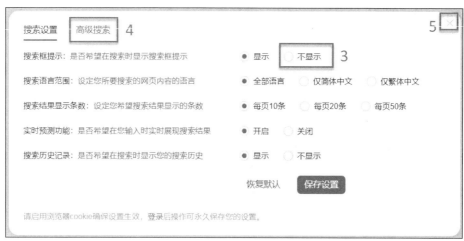

图 4-26　在设置面板中的操作

实现这些操作的代码如下所示。

```python
from selenium import webdriver
from selenium.webdriver.common.by import By
import time

driver = webdriver.Chrome()
driver.get("https://www.baidu.com")

driver.find_element(By.XPATH, "//span[text()='设置']").click()
driver.find_element(By.LINK_TEXT, "搜索设置").click()
time.sleep(3)    #这里等待 3s,等待设置面板出现
```

```
driver.find_element(By.ID, "s1_2").click()
driver.find_element(By.XPATH, "//li[text()='高级搜索']").click()
driver.find_element(By.XPATH, "//span[@title='关闭']").click()
```

4.5.2 向元素输入内容或上传附件

元素的第二项基本操作就是向元素输入内容，对应的函数如下。

```
webElement.send_keys("要输入的内容")
```

该函数一般用于输入框元素（`<input type="text"/><input type="password"/><textarea/>`）或文件上传元素（`<input type="file"/>`），但理论上可以对任何可输入元素进行操作。

之前已经讲解了如何向百度搜索文本框输入文本，代码如下。

```
driver.find_element(By.ID, "kw").send_keys("hello world")
```

一些情况下，为了上传文件，依然可以使用 send_keys 设定要上传的文件路径。例如百度图片支持上传识图功能，单击"本地上传"按钮就可以选择图片路径，如图 4-27 所示。

图 4-27　百度的上传识图功能

其 HTML 源码如图 4-28 所示。

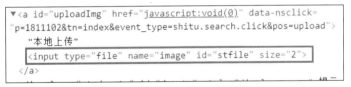

图 4-28　上传文件的 HTML 源码

我们可以使用 send_keys，通过以下代码将文件路径直接填写上去（不需要再单击"本地上传"按钮），即可上传文件并触发识图功能。

```
from selenium import webdriver
from selenium.webdriver.common.by import By

driver = webdriver.Chrome()
driver.get("http://image.baidu.com/search/index?tn=baiduimage&word=selenium")
driver.find_element(By.ID,"stfile").send_keys("d:\\testsearchimages\\testimage.jpg")
```

执行以上代码，图片将会上传，页面将跳转到"百度识图搜索结果"，并猜测上传的图片是什么，如图 4-29 所示。

图 4-29　百度识图搜索结果页面

4.5.3　清空元素的内容

通过以下函数，可以清空元素的内容。
```
webElement.clear()
```
和 send_keys 函数类似，clear 函数多用于输入框元素。例如在百度搜索页面，我们可以先在百度搜索文本框中填入关键字，然后搜索。如果之后要再搜索其他关键字，就需要执行 clear 函数，先清空文本再输入关键字；否则，文本框中的文本将会叠加。示例代码如下。

```python
from selenium import webdriver
from selenium.webdriver.common.by import By

driver = webdriver.Chrome()
driver.get("https://www.baidu.com")
searchTextBox = driver.find_element(By.ID, "kw")
searchTextBox.send_keys("关键字1")
searchTextBox.clear()    #进行下一次搜索前，先清空文本
searchTextBox.send_keys("关键字2")
```

4.5.4　提交表单元素

提交表单元素是一种不常见的操作。一般来说，通过 click 函数单击相关的按钮就可以触发提交功能，只有极少数无法通过操作界面来触发提交的情况下，才直接使用函数来提交表单。Selenium 中提交表单的函数如下。
```
webElement.submit()
```

查看百度首页的源码,可以发现其实输入框等元素都位于表单(<form>)中,如图 4-30 所示。

```html
<form id="form" name="f" action="/s" class="fm">
  <span class="bg s_ipt_wr quickdelete-wrap">
    <span class="soutu-btn"></span>
    <input id="kw" name="wd" class="s_ipt" value maxlength="255" autocomplete="off">
    <a href="javascript:;" id="quickdelete" title="清空" class="quickdelete" style="top: 0px; right: 0px; display: none;"></a>
  </span>
  <span class="bg s_btn_wr">
    <input type="submit" id="su" value="百度一下" class="bg s_btn">
  </span>
</form>
```

图 4-30 百度首页的部分源码

因此,在输入搜索关键字后,不必单击搜索按钮,直接通过 Selenium 提交表单也能触发搜索功能。代码如下所示。

```python
from selenium import webdriver
from selenium.webdriver.common.by import By

driver = webdriver.Chrome()
driver.get("https://www.baidu.com")
searchTextBox = driver.find_element(By.ID, "kw")
searchTextBox.send_keys("hello world")
driver.find_element(By.ID, "form").submit()
```

4.5.5 下拉框元素的选项操作

除了基本的单击、输入、清空、提交操作,在网页中还常常会涉及下拉框的操作。下拉框的操作和之前几种操作方式略有不同,之前介绍的操作都用 WebElement 对象的函数来进行操作,但下拉框使用 Select 对象的函数,因此需要先将 WebElement 对象转换成 Select 对象才能进行下拉框的操作。

Select 类位于 selenium.webdriver.support.select 模块中,需要导入后才能使用。

```python
from selenium.webdriver.support.select import Select
```

下拉框分为单选下拉框(<Select/>)和多选列表框(<Select multiple="multiple"/>),但这两种下拉框的操作方式差不多,这里只介绍单选下拉框。接下来将以百度的"高级搜索"设置中的下拉框为例,讲解下拉框的基本操作。

在百度首页上单击"贴吧"链接,将进入百度贴吧页面,然后在页面上单击"高级搜索",将进入百度贴吧高级搜索页面,其中一个下拉框如图 4-31 所示。

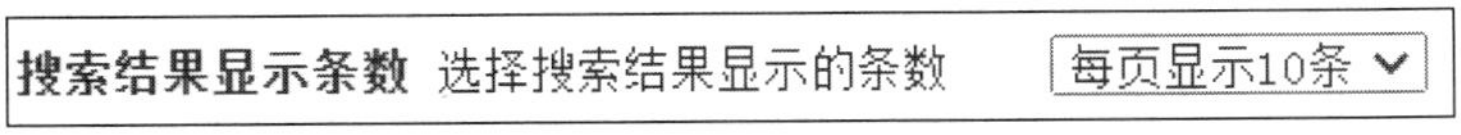

图 4-31 其中一个下拉框

查看该下拉框的源码，可以看到全部选项，如图 4-32 所示。

```
▼<select name="rn" size="1">
    <option value="10" selected>每页显示10条</option>
    <option value="20">每页显示20条</option>
    <option value="30">每页显示30条</option>
  </select>
```

图 4-32　全部选项

下拉框的操作一共分为 3 种，分别是按选项文本选择，按选项值（value 属性）选择，按选项索引选择。

```
selectWebElement.select_by_visible_text("选项的文本")    #按文本选择
selectWebElement.select_by_value("选项的值")    #按选项值选择
selectWebElement.select_by_index(选项的索引)    #按选项索引选择，索引从 0 开始
```

接下来，编写代码操作百度贴吧高级搜索页面中的搜索结果显示条数下拉框。

```
from selenium import webdriver
from selenium.webdriver.support.select import Select
from selenium.webdriver.common.by import By
import time

driver = webdriver.Chrome()
driver.get("https://tieba.baidu.com/f/search")

selectWebElement = driver.find_element(By.NAME, "rn");
Select(selectWebElement).select_by_visible_text("每页显示30条")
time.sleep(3)    #等待 3s，以便看到选择效果

Select(selectWebElement).select_by_value("20")
time.sleep(3)

Select(selectWebElement).select_by_index(0)
```

执行代码，将会打开百度贴吧页面，接着进入高级搜索页面操作下拉框，分别会选择"每页显示 30 条""每页显示 20 条"和"每页显示 10 条"选项。

Select 对象不仅可以处理单选框，还可以处理多选框。在多选框中进行选择操作和在单选框中差不多，区别在于多选框可以取消选择，具体函数如下。

```
selectWebElement.deselect_all()    #取消所有选择
selectWebElement.deselect_by_visible_text("选项的文本")    #按文本取消选择
selectWebElement.deselect_by_value("选项的值")    #按选项值取消选择
selectWebElement.deselect_by_index(选项的索引)    #按选项索引取消选择，索引从 0 开始
```

4.6 获取页面元素的内容

在跳转到某个页面并获取该页面的某个元素之后,我们除了可以对其进行操作,还可以获取它的内容,以确认该内容是否符合预期。

4.6.1 获取元素的基本属性

可以通过多种途径获取元素的值或属性,WebElement 对象定义了多种属性或函数来获取 HTML 元素的各项基本属性。

1. 获取元素的文本值

通过以下属性,可以获取 HTML 元素的文本值。

```
webElement.text
```

接下来编写代码,打开百度首页,定位到首页右上角的"地图"链接上,然后输出它的文本值。

```python
from selenium import webdriver
from selenium.webdriver.common.by import By

driver = webdriver.Chrome()
driver.get("https://www.baidu.com")
baiduMapLink = driver.find_element(By.PARTIAL_LINK_TEXT, "地")
print("文本值为: ", baiduMapLink.text)
```

执行结果如下。

```
>文本值为:地图
```

2. 获取元素的标签类型

通过以下属性,可以获取 HTML 元素的标签类型。

```
webElement.tag_name
```

例如编写以下代码,输出"地图"链接的文本类型。

```python
baiduMapLink = driver.find_element(By.PARTIAL_LINK_TEXT, "地")
print("标签类型为: ", baiduMapLink.tag_name)
```

执行结果如下。

```
>标签类型为:a
```

3. 获取元素的选中状态

通过以下函数,可以获取 HTML 元素的选中状态(通常用于单选框或复选框)。该函数的返回值为布尔类型,True 代表选中,False 代表未选中。

```
webElement.is_selected()
```

例如，之前在百度的"搜索设置"标签页里有图 4-33 所示的单选按钮，可以通过该函数来获取它们的选中状态。

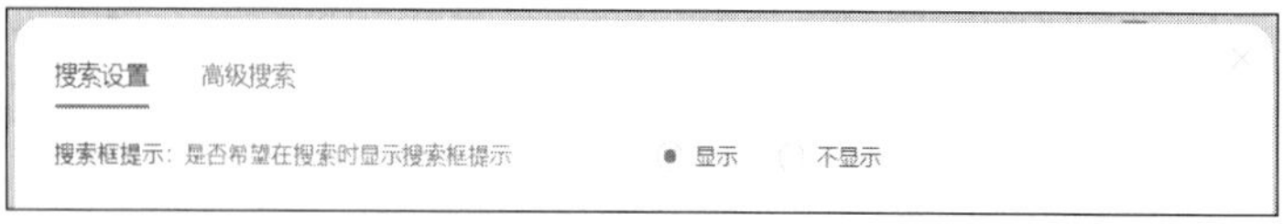

图 4-33 "搜索框提示"设置中的单选按钮

代码如下所示。

```
from selenium import webdriver
from selenium.webdriver.common.by import By
import time

driver = webdriver.Chrome()
driver.get("https://www.baidu.com")

driver.find_element(By.XPATH, "//span[text()='设置']").click()
driver.find_element(By.LINK_TEXT, "搜索设置").click()
time.sleep(3)    #这里等待3s,等待设置面板出现
print("\"显示\"选项是否选中:", driver.find_element(By.ID, "s1_1").is_selected())
print("\"不显示\"选项是否选中:", driver.find_element(By.ID, "s1_2").is_selected())
```

执行结果如下。

> "显示"选项是否选中: True
> "不显示"选项是否选中: False

4. 获取元素的可编辑状态

通过以下函数，可以获取 HTML 元素（例如文本框、复选框、单选框）的可编辑状态。如果可以编辑，则返回 True；否则，返回 False。

```
webElement.is_enabled()
```

例如编写以下代码，判断百度搜索文本框是否为可编辑状态。

```
from selenium import webdriver
from selenium.webdriver.common.by import By

driver = webdriver.Chrome()
driver.get("https://www.baidu.com")

baiduSearchTextbox = driver.find_element(By.ID, "kw")
print("百度搜索文本框是否可编辑:", baiduSearchTextbox.is_enabled())
```

执行结果如下。

>百度搜索文本框是否可编辑: True

5. 判断元素是否已显示

有时，即使元素已经在页面上看不到了，这个元素也仍然在 HTML 代码当中，只是没有

显示出来。(例如,将该元素的 `visibility` 属性设置为 `hidden` 或者将 `display` 属性设置为 `none`,它就不会在页面上显示,但它确实存在于该页面中。)这个时候使用以下函数才能准确进行验证。

```
webElement.is_displayed()
```

该函数用于获取元素的显示状态。如果已显示,则返回 `True`;否则,返回 `False`。

接下来以百度首页右上角的"设置"菜单为例进行说明。"设置"菜单在没有单击时,"高级搜索"选项在 HTML 代码中存在,但处于隐藏状态。可以编写以下代码,在进入首页时单击"设置"后,输出"高级搜索"选项的显示状态,然后单击搜索文本框使"高级搜索"选项消失,再输出"高级搜索"选项的显示状态。

```python
from selenium import webdriver
from selenium.webdriver.common.by import By
import time

driver = webdriver.Chrome()
driver.get("https://www.baidu.com")

driver.find_element(By.XPATH, "//span[text()='设置']").click()
time.sleep(3)    #这里等待 3s,等待设置面板出现
advSearchOption = driver.find_element(By.LINK_TEXT, "高级搜索")
print("\"高级搜索\"选项是否已显示: ", advSearchOption.is_displayed())

driver.find_element(By.ID, "kw").click()
time.sleep(3)    #这里等待 3s,等待设置面板消失
print("菜单隐藏后,\"高级搜索\"选项是否已显示: ", advSearchOption.is_displayed())
```

执行结果如下。

```
>"高级搜索"选项是否已显示: True
>菜单隐藏后,"高级搜索"选项是否已显示: False
```

4.6.2 获取元素的 HTML 属性、DOM 属性及 CSS 属性

Selenium 还支持从不同的层面完整地获取页面元素的全部属性,接下来将分别介绍这些函数。

1. 获取元素的 HTML 属性

通过以下函数,可以获取元素的 HTML 属性。

```
webElement.get_attribute("属性名称")
```

简单来说,HTML 属性就是指 HTML 元素拥有的属性。一些属性是明确设置到 HTML 标签上的,例如百度搜索文本框的 HTML 源码如下。

```html
<input id="kw" name="wd" class="s_ipt" value="" maxlength="255" autocomplete="off">
```

可以看到,HTML 的 `input` 标签上明确设置了 6 个属性,分别为 `id`、`name`、`class`、

value、maxlength、autocomplete。

另外,部分属性是该 HTML 标签支持的标准属性,但没有直接明确在 HTML 标签上进行设置。这部分属性虽然不在 HTML 标签的代码中,但实际是存在的,因此被设置成了默认值(例如 height、width、type、style,等等)。

通过 get_attribute 函数,可以获得这些已经写到 HTML 标签上的属性,也可以获得 HTML 标签中被设置成默认值的其他标准属性。

可以编写以下代码,从百度搜索文本框中获取各项属性。

```python
from selenium import webdriver
from selenium.webdriver.common.by import By

driver = webdriver.Chrome()
driver.get("https://www.baidu.com")

baiduSearchTextbox = driver.find_element(By.ID, "kw")
baiduSearchTextbox.send_keys("hello world")

print("获取已经设定的 HTML 属性")
print("id:", baiduSearchTextbox.get_attribute("id"))
print("name:", baiduSearchTextbox.get_attribute("name"))
print("class:", baiduSearchTextbox.get_attribute("class"))
print("value:", baiduSearchTextbox.get_attribute("value"))
print("maxlength:", baiduSearchTextbox.get_attribute("maxlength"))
print("autocomplete:", baiduSearchTextbox.get_attribute("autocomplete"))

print("获取未设定的 HTML 属性(获得默认值)")
print("style:", baiduSearchTextbox.get_attribute("type"))
print("height:", baiduSearchTextbox.get_attribute("height"))
print("draggable:", baiduSearchTextbox.get_attribute("draggable"))

print("获取不存在的 HTML 属性,返回 None")
print("yyyyyyyyyyyyyy:", baiduSearchTextbox.get_attribute("yyyyyyyyyyyyyy"))
```

代码的执行结果如下。

```
>获取已经设定的 HTML 属性
> id: kw
> name: wd
> class: s_ipt
> value: hello world
> maxlength: 255
> autocomplete: off
>获取未设定的 HTML 属性(获得默认值)
> style: text
> height: 0
> draggable: false
>获取不存在的 HTML 属性,返回 None
```

> yyyyyyyyyyyyy: None

除了获取标准 HTML 属性，get_attribute 函数还可以获取在 HTML 标签中设置的非标准属性（即自定义属性）。以下是 HTML 标签的源码。

```
<input id="testInput" ThisIsCustomAttr="anyValue" />
```

针对上述标签，如果执行以下代码，将会在控制台中输出文本 anyValue

```
print(driver.find_element(By.ID,"testInput").get_attribute("ThisIsCustomAttr"))
```

2. 获取元素的 DOM 属性

当浏览器加载页面时，它会解析 HTML 并从中生成 DOM 对象。对于元素节点，大多数标准 HTML 属性会自动成为 DOM 对象的属性。DOM 对象是一个继承自 Object 的普通 JavaScript 对象，这里所说的 DOM 属性，正是指该 JavaScript 对象的属性。

例如，如果 HTML 标签为<body id="page">，那么转换为 DOM 对象时，DOM 也将具有 body.id="page"的属性。对于标准 HTML 属性，几乎会完全 1 对 1 映射到 DOM 属性上。

这种映射只对标准 HTML 有效，对非标准属性无效。例如，对于前面的标签<input id="testInput" ThisIsCustomAttr="anyValue"/>，自定义属性 ThisIsCustomAttr 不会映射到 DOM 属性上。

HTML 属性和 DOM 属性是实时同步的。当一个元素的标准 HTML 属性发生变更时，对应的 DOM 属性也会同步变更；反之亦然。只有一个属性例外，即 input.value，它的同步是单向的，只能按"HTML 属性到 DOM 属性"的顺序同步。当修改 HTML 属性时，DOM 属性也会更新；但是修改 DOM 属性后，HTML 属性还是原值。

通过以下函数，可以获取元素的 DOM 属性。

```
webElement.get_property("属性名称")
```

对于标准 HTML 属性，get_property 函数和 get_attribute 函数在用法上几乎一致。这里不再编写代码进行演示，只简单说明两者在细节上存在的一些区别。

- get_attribute 函数中传入的属性名称不区分大小写，get_property 函数获取 JavaScript 对象的属性，所以传入的属性名称区分大小写，大小写不匹配就无法获取属性值。例如，get_attribute("id")和 get_attribute("ID")都可用于获得元素的 id，但 get_attribute("id")可用于获得元素的 id，而 get_attribute("ID")无法获得。
- 极少数 HTML 属性映射到 DOM 属性后，名称可能不同，例如 HTML 属性 class 映射到 DOM 后属性名为 className（因为 class 是 JavaScript 的关键字），需要使用 get_property("className")才能获取。
- 少数 HTML 属性映射到 DOM 属性后，值也可能不同，例如，对于 Style 等允许填写多个值的 HTML 属性，在 get_attribute 函数中将返回单个字符串（中间以"；"分隔），而在 get_property 函数中将返回字符串数组。对于其他 HTML 属性（如

href），如果属性值在 HTML 中设置的是相对路径（如 index.html），通过 `get_attribute` 函数获取 href 将得到 index.html，而通过 `get_property` 函数将得到完整路径（如 https://www.baidu.com/index.html）。

除从标准 HTML 属性映射过来的属性之外，DOM 还拥有自身的特有属性。下面这段代码可演示几个特有属性的获取。

```python
from selenium import webdriver
from selenium.webdriver.common.by import By

driver = webdriver.Chrome()
driver.get("https://www.baidu.com")

baiduSearchTextbox = driver.find_element(By.ID, "kw")

print("获取已有的DOM特有属性")
print("节点的HTML源码:", baiduSearchTextbox.get_property("outerHTML"))
print("节点名称:", baiduSearchTextbox.get_property("nodeName"))
print("节点类型:", baiduSearchTextbox.get_property("nodeType"))
print("节点的实际高度:", baiduSearchTextbox.get_property("clientHeight"))
print("节点的实际宽度:", baiduSearchTextbox.get_property("clientWidth"))
print("该节点的父节点的节点名称:", baiduSearchTextbox.get_property("parentNode").get_property("nodeName"))
print("紧邻该节点的下一个节点的源码:", baiduSearchTextbox.get_property("nextSibling").get_property("outerHTML"))

print("获取不存在的DOM属性，返回None")
print("yyyyyyyyyyyyy:", baiduSearchTextbox.get_property("yyyyyyyyyyyyy"))
```

代码执行后的结果如下。

```
>获取已有的DOM特有属性
>节点的HTML源码:<input id="kw" name="wd" class="s_ipt" value="" maxlength="255"autocomplete="off">
>节点名称：INPUT
>节点类型：1
>节点的实际高度：40
>节点的实际宽度：544
>该节点的父节点的节点名称：SPAN
>紧邻该节点的下一个节点的源码: <a href="javascript:;" id="quickdelete" title="清空" class="quickdelete"style="top: 0px; right: 0px; display: none;"></a>
>获取不存在的DOM属性，返回None
> yyyyyyyyyyyyy: None
```

DOM 的特有属性还有很多，关于 DOM 元素对象的资料非常丰富，读者可以在百度搜索"HTML DOM 元素对象"，查阅 DOM 完整的特有属性，这里不再赘述。

3. 获取元素的 CSS 属性

在现代浏览器中，一个元素会被附加大量的样式，而这些样式很多不是在 `Style` 属性中设置的，而是通过 CSS 文件来设定，并通过 CSS 选择器附加到对应的元素上。因此之前介绍的两个函数都无法获得元素的 CSS 属性。

Selenium 提供了以下函数，以非常方便地获取指定元素的 CSS 样式的属性值。

```
webElement.value_of_css_property("CSS 属性名称")
```

还是以百度首页的搜索文本框为例。编写以下代码，分别获取百度首页的搜索文本框的各项 CSS 样式的属性值。

```
from selenium import webdriver
from selenium.webdriver.common.by import By

driver = webdriver.Chrome()
driver.get("https://www.baidu.com")

baiduSearchTextbox = driver.find_element(By.ID, "kw")

print("宽度样式值:", baiduSearchTextbox.value_of_css_property("width"))
print("高度样式值:", baiduSearchTextbox.value_of_css_property("height"))
print("外边距值:", baiduSearchTextbox.value_of_css_property("margin"))
print("文字字体:", baiduSearchTextbox.value_of_css_property("font-family"))
print("文字颜色:", baiduSearchTextbox.value_of_css_property("font-size"))
print("边框设定值:", baiduSearchTextbox.value_of_css_property("border"))
print("背景色:", baiduSearchTextbox.value_of_css_property("background-color"))
print("文本排列方式:", baiduSearchTextbox.value_of_css_property("text-align"))
```

代码的执行结果如下。

```
>宽度样式值: 480px
>高度样式值: 16px
>外边距值: 0px
>文字字体: "PingFang SC", Arial, "Microsoft YaHei", sans-serif
>文字颜色: 16px
>边框设定值: 2px solid rgb(78, 110, 242)
>背景色: rgba(255, 255, 255, 1)
>文本排列方式: start
```

4.6.3 获取元素的位置与大小

除获取 HTML 元素的各项属性之外，我们还可以通过以下属性获取 HTML 元素的位置与大小信息。

```
webElement.location  #获取位置对象
webElement.size  #获取大小对象
webElement.rect  #获取位置及大小对象
```

例如，我们可以编写以下代码，获取百度首页的搜索文本框的位置与大小信息。

```
from selenium import webdriver
from selenium.webdriver.common.by import By

driver = webdriver.Chrome()
```

```python
driver.get("https://www.baidu.com")

baiduSearchTextbox = driver.find_element(By.ID, "kw")

print("获取位置对象: ", baiduSearchTextbox.location)
print("获取位置坐标 x 值: ", baiduSearchTextbox.location["x"])
print("获取位置坐标 y 值: ", baiduSearchTextbox.location["y"])

print("获取大小对象: ", baiduSearchTextbox.size)
print("获取宽度值: ", baiduSearchTextbox.size["width"])
print("获取高度值: ", baiduSearchTextbox.size["height"])

print("获取位置及大小对象: ", baiduSearchTextbox.rect)
print("获取位置坐标 x 值: ", baiduSearchTextbox.rect["x"])
print("获取位置坐标 y 值: ", baiduSearchTextbox.rect["y"])
print("获取宽度值: ", baiduSearchTextbox.rect["width"])
print("获取高度值: ", baiduSearchTextbox.rect["height"])
```

执行结果如下。

```
>获取位置对象: {'x': 298, 'y': 182}
>获取位置坐标 x 值: 298
>获取位置坐标 y 值: 182
>获取大小对象: {'height': 44, 'width': 548}
>获取宽度值: 548
>获取高度值: 44
>获取位置及大小对象: {'height': 44, 'width': 548, 'x': 298, 'y': 182}
>获取位置坐标 x 值: 298
>获取位置坐标 y 值: 182
>获取宽度值: 548
>获取高度值: 44
```

4.6.4 获取下拉框元素的选项

下拉框操作和之前介绍的几种操作略有不同。之前介绍的操作都用 WebElement 对象的函数完成，但下拉框使用的是 Select 对象的函数，所以需要先将 WebElement 对象转换成 Select 对象。

Select 类位于 selenium.webdriver.support.select 模块中，需要先导入才能使用。

```
from selenium.webdriver.support.select import Select
```

可以通过以下属性获取下拉框的选中项。

```
SelectWebElement.first_selected_option    #获取首个已选中项（类型为 WebElement）
SelectWebElement.all_selected_options     #获取全部已选中项（类型为 WebElement 数组）
SelectWebElement.options    #获取下拉框提供的所有选项（无论是否已选中，类型为 WebElement 数组）
```

下拉框分为单选下拉框（<Select/>）和多选列表框（<Select multiple="multiple"/>），

但这两种下拉框的操作方法差不多,因此这里只介绍单选下拉框。其中一个下拉框见图 4-31。

接下来,编写以下代码,分别获取该下拉框的首个选中项、全部选中项,以及提供的所有选项的文本。

```
from selenium import webdriver
from selenium.webdriver.support.select import Select
from selenium.webdriver.common.by import By
import time

driver = webdriver.Chrome()
driver.get("https://www.baidu.com/f/search/adv")

selectWebElement = driver.find_element(By.NAME, "rn")
print("首个已选中项: ", Select(selectWebElement).first_selected_option.text)
selectedOptions = ""
for selectedOption in Select(selectWebElement).all_selected_options:
    selectedOptions += selectedOption.text + "; "
print("全部已选中项: ", selectedOptions)

supportedOptions = ""
for supportedOption in Select(selectWebElement).options:
    supportedOptions += supportedOption.text + "; "
print("提供的所有选项: ", supportedOptions)
```

执行结果如下。

>首个已选中项:每页显示 10 条
>全部已选中项:每页显示 10 条;
>提供的所有选项: 每页显示 10 条;每页显示 20 条;每页显示 30 条;

4.7 处理浏览器弹出框

在浏览器中,弹出框分为 3 种——Alert、Confirmation 以及 Prompt。下面分别进行介绍。

- Alert:提示框,只有一个"确定"按钮(对应的 JavaScript 代码为 `alert('这是 Alert');`),如图 4-34 所示。

图 4-34 Alert 提示框

❑ Confirmation：确认框，需要选择（对应的 JavaScript 代码为 `confirm('这是 Confirmation');`），如图 4-35 所示。

图 4-35　Confirmation 确认框

❑ Prompt：输入框，需要输入内容（对应的 JavaScript 代码为 `prompt('这就是 prompt','');`），如图 4-36 所示。

图 4-36　Prompt 输入框

在 WebDriver 中，以上弹出框统一视为 Alert 对象，只需调用 Alert 对象的方法即可。

由于目前很难在网站上找到同时带有上述 3 种弹出框的网页，所以这里我们自己编写一个网页，网页代码如下。

```
<html>
<head>
<title></title>
</head>
<body>
<input type="button" onclick="alert('这是Alert');" value="Alert"/>
<br>
<input type="button" onclick="confirm('这是Confirmation');" value="Confirmation"/>
<br>
<input type="button" onclick="prompt('这是Prompt','');" value="prompt"/>
</body>
</html>
```

然后保存并更名为 testPage.html，使用浏览器将其打开，可以看到图 4-37 所示的测试页面。

单击不同的按钮，将会弹出对应的弹出框。接下来我们将对这个页面进行测试。

弹出框在 Selenium 中是 Alert 类型的对象，首先需要获得当前浏览器中的 Alert 对象才能进行操作。通过 WebDriver 对象的 `switch_to` 属性可获得当前的 Alert 对象。

```
driver.switch_to.alert
```

图 4-37　测试页面

4.7.1　弹出框的确认与取消

单击弹出框的"确认"和"取消"按钮的函数如下。

```
Alert.accept()    #单击"确认"按钮
Alert.dismiss()   #单击"取消"按钮
```

可以同时对 Alert、Confirmation 以及 Prompt 使用这些函数。

不过对于 Alert 来说，`accept()` 和 `dismiss()` 并没有什么区别。

例如，下面的代码用于单击了以上两个按钮，即在各个弹出框中分别单击"确认"和"取消"按钮。

```python
from selenium import webdriver
from selenium.webdriver.common.by import By
import time

driver = webdriver.Chrome()
driver.get("D:\\TestPage.html")

alert = driver.find_element(By.XPATH, "//input[@value='Alert']")
alert.click()
time.sleep(3)
driver.switch_to.alert.accept()

confirm = driver.find_element(By.XPATH,"//input[@value='Confirmation']")
confirm.click()
time.sleep(3)
driver.switch_to.alert.dismiss()
```

4.7.2　获取弹出框的文本

可以使用以下属性获取弹出框中的文本。

```
Alert.text
```

例如，下面的代码用于依次单击对应按钮，弹出各种弹出框并进行单击，同时输出它们的文本内容。

```python
from selenium import webdriver
from selenium.webdriver.common.by import By

driver = webdriver.Chrome()
driver.get("D:\\TestPage.html")

alert = driver.find_element(By.XPATH, "//input[@value='Alert']")
alert.click()
print("Alert 弹出框的文本：", driver.switch_to.alert.text)
driver.switch_to.alert.accept()

confirm = driver.find_element(By.XPATH,"//input[@value='Confirmation']")
confirm.click()
print("Confirmation 弹出框的文本：", driver.switch_to.alert.text)
driver.switch_to.alert.accept()

prompt = driver.find_element(By.XPATH,"//input[@value='prompt']")
prompt.click()
print("Prompt 弹出框的文本：", driver.switch_to.alert.text)
driver.switch_to.alert.accept()
```

执行代码后，输出结果如下。

```
> Alert 弹出框的文本：这是 Alert
> Confirmation 弹出框的文本：这是 Confirmation
> Prompt 弹出框的文本：这就是 Prompt
```

4.7.3 向弹出框中输入内容

通过以下函数，可以在弹出框中输入内容，该方法只对 Prompt 弹出框有效。

```
Alert.send_keys("要输入的内容")
```

例如，以下代码用于单击 Prompt 按钮，弹出 Prompt 输入框，然后输入一串文本。

```python
from selenium import webdriver
import time
from selenium.webdriver.common.by import By

driver = webdriver.Chrome()
driver.get("D:\\TestPage.html")

prompt = driver.find_element(By.XPATH,"//input[@value='prompt']")
prompt.click()
```

```
time.sleep(3)
driver.switch_to.alert.send_keys("this is content")
```
执行结果如图 4-38 所示。

图 4-38　在弹出框中输入内容

4.8　多网页切换操作

很多时候，我们在操作网页时会打开新的浏览器窗口（或者新的浏览器标签页），还有可能会通过 IFrame 等框架，将一个网页中的内容嵌套到另一个网页中。不管采用哪种方式，都会打开多个网页。要先切换到目标网页，才能对其进行操作。

接下来分别介绍多浏览器窗口（或标签页）的切换与 IFrame 内嵌网页的切换。

4.8.1　多浏览器窗口的切换

多浏览器窗口的切换主要依赖于浏览器窗口句柄。默认情况下，一个 WebDriver 实例只会打开一个窗口句柄，但在单击链接后，可能会在一个新的浏览器窗口中显示该网页，此时该 WebDriver 下将拥有两个窗口句柄。只要得到了 WebDriver 拥有的全部句柄，就可以切换到指定句柄的浏览器窗口。

通过以下两个属性，可以分别获得 WebDriver 当前正在操作的浏览器窗口句柄与该 WebDriver 实例下的全部句柄。

```
driver.current_window_handle    #获得WebDriver当前正在操作的浏览器窗口句柄
driver.window_handles    #获得该WebDriver实例下的全部句柄
```

获得句柄之后，就可以通过以下函数，切换到指定窗口。

```
driver.switch_to.window(窗口句柄)
```

例如在百度首页上，如果先单击"登录"按钮，会弹出登录面板，如图 4-39（a）所示，右下角会出现一个"立即注册"链接。单击"立即注册"链接，将会打开新的名为"注册百度账号"的页面，如图 4-39（b）所示。

（a）登录面板　　　　　　　　　　（b）"注册百度账号"页面

图 4-39　登录面板与"注册百度账号"页面

此时已经有两个浏览器窗口，现在我们不管怎么调用 WebDriver 的函数，实际上都是继续在操作第一个窗口，即百度首页，而不是新打开的"注册百度账号"页面。只有切换窗口后才能对相应的页面进行操作。

接下来编写代码，先打开百度首页，然后单击"登录"按钮和"立即注册"链接。接着切换到新窗口，在新打开的页面的"用户名"文本框中输入名称，然后切换回旧的窗口，关闭登录面板。在操作的过程中，将输出一些日志，以显示窗口句柄的变化。

```python
from selenium import webdriver
from selenium.webdriver.common.by import By
import time

driver = webdriver.Chrome()
driver.get("https://www.baidu.com")

print("未操作前的全部窗口句柄: ", driver.window_handles)
driver.find_element(By.LINK_TEXT, "登录").click()
time.sleep(3)
driver.find_element(By.LINK_TEXT, "立即注册").click()
time.sleep(3)
print("单击立即注册后的全部窗口句柄: ", driver.window_handles)
print("当前窗口句柄: ", driver.current_window_handle)

driver.switch_to.window(driver.window_handles[1])
driver.find_element(By.NAME,"userName").send_keys("CustomUserName")
time.sleep(3)
print("切换到注册页后的当前窗口句柄: ", driver.current_window_handle)

driver.switch_to.window(driver.window_handles[0])
time.sleep(3)
```

```
driver.find_element(By.CLASS_NAME, "close-btn").click()
print("切换回首页后的当前窗口句柄: ", driver.current_window_handle)
```

代码执行后的输出如下。

>未操作前的全部窗口句柄: ['CDwindow-A6569DAEDF485538CF0CA787FF669406']
>单击立即注册后的全部窗口句柄: ['CDwindow-A6569DAEDF485538CF0CA787FF669406', 'CDwindow-431383A47916905D6F7115962EC59979']
>当前窗口句柄: CDwindow-A6569DAEDF485538CF0CA787FF669406
>切换到注册页后的当前窗口句柄: CDwindow-431383A47916905D6F7115962EC59979
>切换回首页后的当前窗口句柄: CDwindow-A6569DAEDF485538CF0CA787FF669406

4.8.2 IFrame 切换

IFrame 在比较早的年代使用较多，但 Ajax 开始流行后，IFrame 的使用场景越来越少。如今，将 IFrame 用于页面显示的网站已经寥寥无几。一般使用 IFrame 可能是为了引入一些空白页面，处理与其他网站的一些同步通信，例如跨域 LocalStorage 等操作。

Selenium 提供了以下两个函数来切换 IFrame。

```
driver.switch_to.frame(IFrame 元素)    #切换到当前页面（或 IFrame）的下一级指定 IFrame 中
driver.switch_to.parent_frame()        #切换到当前 IFrame 的上一级页面（或 IFrame）中
```

理论上，在 IFrame 中还可以无限向下嵌套 IFrame，而 Selenium 也支持在 IFrame 中继续向下查找 IFrame。

由于现在的网站几乎不再用 IFrame 进行页面显示，因此为了演示 IFrame 的操作，可以编写一个网页，该网页的代码如下。

```html
<html>
<head>
<title></title>
</head>
<body>
请输入网址：
<input id="siteUrl" type="text" />
<button onclick="document.getElementById('innerFrame').src=document.getElementById('siteUrl').value" >跳转</button>
<br/>
<br/>
<iframe id='innerFrame' src="" style="height:720px;width:1280px;" ></iframe>
</body>
</html>
```

打开该测试页面，在文本框中输入网址，然后单击"跳转"按钮。下方的 IFrame 将加载对应网页的内容，如图 4-40 所示。

接下来，编写代码，在 IFrame 中来回切换操作。

```python
from selenium import webdriver
from selenium.webdriver.common.by import By
import time
```

```
driver = webdriver.Chrome()
driver.get("D:\\TestPageForIFrame.html")
driver.find_element(By.ID,"siteUrl").send_keys("http://www.baidu.com")
driver.find_element(By.TAG_NAME, "button").click()
time.sleep(3)

driver.switch_to.frame(driver.find_element(By.ID, "innerFrame"))
driver.find_element(By.ID, "kw").send_keys("hello world")
time.sleep(3)

driver.switch_to.parent_frame()
driver.find_element(By.ID, "siteUrl").clear()
driver.find_element(By.ID, "siteUrl").send_keys("http://www.bing.com")
driver.find_element(By.TAG_NAME, "button").click()
```

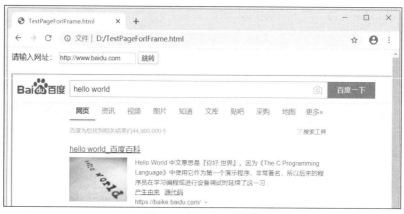

图 4-40　测试页面的内容

执行上面这段代码会先打开我们编写的测试页面，在文本框中输入百度网址并单击"跳转"按钮，然后切换到 IFrame 中，在百度网页中搜索关键字"hello world"，最后切换回测试页面，输入 Bing 网址并单击"跳转"按钮，IFrame 当中的内容将变为 Bing 首页。

4.9　结束 WebDriver 会话

当测试执行完毕后，需要结束测试。结束测试的方法有两种，一种是使用 `driver.close()` 函数关闭 WebDriver 当前所在的窗口，另一种是直接使用 `driver.quit()` 函数关闭所有相关窗口并结束会话。

一般来说，当测试没有结束但需要关闭某个窗口时，使用 `close()` 函数关闭指定窗口即可；而测试结束时，才使用 `quit()` 方法关闭所有相关窗口并结束会话。

第 5 章　Selenium WebDriver 的高级运用

上一章介绍的属性和函数已经涵盖了 Selenium 绝大部分的使用场景。日常使用中，95%的场景可以通过上一章讲解的 Selenium 特性进行处理。

本章将着重讨论另外两方面的内容：一方面是处理一部分极少遇到的高难度场景，这需要运用 Selenium 提供的一些高级特性；另一方面则是不满足于能够使用 Selenium，而是探讨如何最优地运用它。

5.1　深入了解 Selenium 的等待机制

等待是人们常常忽略的问题之一。一方面，人们在手工测试网站时，总会自然而然地等待网页加载完毕再进行操作。如果某个局部区域是由 Ajax 加载的内容，人们要等待局部加载完毕才能进行下一步操作，而不是在空白或残缺的界面上操作。另一方面，如果等待超过一定时间，但页面或局部区域依然没有加载完毕，那么人们很可能将其标记为一处程序错误，要求开发人员去排查这个问题。

Selenium 支持这样的操作，它拥有丰富的等待机制，将原本人为的等待转换为由机器去等待，并判断什么时候该进行下一步操作。接下来将分别介绍这些等待机制。

5.1.1　页面级等待机制

页面级等待机制用于定义 Selenium 等待页面加载完毕的超时时间。默认设置为 0（表示等待时间不限）。可以通过以下函数设置等待的超时时间。

```
driver.set_page_load_timeout(最长等待秒数)
```

注意，上面这个函数是一种全局设置，会在整个 WebDriver 实例的生命周期内生效。

我们先简单了解什么是网页加载完毕。网页如果处于加载状态，最直观的表现就是浏览器会显示加载图案，例如在 Chrome 浏览器中，加载图案就是标签页最左边的旋转圆环，如图 5-1 所示。如果网页加载完毕，旋转圆环就会消失。

图 5-1　网页加载图案

如果在测试过程中对页面加载速度有明确要求（例如网页响应时间的 2/5/8s 原则），可以使用这项设定。如果网页加载超时，就会抛出异常。

例如以下代码中，我们将等待超时时间设置为 3s，如果加载时间超过 3s，就会抛出异常。如果在 3s 内加载完页面，将会结束等待，立即执行下一行代码。

```
from selenium import webdriver

driver = webdriver.Chrome()
driver.set_page_load_timeout(3)
driver.get("https://selenium.dev")
```

由于该网站是国外的网站，通常无法在 3s 内加载完毕，因此将抛出以下错误消息。

```
>selenium.common.exceptions.TimeoutException: Message: timeout
```

5.1.2　元素级等待机制——强制等待

现代网站大多数是 Ajax 型网站，很多页面元素都不再是页面加载完毕就能显示出来，而是要触发特定区域的操作，然后等待目标元素出现在页面上才能进行下一步操作。

第 4 章曾讲解过百度首页的注册功能，在单击"登录"链接后，会弹出登录面板，如图 5-2 所示。此时，可以再单击"立即注册"链接。

图 5-2　登录面板

如果采用人工测试，自然会等待面板出现，但如果在逐行执行代码的机器中进行操作，会发生什么事情呢？我们来试试以下代码。

```
from selenium import webdriver
from selenium.webdriver.common.by import By

driver = webdriver.Chrome()
driver.get("https://www.baidu.com")

driver.find_element(By.LINK_TEXT, "登录").click()
driver.find_element(By.LINK_TEXT, "立即注册").click()
```

执行结果如下，Selenium 抛出了异常，表示没有找到"立即注册"链接。

```
>selenium.common.exceptions.NoSuchElementException: Message: no such element: Unable to locate element: {"method":"link text","selector":"立即注册"}
```

由于机器的执行速度较快，还没等登录面板弹出，就已经在寻找"立即注册"链接并试图单击了。然而，在它寻找的时候，登录面板还没有弹出来。

要解决这个问题，最简单（却也是最不推荐的）方法就是使用强制等待。强制等待的用法很简单，不需要引入 Selenium 的功能，只需要引用 Python 的 `time` 模块即可，代码如下所示。

```
from selenium import webdriver
from selenium.webdriver.common.by import By
import time

driver = webdriver.Chrome()
driver.get("https://www.baidu.com")

driver.find_element(By.LINK_TEXT, "登录").click()
time.sleep(3)
driver.find_element(By.LINK_TEXT, "立即注册").click()
```

这就是强制等待的用法，不管元素是否可用，都要求等待 3s。但这种做法的弊端很明显——处理起来毫无弹性。执行的速度和机器的性能有关，如果有一台机器严重卡顿，登录面板有可能 3s 都弹不出来，这时怎么办呢？为了兼容那些卡顿的机器，很多人喜欢延长等待时间，不知不觉中，等待时间增加到 5s，乃至 10s，代码中到处都是 sleep，极大地降低了测试效率。

显然，这不是我们需要的等待方式。

5.1.3 元素级等待机制——隐式等待

元素级等待的第二种等待方式叫作隐式等待，这是 Selenium 最初版本就支持的等待方式。它的作用是在执行 `find_element...` 这类函数时增加一个宽限时间，它决定了查找元素时的最长等待时间。如果 `find_element...` 这类函数在规定时间内找到元素，那么将立即结束等待；否则，会一直等待，如果超过时间元素还未出现，就会抛出找不到元素的异常。隐式等待的设置函数如下所示。

```
webdriver.implicitly_wait(等待秒数)
```

还使用之前在百度注册的示例，只不过这次使用了隐式等待。

```
from selenium import webdriver
from selenium.webdriver.common.by import By

driver = webdriver.Chrome()
driver.implicitly_wait(10)

driver.get("https://www.baidu.com")

driver.find_element(By.LINK_TEXT, "登录").click()
driver.find_element(By.LINK_TEXT, "立即注册").click()
```

虽然在代码中设置的最长隐式等待时间为 10s，但由于通常 1s 内登录面板就会弹出，因此 Selenium 检测到元素已经存在，就会结束等待立即执行下一行代码。

隐式等待是全局设置的，一旦设置，会在整个 WebDriver 实例的生命周期内生效。

虽然隐式等待看上去比强制等待要高端得多，但实际上使用时依然要慎重，原因在于以下两点负作用。

- ❑ 如果要检查某个元素是否不存在，计算机会完整地等待隐式等待中设置的最大时长，从而减缓测试速度。
- ❑ 它会干扰显式等待。

因此，如果页面上有较多的异步刷新和操作，很多页面元素都是动态出现的，很多操作步骤都需要等待，用隐式等待利大于弊。但在其他时候，仍然不建议使用隐式等待。

5.1.4 元素级等待机制——显式等待

元素级等待机制的最佳实践方式是显式等待，它是一种相当完美的等待机制。只需要指定条件判断函数，Selenium 会每隔一定时间检测该条件是否成立。如果成立，就立刻执行下一步；否则，一直等待，直到超过最大等待时间，抛出超时异常。

使用显式等待需要用到 selenium.webdriver.support.wait 库中的 WebDriverWait 对象，需要导入后才能使用。

```
from selenium.webdriver.support.wait import WebDriverWait
```

WebDriverWait 的实例化方法如下。

```
WebDriverWait(WebDriver实例, 超时秒数, 检测时间间隔[可选], 可忽略异常集合[可选] )
```

前两个参数都是必选参数，在实例化 WebDriverWait 对象时必须传入，后两个参数是可选参数，可以不传。前两个参数比较简单，这里主要介绍可选参数的作用。

- ❑ 检测时间间隔：调用 until 或 until_not 传入的条件判断函数的间隔时间，默认为 0.5s。
- ❑ 可忽略异常集合：在调用 until 或 until_not 中传入的条件判断函数时，如果抛出的是这个集合中定义的异常，代码就不会执行失败，会继续正常执行。默认在集合中只有 NoSuchElementException 异常。

5.1 深入了解 Selenium 的等待机制

实例化 `WebDriverWait` 对象后,可以调用 `WebDriverWait` 对象的以下两个函数来执行等待。

- `WebDriverWait.until(条件判断函数, "超时后的自定义异常消息"[可选])`:等待直到条件判断函数的返回值不为 `False`(且没有抛出可忽略的异常)。
- `WebDriverWait.until_not(条件判断函数, "超时后的自定义异常消息"[可选])`:等待直到条件判断函数的返回值为 `False`(如果抛出可忽略的异常,也会当作 `False` 处理),和 `until` 恰好相反。

其中,条件判断函数需要设置传入参数,传入参数的类型为 `WebDriver`,返回值类型不限,但建议设定为布尔类型。

1. 使用自定义等待条件函数

还使用之前在百度注册的示例,现在我们可以不再使用隐式等待,改为使用显式等待。代码如下所示。

```python
from selenium import webdriver
from selenium.webdriver.common.by import By
from selenium.webdriver.support.wait import WebDriverWait

def registerLinkDisplayed(webDriver):
    return webDriver.find_element(By.LINK_TEXT, "立即注册").is_displayed()

driver = webdriver.Chrome()
driver.get("https://www.baidu.com")

driver.find_element(By.LINK_TEXT, "登录").click()
WebDriverWait(driver, 10).until(registerLinkDisplayed)
driver.find_element(By.LINK_TEXT, "立即注册").click()
```

代码开头定义了一个条件判断函数,以检测"立即注册"链接是否已显示。在单击"登录"按钮后,使用 `WebDriverWait` 对象进行显式等待,超时时间设为 10s,并传入了前面定义的条件判断函数。

代码运行后,执行显式等待时,Selenium 会每隔 0.5s 调用一次条件判断函数 `registerLinkDisplayed`。如果条件满足,会立即执行下一行代码,以单击"立即注册"链接。

当然,这种场景下更适合使用 Lambda 表达式定义匿名函数。下面这段代码和上面的代码功能完全一样,但更简洁。

```python
from selenium import webdriver
from selenium.webdriver.common.by import By
from selenium.webdriver.support.wait import WebDriverWait

driver = webdriver.Chrome()
driver.get("https://www.baidu.com")
```

```
driver.find_element(By.LINK_TEXT, "登录").click()
WebDriverWait(driver, 10).until(lambda p: p.find_element(By.LINK_TEXT, "立即注册").is_displayed())
driver.find_element(By.LINK_TEXT, "立即注册").click()
```

2. 使用 Selenium 预定义等待条件函数

除自定义条件判断函数之外，还可以使用 Selenium 中已经定义好的一系列条件判断函数，无须再自行编写类似函数。

Selenium 中预定义的等待条件函数位于 selenium.webdriver.support.expected_conditions 模块中，需要导入后才能使用。

```
from selenium.webdriver.support import expected_conditions
```

例如，以下代码的功能和之前的代码没有区别，但它使用了 expected_conditions 中预定义的条件判断函数 visibility_of_element_located，并向该函数中传入了用于判断的目标元素的定位。在执行显式等待时，Selenium 会判断目标元素是否处于可见状态，条件满足后才执行下一行代码。

```
from selenium import webdriver
from selenium.webdriver.common.by import By
from selenium.webdriver.support.wait import WebDriverWait
from selenium.webdriver.support import expected_conditions

driver = webdriver.Chrome()
driver.get("https://www.baidu.com")

driver.find_element(By.LINK_TEXT, "登录").click()
targetLocator = (By.LINK_TEXT, "立即注册")
WebDriverWait(driver, 10).until(expected_conditions.visibility_of_element_located(targetLocator))
driver.find_element(By.LINK_TEXT, "立即注册").click()
```

除上述示例中使用的条件等待函数之外，Selenium 还预定义了非常丰富的条件等待函数，这些函数及其功能如表 5-1 所示。

表 5-1　Selenium 中预定义的所有条件等待函数

类别	函数名称	参数	功能
判断元素的可见性	visibility_of_element_located	locator（目标元素定位）	根据定位判断目标元素是否已显示，如果已显示，则返回该 WebElement 对象
	visibility_of	webElement（目标元素）	判断目标元素是否已显示，如果已显示，则返回该 WebElement 对象
	visibility_of_all_elements_located	locator（目标元素定位）	根据定位判断页面上是否存在一个或多个符合定位的元素，且是否已全部显示，如果是，则返回 WebElement 集合

5.1 深入了解 Selenium 的等待机制

续表

类别	函数名称	参数	功能
判断元素的可见性	visibility_of_any_elements_located	locator（目标元素定位）	根据定位判断页面上是否存在一个或多个符合定位的元素，这些元素中是否至少有一个已显示，如果是，则返回其中已显示的 WebElement 集合
	invisibility_of_element_located	locator（目标元素定位）	根据定位判断目标元素是否未显示
	invisibility_of_element	webElement（目标元素）	判断目标元素是否未显示
判断元素的状态、文本、值	element_to_be_clickable	locator（目标元素定位）	根据定位判断目标元素是否处于可单击状态（已显示且未被禁用）
	element_located_to_be_selected	locator（目标元素定位）	根据定位判断目标元素是否处于已选中状态
	element_to_be_selected	webElement（目标元素）	判断目标元素是否处于已选中状态
	element_located_selection_state_to_be	locator（目标元素定位），is_selected（期望的状态），可以传入 True（选中）或者 False（未选中）	根据定位判断目标元素的选中状态是否符合预期
	element_selection_state_to_be	webElement（目标元素），is_selected（期望的状态），可以传入 True（选中）或者 False（未选中）	判断目标元素的选中状态是否符合预期
	text_to_be_present_in_element	locator（目标元素定位），text（期望包含的文本）	判断目标元素的文本是否已包含期望的文本
	text_to_be_present_in_element_value	locator（目标元素定位），text（期望包含的文本）	判断目标元素的 Value 属性是否已包含期望的文本
判断元素是否存在	presence_of_element_located	locator（目标元素定位）	根据定位判断页面上是否存在首个符合定位的元素，如果有（但未必可见），则返回该 WebElement
	presence_of_all_elements_located	locator（目标元素定位）	根据定位判断页面上是否存在一个或多个符合定位的元素，如果有（但未必可见），则返回 WebElement 集合
	staleness_of	webElement（目标元素）	判断目标元素是否已经从 DOM 结构上完全消失
判断浏览器窗口、弹框及内嵌网页	new_window_is_opened	current_handles（当前的窗口句柄集合）	判断是否有新窗口打开，句柄数量是否会在当前句柄集合的基础上有所增加
	number_of_windows_to_be	num_windows（预期窗口数量）	判断当前窗口数量是否等于预期窗口数量
	frame_to_be_available_and_switch_to_it	locator（目标元素（IFrame/Frame）定位）	根据定位判断是否可以切换到目标元素，如果可以切换，则会直接切换到指定元素（IFrame/Frame）上
	alert_is_present	—	判断是否已出现浏览器弹出框

续表

类别	函数名称	参数	功能
判断网页标题或URL	title_contains	title（期望包含的标题）	判断网页标题是否已包含期望的标题（即是否模糊匹配）
	title_is	title（期望相等的标题）	判断网页标题是否完全等于期望的标题（即是否完全匹配）
	url_changes	url（当前的URL）	判断URL是否发生变化，即与当前的URL不相同
	url_contains	url（期望包含的URL）	判断URL是否已包含期望的URL（即是否模糊匹配）
	url_matches	pattern（格式表达式）	判断URL是否匹配格式表达式（例如正则表达式）
	url_to_be	url（期望相等的URL）	判断URL是否已包含期望的URL（即是否完全匹配）

合理使用这些函数，可以达到事半功倍的效果。

3. 其他可选参数设置

在之前的示例中并未使用可选参数，这里简单演示可选参数的作用。

在以下代码中，我们设置了 `WebDriverWait` 的可选参数，将检测时间间隔设置成了 2s。然后传入了可忽略异常集合（在调用 until 或 until_not 中传入的条件判断函数时，如果抛出的是这个集合中定义的异常，代码就不会执行失败，将会继续正常执行，传入的异常类型不限，只要是继承自 Python 的 `Exception` 类即可）。其中一个异常是 Selenium 预定义的 `NoSuchElementException`（目标元素不存在）异常，另一个是 Python 的 `ZeroDivisionError`（除以 0）异常。接下来，在 until 函数中，我们传入了一个匿名函数，用 3 除以 0（会引发错误）。接着，传入了一个可选参数，即超时后的自定义异常消息。

```
from selenium import webdriver
from selenium.webdriver.support.wait import WebDriverWait
from selenium.common import exceptions

driver = webdriver.Chrome()
driver.get("https://www.baidu.com")

WebDriverWait(driver, 30, 2, [exceptions.NoSuchElementException, ZeroDivisionError])
    .until(lambda p: 3/0, "很明显，3是不能除以0的")
```

执行这段代码后，程序将一直等待，试图等待条件判断函数不再抛出异常（但只要执行 3/0，就一定会抛出 `ZeroDivisionError` 异常），程序等待 30s 后，条件判断函数依然无法顺利执行完毕，于是 Selenium 抛出超时异常，并在异常中带上之前设置的自定义异常消息。代码执行结果如下。

```
> selenium.common.exceptions.TimeoutException: Message: 很明显，3 是不能除以 0 的
```

5.1.5 脚本级等待机制

在 Selenium 中，可以使用 `execute_async_script` 函数来执行异步 JavaScript 脚本，之后的章节会介绍如何执行自定义 JavaScript 脚本。

如果异步 JavaScript 脚本没有指定回调函数或者超过时间期限仍然没有调用回调函数，那么 JavaScript 脚本可能超时。在 Selenium 中，可以通过以下函数来设置异步脚本的超时时间。

```
driver.set_script_timeout(最长等待秒数)
```

5.7.4 节将会详细描述该函数的使用。

5.2 对键盘和鼠标进行精准模拟

之前介绍 WebDriver 基础运用时，已经介绍了单击（click）元素以及在元素中输入内容的 `send_keys` 函数。它们能涵盖日常使用中的绝大部分场景，但有些时候，我们需要对键盘或鼠标进行更加复杂的模拟与控制，这就需要用到 Selenium 中的高级特性之一——ActionChains 了。

ActionChains 是一种偏向底层的自动化交互方式，它可以实现鼠标移动、单击、右击、双击、鼠标按下或松开、悬停拖曳、按键按下或松开、按组合键等更复杂的操作。

5.2.1 ActionChains——操作链

在使用 ActionChains 时，需要用到 `selenium.webdriver.common.action_chains` 库中的 `ActionChains` 对象。该对象需要导入后才能使用。

```
from selenium.webdriver.common.action_chains import ActionChains
```

`ActionChains` 的实例化方法如下。

```
ActionChains(webdriver 实例)
```

操作链中包含两种类型的函数，第一种类型是操作设置函数，第二种类型是操作链执行函数（只有一个 `perform` 函数）。在调用 `perform` 时，将连续执行之前在操作链中设置的操作，然后结束操作链。

操作链具体支持哪些操作设置函数，将在下一节介绍。本节先介绍操作链的使用方式。

我们可以使用 ActionChains 来做一些基础的操作，例如进入百度首页并单击"登录"按钮，代码如下。

```
from selenium import webdriver
from selenium.webdriver.common.by import By
from selenium.webdriver.common.action_chains import ActionChains
```

```
driver = webdriver.Chrome()
driver.get("https://www.baidu.com")
ActionChains(driver).click(driver.find_element(By.LINK_TEXT, "登录")).perform()
```

最后一句代码分为 3 部分。

- `ActionChains(driver)`：实例化操作链。
- `.click(driver.find_element(By.LINK_TEXT,"登录"))`：请注意，这里并不执行单击操作，而是对操作进行设置，相当于预约，在操作链中预约了一个单击操作，操作对象是"登录"按钮。
- `.perform()`：执行操作链中的所有操作（之前预约的 `click` 操作此时才会真正执行）

除了这些基本的操作，`ActionChains` 最大的特色是不仅支持更多复杂的操作，还支持链式操作方式，即每个函数都会返回 `ActionChains` 实例，以便继续调用 `ActionChains` 的操作设置函数，将多个操作组合在一起，形成一个完整的操作链，然后通过 `perform` 函数一起执行。

注意：操作链中涉及的所有 `WebElement` 元素在操作链执行时必须同时存在，且处于可操作状态，否则无法执行操作链。也就是说，在同一个操作链中，无法做到先操作某个元素，然后另一个新元素才显示，接着再操作这个新元素。

下面以一个案例来说明调用链的使用方式。在百度首页中将鼠标指针悬停在"设置"菜单上，然后在弹出的菜单中选择"搜索设置"。最后在弹出的设置面板中按顺序进行以下设置，并单击"保存设置"按钮，如图 5-3 所示。

图 5-3 搜索设置

具体操作代码如下。

```
from selenium import webdriver
from selenium.webdriver.common.by import By
from selenium.webdriver.common.action_chains import ActionChains

driver = webdriver.Chrome()
```

```
driver.get("https://www.baidu.com")

# move_to_element 会将鼠标指针放置在"设置"链接上，实现悬停效果
ActionChains(driver)\
    .move_to_element(
driver.find_element(By.XPATH, "//span[text()='设置']"))\
    .pause(3)\
    .perform()

ActionChains(driver)\
    .click(driver.find_element(By.LINK_TEXT, "搜索设置"))\
    .pause(3)\
    .perform()

ActionChains(driver)\
    .click(driver.find_element(By.ID, "s1_2"))\
    .click(driver.find_element(By.ID, "SL_2"))\
    .click(driver.find_element(By.ID, "sh_1"))\
    .click(driver.find_element(By.LINK_TEXT, "保存设置"))\
    .pause(3)\
    .perform()
```

在各个操作链中，我们设置了 3s 等待时间，以便看到界面的变化。第一个操作链将鼠标指针悬停在"设置"连接上，第二个操作链选择"搜索设置"进入设置面板，而第 3 个操作链是本示例重点演示的对象。可以看到它先预约 4 次单击操作、1 次暂停操作，然后调用 `perform` 函数连续执行这些操作。

请注意，以下操作方式将会报错，因为操作链执行前会检测到"搜索设置"还不存在，整个操作链都不会执行。

```
ActionChains(driver)\
    .move_to_element(
driver.find_element(By.XPATH, "//span[text()='设置']"))\
    .pause(3) \
    .click(driver.find_element(By.LINK_TEXT, "搜索设置")) \
    .perform()
```

5.2.2 ActionChains 支持的全部鼠标与键盘操作设置

ActionChains 支持丰富的操作设置。表 5-2 中列出了这些操作设置的详细功能。

表 5-2 ActionChains 支持的全部鼠标与键盘操作设置

类别	函数名称	参数	功能
鼠标按钮操作设置	click	element（目标元素，可选）	单击目标元素 如果没有传入目标元素，则会单击当前鼠标指针所在位置
	context_click	element（目标元素，可选）	右击目标元素 如果没有传入目标元素，则会右击当前鼠标指针所在位置

续表

类别	函数名称	参数	功能
鼠标按钮操作设置	double_click	element（目标元素，可选）	双击目标元素。如果没有传入目标元素，则会双击当前鼠标指针所在位置
	click_and_hold	element（目标元素，可选）	在目标元素处按下鼠标按钮（不松开）。如果没有传入目标元素，则会在当前鼠标指针所在位置按下鼠标左键
	release	element（目标元素，可选）	在目标元素处松开鼠标按钮。如果没有传入目标元素，则会在当前鼠标指针所在位置按下鼠标左键
鼠标移动操作设置	move_to_element	element（目标元素）	将鼠标指针移动到目标元素中间
	move_to_element_with_offset	element（目标元素），x偏移量（相对于目标元素的横轴坐标点），y偏移量（相对于目标元素的纵轴坐标点）	将鼠标指针移动到相对于目标元素的坐标（x,y）
	move_by_offset	x偏移量（相对于当前鼠标位置的横轴坐标点），y偏移量（相对于当前鼠标位置的纵轴坐标点）	将鼠标指针移动到相对于当前鼠标指针位置的坐标（x,y）
鼠标综合性操作	drag_and_drop	sourceElement（被拖放的元素），targetElement（要拖放到的目的地元素）	在指定的被拖放元素上按下鼠标按钮，然后移动到目标元素上并松开鼠标（即将被拖放元素拖曳到目标元素上）
	drag_and_drop_by_offset	sourceElement（被拖放的元素），targetElement（要拖放到的目的地元素），x偏移量（相对于目的地元素的横轴坐标点），y偏移量（相对于目的地元素的纵轴坐标点）	在指定的被拖放元素上按下鼠标按钮，然后移动到相距目标元素的坐标（x,y）并松开鼠标按钮
键盘按键操作设置	send_keys	keys_to_send（要按的键）	在当前焦点位置按指定键
	send_keys_to_element	element（目标元素），keys_to_send（要按的键）	对目标元素按指定键
	key_down	key（键），element（目标元素，可选）	对目标元素按下指定键（但不松开），如果没有传入目标元素，则会在当前焦点位置按下指定键
	key_up	key（键），element（目标元素，可选）	对目标元素松开指定键，如果没有传入目标元素，则会在当前焦点位置松开指定键
等待设置	pause	seconds（等待秒数）	在指定时间内暂停所有后续操作

　　在操作链中设置好各个操作后，就可以用perform函数连续执行所有操作了。也可以用reset_actions函数清空操作链中的所有设置。

　　下一节将演示如何模拟一些复杂的操作。

5.2.3 模拟复杂鼠标操作案例——拖放操作

通过 ActionChains 提供的操作设置，可以轻松实现元素拖放的功能。

现在我们先来编写一个测试页面，该页面支持将图片拖放到指定位置，对应的 HTML 代码如下。

```html
<html>
<head>
<style type="text/css">
    #div1 {
        width: 300px;
        height: 100px;
        padding: 10px;
        border: 1px solid #aaaaaa;
    }
</style>
<script src="https://cdn.bootcss.com/jquery/3.2.1/jquery.min.js"></script>
<script src="http://apps.bdimg.com/libs/jqueryui/1.10.4/jquery-ui.min.js"></script>
<script type="text/javascript">
    $(function () {
        $("#drag1").draggable();
        $('#div1').droppable({
            drop: function (event, ui) {
                alert("图片放置成功");
            }
        });
    });
</script>
</head>

<body>
<p>请把图片拖放到方框中：</p>
<div id="div1"></div>
<br />
<img id="drag1" src="https://cdn.ptpress.cn/pubcloud/3/app/0718A6B0/cover/20191204BD54009A.png" />

</body>
</html>
```

在浏览器中打开该页面，将显示图 5-4 中的内容。

现在可以根据提示，操作鼠标，将图片放到方框中。当成功放到方框中时，将弹出提示"图片放置成功"，如图 5-5 所示。

图 5-4 测试页面的内容

图 5-5 图片放置成功

接下来编写代码，我们可以用两种方式来实现这个功能。第一种方式的代码如下所示。

```
from selenium import webdriver
from selenium.webdriver.common.by import By
from selenium.webdriver.common.action_chains import ActionChains

driver = webdriver.Chrome()
driver.get("D:\\TestDragAndDrop.html")

ActionChains(driver)\
    .click_and_hold(driver.find_element(By.ID, "drag1"))\
    .move_to_element(driver.find_element(By.ID, "div1"))\
    .release()\
    .perform()
```

以上代码精准地模拟了拖曳时的各个操作。执行代码后，将会打开测试页面，在图片上按下鼠标按钮，然后移动鼠标指针到方框中，最后松开鼠标按钮。

对于拖放操作，也有更简单的方式，ActionChains 已经提供了对应的操作设置，可以直接实现拖放操作，例如，以下代码的功能和上面的代码一模一样，都是将图片拖放到方框中。

```
from selenium import webdriver
from selenium.webdriver.common.by import By
from selenium.webdriver.common.action_chains import ActionChains

driver = webdriver.Chrome()
driver.get("D:\\TestDragAndDrop.html")

ActionChains(driver)\
    .drag_and_drop(driver.find_element(By.ID,"drag1"),driver.find_element(By.ID, "div1"))\
    .perform()
```

注意：虽然 ActionChains 提供了丰富的鼠标操作功能，且可以直接拖放元素，但是目前 Selenium 只支持以 JavaScript 方式实现拖放功能（例如本例中测试页面的拖放功能就是通过 JavaScript 实现的），对于直接用 HTML5 方式实现的拖放功能，Selenium 目前尚不支持。但可以通过 Selenium 来执行 JavaScript 代码以模拟这种操作。后续章节会详细介绍相关内容。

5.2.4　模拟复杂键盘操作案例——组合键

通过 ActionChains 还可以对键盘操作进行精准模拟。

如第 4 章所述，通过 WebElement 的 send_keys 函数，可以向元素中输入内容。但之前只讲解了基本的输入，未提及复杂的操作。

对于输入框，我们还可能执行全选、剪切、粘贴、退格、按下回车键等操作。这些操作都需要用到特殊的功能键，例如 Ctrl 键、退格键、回车键。要使用这些键，需要先从 selenium.webdriver.common.key 模块中导入 Keys 对象才能使用，其中定义的功能键非常丰富，涵盖了键盘上的所有功能键。

```
from selenium.webdriver.common.keys import Keys
```

现在以百度首页的搜索文本框为例进行说明，我们可以先输入 hello world，然后按 Ctrl+A 快捷键全选文本框内容，接着按 Ctrl+X 快捷键剪切内容，再按 Ctrl+V 快捷键在文本框中粘贴内容，最后使用退格键删除。

即使不使用 ActionChains，仅仅使用 WebElement 的 send_keys 函数，也可以实现这些操作，具体代码如下所示。

```
from selenium import webdriver
from selenium.webdriver.common.by import By
from selenium.webdriver.common.keys import Keys
import time

driver = webdriver.Chrome()
driver.get("https://www.baidu.com")

baiduSearchInput = driver.find_element(By.ID, "kw")
```

```
baiduSearchInput.send_keys("hello world")
time.sleep(3)      #等待 3s,以便容易看到界面的变化
baiduSearchInput.send_keys(Keys.CONTROL, "a")
time.sleep(3)
baiduSearchInput.send_keys(Keys.CONTROL, "x")
time.sleep(3)
baiduSearchInput.send_keys(Keys.CONTROL, "v")
time.sleep(3)
baiduSearchInput.send_keys(Keys.BACKSPACE)
time.sleep(3)
baiduSearchInput.send_keys(Keys.ENTER)
```

我们也可以使用 `ActionChains` 对各个操作进行模拟,精准控制每个按键按下与松开的过程。具体代码如下。

```
from selenium import webdriver
from selenium.webdriver.common.by import By
from selenium.webdriver.common.action_chains import ActionChains
from selenium.webdriver.common.keys import Keys

driver = webdriver.Chrome()
driver.get("https://www.baidu.com")

baiduSearchInput = driver.find_element(By.ID, "kw")
baiduSearchInput.send_keys("hello world")

ActionChains(driver)\
    .key_down(Keys.CONTROL)\
    .send_keys("a")\
    .key_up(Keys.CONTROL) \
    .pause(3)\
    .key_down(Keys.CONTROL) \
    .send_keys("x") \
    .key_up(Keys.CONTROL) \
    .pause(3) \
    .key_down(Keys.CONTROL) \
    .send_keys("v") \
    .key_up(Keys.CONTROL) \
    .pause(3) \
    .send_keys(Keys.BACKSPACE) \
    .pause(3)\
    .send_keys(Keys.ENTER) \
    .perform()
```

一般情况下,使用 `WebElement` 的 `send_keys` 就足以胜任组合键操作,但它只支持按下操作,如果要实现精准控制,例如对某个键需要按下多少秒再松开,则只能使用 `ActionChains` 进行模拟,通过 `key_down`、`pause`、`key_up` 来精准控制某个键需要按下多少秒。

5.3 操作浏览器 Cookie

Selenium 支持操作浏览器 Cookie，包括 Cookie 的读取、新增和删除。

5.3.1 读取 Cookie

通过以下函数，可以读取已有 Cookie。

```
driver.get_cookies()              #获取所有的cookie对象集合
driver.get_cookie(cookie名称)      #根据名称获取单个cookie
```

接下来分别介绍。

例如通过 Chrome 浏览器打开百度首页，打开调试工具（按 F12 键），单击 Application 标签页，选择 Storage 下的 Cookies 选项，找到当前网页，即可看到所有 Cookie，如图 5-6 所示。

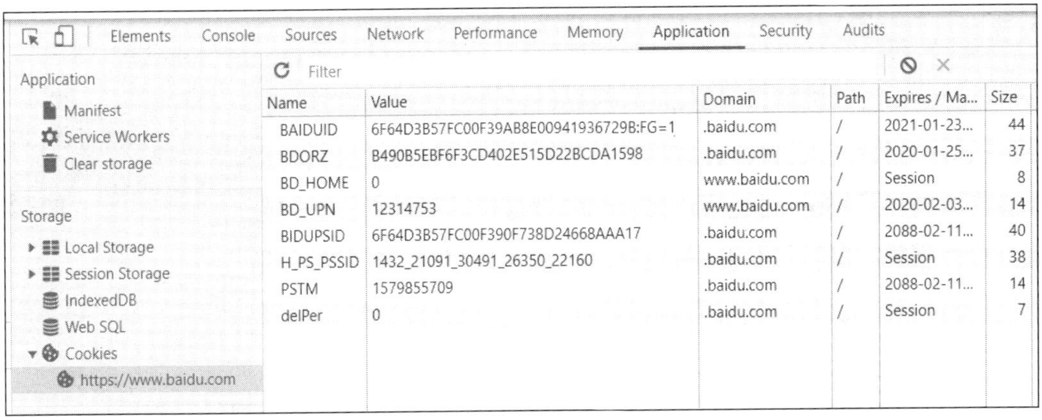

图 5-6　百度页面的所有相关 Cookie

通过 `get_cookies` 函数，即可获取所有的 Cookie。接下来编写以下代码，获取所有的 Cookie 并依次输出到控制台。

```
from selenium import webdriver

driver = webdriver.Chrome()
driver.get("https://www.baidu.com")

pageCookies = driver.get_cookies()
for cookie in pageCookies:
    print(cookie)
```

代码执行后输出的结果如下。

```
>{'domain': '.baidu.com', 'httpOnly': False, 'name': 'H_PS_PSSID', 'path': '/',
'secure': False, 'value': '1432_21091_30491_26350_22160'}
```

```
>{'domain': '.baidu.com', 'expiry': 1611391709.843355, 'httpOnly': False, 'name':
'BAIDUID', 'path': '/', 'secure': False, 'value': '6F64D3B57FC00F39AB8E00941936729B:
FG=1'}
>{'domain': '.baidu.com', 'expiry': 3727339356.843262, 'httpOnly': False, 'name':
'BIDUPSID', 'path': '/', 'secure': False, 'value': '6F64D3B57FC00F390F738D24668AAA17
'}
>{'domain': '.baidu.com', 'httpOnly': False, 'name': 'delPer', 'path': '/',
'secure': False, 'value': '0'}
>{'domain': '.baidu.com', 'expiry': 3727339356.843315, 'httpOnly': False, 'name':
'PSTM', 'path': '/', 'secure': False, 'value': '1579855709'}
>{'domain': '.baidu.com', 'expiry': 1579942111.159531, 'httpOnly': False, 'name':
'BDORZ', 'path': '/', 'secure': False, 'value': 'B490B5EBF6F3CD402E515D22BCDA1598'}
>{'domain': 'www.baidu.com', 'expiry': 1580719710, 'httpOnly': False, 'name':
'BD_UPN', 'path': '/', 'secure': False, 'value': '12314753'}
>{'domain': 'www.baidu.com', 'httpOnly': False, 'name': 'BD_HOME', 'path': '/',
'secure': False, 'value': '0'}
```

除了获取全部 Cookie，还可以通过 get_cookie 函数获取单个 Cookie，例如，以下代码获取并输出名为 BD_HOME 的 Cookie 内容。

```python
from selenium import webdriver

driver = webdriver.Chrome()
driver.get("https://www.baidu.com")

print(driver.get_cookie("BD_HOME"))
```

代码执行后的输出结果如下。

```
> {'domain': 'www.baidu.com', 'httpOnly': False, 'name': 'BD_HOME', 'path': '/',
'secure': False, 'value': '0'}
```

一般在测试登录的场景下，会验证 Cookie 的值是否符合预期。

5.3.2 新增和删除 Cookie

通过以下函数，可以新增 Cookie。

```
driver.add_cookie(cookie 对象)
```

其中，传入的 Cookie 对象中必须包含 name 和 value 两个属性，缺少其中任何一个都会添加失败。除了这两个必需的属性，还有 4 个可选属性，分别为 path、domain、secure、expiry，可根据需要填写。

接下来我们编写代码来添加 Cookie，代码如下。

```python
from selenium import webdriver

driver = webdriver.Chrome()
driver.get("https://www.baidu.com")

driver.add_cookie({'name': 'MockCookie', 'value': 'this is mock cookie!'})
```

执行代码后将打开百度首页，然后添加一个名为 MockCookie 的 Cookie，其值为 "this is mock cookie!"。

在打开的浏览器窗口中，打开调试工具，也可以看到本次添加的 Cookie，如图 5-7 所示。

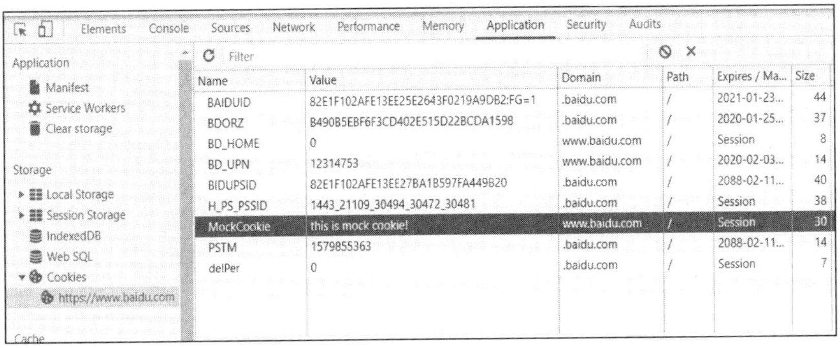

图 5-7 本次添加的 Cookie

另外一类操作则是删除 Cookie，一个是全部删除，一个是删除其中一个，这里就不多做演示了。

```
driver.delete_all_cookies()          #删除全部 Cookie
driver.delete_cookie(cookie 名称)    #按名称删除指定 Cookie
```

在自动化测试时，总有一些页面只有登录后才能访问。如果将自动化测试设计为先在登录页面执行操作，然后才访问这些页面并进行测试，步骤就会显得冗长，影响测试效果。由于用户登录后的身份信息通常会存放在 Cookie 中，因此可以将自动化测试设计为操作 Cookie 来模拟已登录状态，以避免在登录页面中执行操作。只需要直接清空所有现有 Cookie，然后直接添加已经登录后或拥有身份信息的 Cookie，就可以访问需要登录后才能进入的页面，示例代码如下。

```
driver.delete_all_cookies()
driver.add_cookie(自定义 Cookie1)
driver.add_cookie(自定义 Cookie2)
...
driver.refresh()
```

5.4 对浏览器窗口或元素截图

Selenium 还支持对浏览器窗口或元素截图。截图最常用的使用场景是在测试失败时，例如实际结果与预期结果不符的情况下截图，通过截图很容易定位测试失败的原因。

截图一共分为两种不同的范围，接下来将分别介绍。

5.4.1 对浏览器窗口截图

第一种是对浏览器截图。通过以下函数即可截图。

```
driver.save_screenshot(截图文件保存路径)
```

例如，以下代码打开百度首页，并将截图存放到 D:\baidu.png（代码中多了一条斜杠，用于转义）。

```
from selenium import webdriver

driver = webdriver.Chrome()
driver.get("https://www.baidu.com")

driver.save_screenshot("D:\\baidu.png")
```

代码执行后的截图如图 5-8 所示。

图 5-8　浏览器窗口截图

5.4.2　对元素截图

在某些时候，由于页面元素过于庞杂，如果只是全屏截图，可能无法在第一时间定位关键元素。Selenium 还支持对单一元素截图，具体函数如下。

```
webElement.screenshot(截图文件保存路径)
```

例如，以下代码打开百度首页，并将"百度一下"按钮的截图存放到 D:\button.png。

```
from selenium import webdriver
from selenium.webdriver.common.by import By

driver = webdriver.Chrome()
driver.get("https://www.baidu.com/")

driver.find_element(By.ID, "su").screenshot("D:\\button.png")
```

代码执行后的截图如图 5-9 所示。

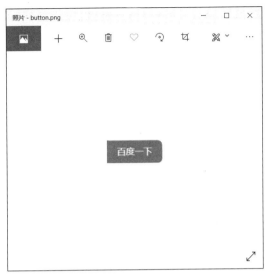

图 5-9　元素截图

5.5　为 Selenium 操作附加自定义事件

5.5.1　附加 WebDriver 级自定义事件

如果你想在执行 Selenium 操作时进行自定义的处理，可以使用 EventFiringWebDriver，它可以为各类操作添加事件。

要使用 EventFiringwebdriver，需要先从 selenium.webdriver.support.event_firing_WebDriver 模块导入 EventFiringWebDriver 对象。

```
from selenium.webdriver.support.event_firing_webdriver import EventFiringWebDriver
```

EventFiringWebDriver 对象的构造函数包含两个参数。

```
EventFiringWebDriver(WebDriver 实例, AbstractEventListener 实例)
```

AbstractEventListener 是一个抽象类，要使用 EventFiringWebDriver，还需要设定自定义事件监听器类。该类必须继承并实现 Selenium 中的 AbstractEventListener 类（无须全部实现，部分实现也可以），代码如下所示。然后实例化自定义监听器类并传入 EventFiring WebDriver。

```
class MyListener(AbstractEventListener):
    def before_navigate_to(self, url, driver):
        print("Before navigate to %s" % url)
    def after_navigate_to(self, url, driver):
        print("After navigate to %s" % url)
...
```

在 AbstractEventListener 类中定义的各个事件函数，具体的使用方法如表 5-3 所示。

表 5-3 `AbstractEventListener` 类支持的各个事件函数

类别	函数名称	参数	作用
浏览器级事件	`before_navigate_to(self, url, driver)`	url 表示要跳转到的目标 URL，driver 表示当前 WebDriver 实例	导航前事件，定义页面在发生跳转前需要执行的代码
	`after_navigate_to(self, url, driver)`	url 表示要跳转到的目标 URL，driver 表示当前 WebDriver 实例	导航后事件，定义页面在发生跳转后需要执行的代码
	`before_navigate_back(self, driver)`	driver 表示当前 WebDriver 实例	浏览器后退前事件，定义浏览器在执行后退操作前需要执行的代码
	`after_navigate_back(self, driver)`	driver 表示当前 WebDriver 实例	浏览器后退前事件，定义浏览器在执行后退操作后需要执行的代码
	`before_navigate_forward(self, driver)`	driver 表示当前 WebDriver 实例	浏览器前进前事件，定义浏览器在执行前进操作前需要执行的代码
	`after_navigate_forward(self, driver)`	driver 表示当前 WebDriver 实例	浏览器前进前事件，定义浏览器在执行前进操作后需要执行的代码
	`before_close(self, driver)`	driver 表示当前 WebDriver 实例	浏览器关闭前事件，定义浏览器在执行关闭操作前需要执行的代码
	`after_close(self, driver)`	driver 表示当前 WebDriver 实例	浏览器关闭后事件，定义浏览器在执行关闭操作后需要执行的代码
元素级事件	`before_find(self, by, value, driver)`	by 表示当前使用的查找条件类型，value 表示当前使用的查找值，driver 表示当前 WebDriver 实例	查找元素前事件，定义 Selenium 在查找元素前需要执行的代码
	`after_find(self, by, value, driver)`	by 表示当前使用的查找条件类型，value 表示当前使用的查找值，driver 表示当前 WebDriver 实例	找到元素后事件，定义 Selenium 在找到元素后需要执行的代码
	`before_click(self, element, driver)`	element 表示要操作的元素，driver 表示当前 WebDriver 实例	单击元素前事件，定义 Selenium 在单击元素前需要执行的代码
	`after_click(self, element, driver)`	element 表示要操作的元素，driver 表示当前 WebDriver 实例	单击元素后事件，定义 Selenium 在单击元素后需要执行的代码
	`before_change_value_of(self, element, driver)`	element 表示要操作的元素，driver 表示当前 WebDriver 实例	元素值变更前事件，定义 Selenium 更改元素的值前需要执行的代码
	`after_change_value_of(self, element, driver)`	element 表示要操作的元素，driver 表示当前 WebDriver 实例	元素值变更后事件，定义 Selenium 更改元素的值后需要执行的代码
脚本级事件	`before_execute_script(self, script, driver)`	script 表示要执行的脚本，driver 表示当前 WebDriver 实例	脚本执行前事件，定义脚本执行前需要执行的代码
	`after_execute_script(self, script, driver)`	script 表示要执行的脚本，driver 表示当前 WebDriver 实例	脚本执行后事件，定义脚本执行后需要执行的代码
异常或退出事件	`on_exception(self, exception, driver)`	exception 表示抛出的异常，driver 表示当前 WebDriver 实例	异常事件，定义在使用 Selenium 操作发生异常时需要执行的代码
	`before_quit(self, driver)`	driver 表示当前 WebDriver 实例	WebDriver 退出会话前事件，定义在 WebDriver 退出会话前需要执行的代码
	`after_quit(self, driver)`	driver 表示当前 WebDriver 实例	WebDriver 退出会话后事件，定义在 WebDriver 退出会话后需要执行的代码

5.5 为 Selenium 操作附加自定义事件

活用这些事件，就可以实现之前提到的自定义处理。

假设现在要执行以下操作：打开百度页面，在搜索文本框中输入"hello world"，然后单击"百度一下"按钮，再故意产生一个异常。而这些操作都要触发一些自定义处理。

- 在执行打开网页的操作时，需要分别记录打开前和打开后的 URL 地址。
- 在查找某个页面元素时，查找之前和之后都需要记录查找条件。
- 在对页面元素进行单击操作时，单击前需要记录元素的查找条件，单击后记录 URL 地址。
- 在对页面元素的值进行更改时，需要分别记录更改前的值和更改后的值。
- 在发生异常时，需要进行截图，把截图保存至 D:\，命名取当前日期。

要实现这些自定义处理，需要的代码如下。

```python
from selenium import webdriver
from selenium.webdriver.common.by import By
from selenium.webdriver.support.abstract_event_listener import AbstractEventListener
from selenium.webdriver.support.event_firing_webdriver import EventFiringWebDriver

class MyCustomListener(AbstractEventListener):
    def before_navigate_to(self, url, driver):
        print("页面在发生跳转前的URL为", driver.current_url)

    def after_navigate_to(self, url, driver):
        print("页面在发生跳转后的URL为", driver.current_url)

    def before_find(self, by, value, driver):
        print("查找元素时的条件为", by, value)

    def after_find(self, by, value, driver):
        print("找到元素，其条件为", by, value)

    def before_click(self, element, driver):
        print("要单击的页面元素为", element.get_attribute("value"))

    def before_click(self, element, driver):
        print("单击页面元素后的URL为", driver.current_url)

    def before_change_value_of(self, element, driver):
        print("更改前的值为", element.get_attribute("value"))

    def after_change_value_of(self, element, driver):
        print("更改后的值为", element.get_attribute("value"))

    def on_exception(self, exception, driver):
        driver.save_screenshot("D:\\error.png")
        print("发生异常", exception)
        print("截图已保存,地址为 D:\\error.png")

driver = webdriver.Chrome()
```

```
eventDriver = EventFiringWebDriver(driver, MyCustomListener())

eventDriver.get("https://www.baidu.com/")

eventDriver.find_element(By.ID, "kw").send_keys("hello world")
eventDriver.find_element(By.ID, "su").click()
eventDriver.find_element(By.ID, "XXXXXX")    # 故意制造异常
```

代码执行后输出的结果如下:

```
>页面在发生跳转前的 URL 为 data:,
>页面在发生跳转后的 URL 为 https://www.baidu.com/
>查找元素时的条件为 id kw
>找到元素,其条件为 id kw
>更改前的值为
>更改后的值为 hello world
>查找元素时的条件为 id su
>找到元素,其条件为 id su
>单击页面元素后的 URL 为 https://www.baidu.com/s?ie=utf-8&f=8&rsv_bp=1&rsv_idx=1&tn=baidu&wd=hello%20world&oq=hello%2520world
>查找元素时的条件为 id XXXXXX
>发生异常 Message:no such element: Unable to locate element: {"method":"css selector","selector":"[id="XXXXXX"]"}
>截图已保存,地址为 D:\error.png
```

5.5.2 附加元素级自定义事件

通过以上方式,会在所有的操作上都附加事件,然而实际使用时我们可能只需要追踪几个重点元素,而不是整个 WebDriver,此时就可以附加元素级自定义事件,使用 EventFiringWebElement。

要使用 EventFiringWebElement,需要从 selenium.webdriver.support.event_firing_webdriver 模块导入 EventFiringWebElement 对象。

```
from selenium.webdriver.support.event_firing_webdriver import EventFiringWebElement
```

EventFiringwebdriver 对象的构造函数包含两个参数。

```
EventFiringWebElement(WebElement 实例, EventFiringWebDriver 实例)
```

接下来编写示例代码,还使用上一节中定义的 MyCustomListener,只是后续操作代码发生变化。

```
...
from selenium.webdriver.support.event_firing_WebDriver import EventFiringWebDriver, EventFiringWebElement

class MyCustomListener(AbstractEventListener):
    ...

driver = webdriver.Chrome()
# 不追踪 WebDriver 操作和搜索文本框的操作
driver.get("https://www.baidu.com/")
driver.find_element(By.ID, "kw").send_keys("hello world")
```

```
# 追踪搜索按钮的操作
eventDriver = EventFiringWebDriver(driver, MyCustomListener())
search_btn = EventFiringWebElement(driver.find_element(By.ID, "su"), eventDriver)
search_btn.click()
```

代码执行后输出结果如下，可以看到这次只追踪了搜索按钮的操作，只触发操作搜索按钮的相关自定义事件。

> 单击页面元素对应的 URL 为 https://www.baidu.com/s?ie=utf-8&f=8&rsv_bp=1&rsv_idx= 1&tn = baidu&wd= hello%20world&oq=hello%2520world

5.6 浏览器启动参数设置

在创建 WebDriver 实例时，可以配置它的启动参数以进行一些初始设置。这些设置将会在 WebDriver 的整个生命周期内生效。

启动参数通过各个类型的构造函数传入。对于不同类型的浏览器，WebDriver 传入的参数并不相同（但主要几个参数是一样的）。本章将主要以 Chrome 为例，介绍各个启动参数的作用。

5.6.1 WebDriver 实例化参数

在之前的示例中，实例化 WebDriver 时并没有设置任何参数。

```
driver = webdriver.Chrome()
```

但实际上，该构造函数支持传入多个参数，这些参数都是可选参数，它们的默认值如下。

```
driver = webdriver.Chrome(executable_path='chromedriver', port=0, options=None, service_args=None, desired_capabilities=None, service_log_path=None, chrome_options=None, keep_alive=True)
```

接下来详细介绍这些参数的含义。

1. 浏览器设置参数

关于浏览器设置，对应的参数如下。

- `options`：启动选项（`Options` 对象通常位于各浏览器的 `WebDriver` 模块下，例如 `from selenium.webdriver.{浏览器名称}.options import Options`），请优先使用 `options` 参数来设置浏览器（`options` 基于 `capabilities`，在实例化某个浏览器的 `Options` 对象时会自动写入该浏览器预设的 `capabilities`）。
- `desired_capabilities`：类似于 `options`（`options` 基于 `capabilities`），主要在早期版本的 Selenium 中使用，现在推荐使用 `options` 参数，只有在实例化 `RemoteWebDriver`（远程运行系统不定或浏览器不定）时，才使用 `desired_capabilities`，后续几章在

介绍 Selenium Grid 时再详细说明。
- `chrome_options`：完全等同于 `options` 参数，该参数是早期版本 Selenium 使用的参数，现在的版本已不推荐使用。

这 3 个参数很容易让人疑惑，但如果查看 Selenium 源码就能很快明白它们之间的关系。相关源码如下。

```
if chrome_options:
    warnings.warn('use options instead of chrome_options',
                  DeprecationWarning, stacklevel=2)
    options = chrome_options

if options is None:
    if desired_capabilities is None:
        desired_capabilities = self.create_options().to_capabilities()
else:
    if desired_capabilities is None:
        desired_capabilities = options.to_capabilities()
    else:
        desired_capabilities.update(options.to_capabilities())
```

可以看到，`chrome_options` 在源码中有一句警告，表示请使用 `options` 来代替 `chrome_options`。最后实际上 `chrome_options` 赋值给了 `options`，两者完全等同。接下来是关于 `desired_capabilities` 的处理，可以看到在 `desired_capabilities` 为空时，会将 `options` 转换为 `desired_capabilities`。如果已有 `desired_capabilities`，则合并 `options`。

2. 浏览器驱动程序设置参数

关于浏览器驱动程序设置，对应的参数如下。
- `executable_path`：浏览器驱动程序路径。如果没有指定，则默认使用环境变量 `PATH` 中设置的路径。
- `service_args`：浏览器驱动程序的参数。浏览器驱动程序不同，参数也有可能不同。对于 `chromedriver`，可以通过 `chromedriver --help` 命令查看驱动程序支持的参数，如图 5-10 所示，其他驱动程序也使用类似的命令查看。
- `port`：驱动程序启用的端口号，如果不填写，则自动使用任意闲置的端口号。
- `service_log_path`：驱动程序存放日志文件的地址。

`port` 参数和 `service_log_path` 参数与 `chromedriver` 命令中的 `--port` 参数和 `--log-path` 参数看上去也容易让人疑惑，但如果查看 Selenium 源码，也不难发现它们之间的关系。

下面是与 `service_log_path` 有关的 Selenium 源码。

```
def __init__(self, executable_path, port=0, service_args=None,
             log_path=None, env=None):
```

```
    ...
    if log_path:
        self.service_args.append('--log-path=%s' % log_path)
```

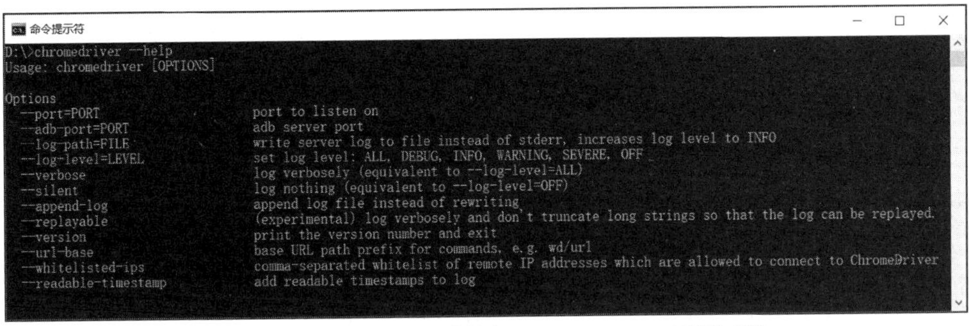

图 5-10 Chrome 浏览器驱动程序 chromedriver 支持的参数

可以看出，`service_log_path` 参数完全等同于 `chromedriver` 命令中的 `--log-path` 参数。

下面是与 `port` 参数有关的 Selenium 源码。

```
def command_line_args(self):
    return ["--port=%d" % self.port] + self.service_args
```

可以看出，`port` 参数完全等同于 `chromedriver` 命令中的 `--port` 参数。

3. Selenium 与浏览器驱动程序的连接参数

关于 Selenium 与浏览器驱动程序的连接，对应的参数。keep_alive 表示在与 ChromeDriver 进行连接时，是否带上 HTTP 请求头 Connection: keep-alive，即是否使用长连接。（该参数为布尔类型，默认值为 True）。

4. 参数设置案例

通过这些参数，可以对 WebDriver 启动进行一些控制。例如，以下代码设置了 WebDriver 启动时的 options、executable_path、service_args、prot、service_log_path 等参数。

```
from selenium import webdriver
from selenium.webdriver.chrome.options import Options

#设置启动参数，令浏览器窗口大小为1280*720
customOptions = Options()
customOptions.add_argument('--window-size=1280,720')

driver = webdriver.Chrome(options=customOptions,
    executable_path="D:\AllBrowserDrivers\chromedriver.exe",
    service_args=["--verbose=ALL"],
```

```
            port=9999,
            service_log_path="D:\WebDriverLogs\ChromeDriverlog.log")
```

5.6.2 WebDriver 启动选项设置

在以上参数中，相对复杂的是 `options` 参数，即启动选项设置参数。通过该参数，可以对浏览器加载时的初始行为进行精准控制。

对于不同的浏览器，这些启动选项可能有所区别。接下来以 Chrome 为例，介绍最常用的几个启动选项设置。

要设置 `options` 参数，需要从对应浏览器的模块导入 `Options` 对象，例如，对于 Chrome，导入方式如下。

```
from selenium.webdriver.chrome.options import Options
```

1. 浏览器路径及运行方式设置

如果浏览器没有安装在默认路径下，或者没有使用常规方式安装，则需要指定浏览器路径才能运行，设置方式如下。

```
customOptions.binary_location="浏览器.exe 路径"
```

除此以外，目前几个主流浏览器都支持无界面运行，即没有浏览器窗口，这样可以大幅提升运行效率。具体设置方式如下。

```
customOptions.headless = True
```

以上设置示例的代码如下。

```
from selenium import webdriver
from selenium.webdriver.chrome.options import Options

customOptions = Options()
customOptions.binary_location = r"C:\Users\realzhao\AppData\Local\Google\Chrome\Application\chrome.exe"
customOptions.headless = True
driver = webdriver.Chrome(options=customOptions)
```

2. `argument` 设置

`Options` 对象支持的第一类启动选项是 `argument`，使用它来定义浏览器启动时的选项，添加方式如下。

```
customOptions.add_argument("选项名称=选项值")
```

最常用的选项有以下几种。

- ❏ `--user-agent="客户端代理类型"`：设置请求头的 `User-Agent`，多用于响应式站点或根据 `User-Agent` 判断是否移动设备而返回不同网页的场景。
- ❏ `--window-size=宽度值,高度值`：设置浏览器的默认窗口大小。
- ❏ `--headless`：无界面运行（无窗口），通常用于远程运行，在本地也可加上该参数，提升运行效率。

- `--start-maximized`：设置浏览器默认以最大化窗口运行。
- `--incognito`：设置浏览器以隐身模式（无痕模式）运行。
- `--disable-javascript`：禁用 JavaScript 代码运行。
- `--disable-infobars`：禁用浏览器正在被自动化程序控制的提示。

接下来仍然以百度网站为例，使用`--user-agent`模拟手机信息，以便访问移动版百度首页。具体代码如下。

```
from selenium import webdriver
from selenium.webdriver.chrome.options import Options

customOptions = Options()
customOptions.add_argument('--window-size=480,800')
customOptions.add_argument('--user-agent=Mozilla/5.0 (iPhone; CPU iPhone OS 11_0 like Mac OS X) AppleWebKit/604.1.38 (KHTML, like Gecko) Version/11.0 Mobile/15A372 Safari/604.1')

driver = webdriver.Chrome(options=customOptions)
driver.get("https://www.baidu.com")
```

上述代码模拟了通过 iPhone 上的 Safari 浏览器访问百度首页，因此返回的页面为手机版的百度首页，窗口大小设置为 800×480，以便以合适的比例呈现页面。代码执行后的页面如图 5-11 所示。

图 5-11　手机版百度首页

Chrome 支持的启动选项不止以上几个，可以在百度搜索"List of Chromium Command Line Switches"，查看全部选项，这里不再赘述。

3. **extension** 设置

`Options` 对象支持的第二类启动选项是 `extension`，使用它可以为浏览器添加扩展插件。这是 Chrome 浏览器的专用设定，使用方式有两种。

```
customOptions.add_extension("Chrome插件.crx 文件路径")
```

```
customOptions.add_encoded_extension("Chrome 插件文件经过 Base64 编码的字符串")
```

例如，可以使用以下方式向 Chrome 添加插件。

```
from selenium import webdriver
from selenium.webdriver.chrome.options import Options

customOptions = Options()
customOptions.add_extension("D:\\Quick-QR-Code-Generator_v6.16.crx")

driver = webdriver.Chrome(options=customOptions)
```

4. 其他设置

`capabilities` 可以在实例化 WebDriver 时设置，也可以在 `Options` 对象中设置，调用以下函数即可。

```
customOptions.set_capability("名称", "值")
```

5.7 通过 JavaScript 执行器进行深度操作

虽然 Selenium 支持非常丰富的操作，但还是会遇到极少数无法处理的场景。此时可能需要使用 JavaScript 执行器来扩展 Selenium。

通过 JavaScript 执行器，Selenium 会向浏览器注入 JavaScript 脚本并执行它们，以实现额外的功能。这很像在 Chrome 浏览器中按 F12 键，在弹出的窗口的 Console 标签页中输入 JavaScript 脚本，脚本就会在浏览器中执行，如图 5-12 所示。

图 5-12 Chrome 浏览器中的 Console 标签页

执行 JavaScript 脚本非常简单，只需调用以下函数即可。

```
webdriver.execute_script("JavaScript 脚本", 自定义参数集（可选）) #执行同步脚本
```

5.7 通过 JavaScript 执行器进行深度操作

```
webdriver.execute_async_script("JavaScript 脚本", 自定义参数集（可选）) #执行异步脚本
```

实际上，将传入的 JavaScript 脚本以匿名函数的方式在浏览器中执行，以上脚本类似于以下代码。

```
var anonymous = function () {
    Selenium 传入的 JavaScript 脚本...
};
anonymous();
```

5.7.1 执行同步脚本——返回值与类型转换

`execute_script` 函数的返回值类型会随 JavaScript 脚本返回值动态改变。接下来，编写代码，查看当 JavaScript 脚本返回值为不同类型时，`execute_script` 函数的返回值会如何变化。

```python
from selenium import webdriver

driver = webdriver.Chrome()
driver.get("https://www.baidu.com")

print("------返回值为 None 的情况------")
print("脚本没有返回值的情况下，函数返回值为", driver.execute_script("var testvar = 1;"))
print("脚本返回值为 null 的情况下，函数返回值为", driver.execute_script("return null;"))
print("脚本返回值为 undefined 的情况下,函数返回值为", driver.execute_script("return undefined;"))
print("脚本返回值为 NaN 的情况下，函数返回值为", driver.execute_script("return NaN;"))
print("脚本产生异常的情况下，函数返回值为", driver.execute_script("1/0;"))

print("------返回值为基础类型的情况------")
boolValue = driver.execute_script("return true;")
print("当脚本返回值为 boolean 时，函数返回值类型为{0}，示例值为{1}".format(type(boolValue), boolValue))
intValue = driver.execute_script("return 1;")
print("当脚本返回值为 int 时，函数返回值类型为{0}，示例值为{1}".format(type(intValue), intValue))
floatValue = driver.execute_script("return 1.1;")
print("当脚本返回值为 float 时，函数返回值类型为{0}，示例值为{1}".format(type(floatValue), floatValue))
stringValue = driver.execute_script("return 'hello world';")
print("当脚本返回值为 string 时，函数返回值类型为{0}，示例值为: {1}".format(type(stringValue), stringValue))

print("------返回值为引用类型的情况------")
arrayValue = driver.execute_script("return [1,2,3,4];")
print("当脚本返回值为 array 时，函数返回值类型为{0}，示例值为{1}".format(type(arrayValue), arrayValue))
objectValue = driver.execute_script("return {a:1,b:2,c:'cc'};")
print("当脚本返回值为 object 时，函数返回值类型为{0}，示例值为{1}".format(type(objectValue), objectValue))
functionValue = driver.execute_script("return function(){};")
```

```
print("当脚本返回值为 function 时，函数返回值类型为{0}，示例值为{1}".format(type(functionValue),
functionValue))

print("------返回值为 HTML 元素的情况------")
elementValue = driver.execute_script("return document.getElementById('kw')")
print("当脚本返回值为 HTML 元素时，函数返回值类型为{0}".format(type(elementValue)))
elementValue.send_keys("hello world")
```

代码执行后的输出结果如下，同时会在百度首页的关键字文本框中输入"hello world"。

```
>------返回值为 None 的情况------
>脚本没有返回值的情况下，函数返回值为 None
>脚本返回值为 null 的情况下，函数返回值为 None
>脚本返回值为 undefined 的情况下，函数返回值为 None
>脚本返回值为 NaN 的情况下，函数返回值为 None
>脚本产生异常的情况下，函数返回值为 None
>------返回值为基础类型的情况------
>当脚本返回值为 boolean 时，函数返回值类型为<class 'bool'>，示例值为 True
>当脚本返回值为 int 时，函数返回值类型为<class 'int'>，示例值为 1
>当脚本返回值为 float 时，函数返回值类型为<class 'float'>，示例值为 1.1
>当脚本返回值为 string 时，函数返回值类型为<class 'str'>，示例值为 hello world
>------返回值为引用类型的情况------
>当脚本返回值为 array 时，函数返回值类型为<class 'list'>，示例值为[1, 2, 3, 4]
>当脚本返回值为 object 时，函数返回值类型为<class 'dict'>，示例值为{'a': 1, 'b': 2, 'c': 'cc'}
>当脚本返回值为 function 时，函数返回值类型为<class 'dict'>，示例值为{}
>------返回值为 HTML 元素的情况------
>当脚本返回值为 HTML 元素时，函数返回值类型为<class 'selenium.webdriver.remote.webelement.
WebElement'>
```

注意：一般来说，不建议通过 JavaScript 来执行 Selenium 已经支持的功能。Selenium 已有功能比 JavaScript 更完善，例如在操作元素、获取元素的值等方面，都会有更全面的验证机制（例如判断元素是否存在、是否不为 0、是否处于可操作性状态等），完全没有必要使用 JavaScript 执行器来做这些操作。对于某些 Selenium 会判定为不可操作的元素，因为 JavaScript 没有验证机制所以会照样操作，所以会出现非正常的测试结果。不过，JavaScript 也支持操作元素，例如以下代码在百度首页搜索"hello world"，但这种做法毫无必要而且会带来风险。

```
from selenium import webdriver

driver = webdriver.Chrome()
driver.get("https://www.baidu.com")

driver.execute_script("document.getElementById('kw').value='hello world'; document.getElementById('su').click()")
```

5.7.2　执行同步脚本——传入参数

execute_script 函数还支持输入参数，然后在 JavaScript 脚本中通过 arguments[0]、

arguments[1]等使用这些参数。

参数的类型没有限制，参数类型转换和返回值类型转换的规则一致。只不过返回值转换是从 JavaScript 类型转换到 Python 类型，而对于输入参数来说，是从 Python 类型转换到 JavaScript 类型，路径相反而已。

接下来编写代码，说明如何使用参数，代码如下。

```
from selenium import webdriver
from selenium.webdriver.common.by import By

driver = webdriver.Chrome()
driver.get("https://www.baidu.com")

keyword = "hello world";
baiduSearchInput = driver.find_element(By.ID, "kw")
baiduSearchInput.send_keys(keyword)
driver.find_element(By.ID, "su").click()

driver.execute_script("console.log('搜索关键字为' + arguments[0] + ',当前百度搜索框的内容为' + arguments[1].value);", keyword, baiduSearchInput)
```

在本例中，我们先在百度首页搜索了"hello world"关键字，然后使用 JavaScript 执行器执行脚本。但这次传入了两个参数，一个是字符串类型，即"hello world"关键字，一个是 WebElement 类型，即百度搜索框。

脚本将会使用这两个参数，根据之前提到的转换规则，Python 字符串在转换为参数时会转换为 JavaScript 字符串，而 WebElement 类型在传入参数后会变为 HTML 元素类型，因此可以通过 JavaScript 继续操作。脚本执行时，会将参数 1（字符串）与参数 2（HTML 元素）的 value 属性连接在一起，在浏览器控制台中输出如下文本。

```
>搜索关键字为hello world,当前百度搜索框的内容为hello world
```

5.7.3　执行同步脚本——复杂案例：引入 JavaScript 库处理 HTML5 拖曳

之前讲解过通过 ActionChains 实现拖曳的案例，但也提到过，ActionChains 无法处理 HTML5 原生的拖曳设定。通过 JavaScript 执行器，可以处理这类难题。

首先，需要编写测试页面，该页面将完全使用 HTML5 原生支持的拖曳功能，页面代码如下。

```
<html>
<head>
<style type="text/css">
    #div1 {
        width: 300px;
        height: 100px;
        padding: 10px;
```

```
            border: 1px solid #aaaaaa;
        }
</style>

<script type="text/javascript">
    function allowDrop(ev) {
        ev.preventDefault();
    }

    function drag(ev) {
        ev.dataTransfer.setData("Text", ev.target.id);
    }

    function drop(ev) {
        ev.preventDefault();
        var data = ev.dataTransfer.getData("Text");
        ev.target.appendChild(document.getElementById(data));
        alert("图片放置成功");
    }

</script>
</head>
<body>
<p>请把图片拖放到方框中: </p>

<div id="div1" ondrop="drop(event)" ondragover="allowDrop(event)"></div>
<br />
<img id="drag1" src="https://cdn.ptpress.cn/pubcloud/3/app/0718A6B0/cover/20191204BD54009A.png" draggable="true" ondragstart="drag(event)" />
</body>
</html>
```

在浏览器中打开该页面,将显示图 5-13 所示内容。

现在可以根据提示,操作鼠标将图片放到方框中。当成功放到方框中时,将弹出提示"图片放置成功",如图 5-14 所示。

这里使用了 HTML5 的元素拖曳事件,因为目前 Selenium 的 ActionChains 尚不支持该事件,所以我们可以通过 JavaScript 来模拟拖曳动作。

要模拟拖曳动作,需要引入第三方 jQuery 库,同时还需要引入第三方模拟拖放 JavaScript 库。由于模拟拖放库基于 jQuery 库,因此必须严格按照先后顺序加载,只有 jQuery 完全加载后才能加载模拟拖放库。

图 5-13　测试页面内容

5.7 通过 JavaScript 执行器进行深度操作

图 5-14 图片放置成功

引用第三方库有两种方式。第一种引用方式是在网页中嵌入`<script>`标签，让`<script>`标签的`src`库指向第三方库。但由于浏览器加载`<script>`中的 JavaScript 时是异步加载的，因此用这种方式引用外部库时，必须要等待库加载完毕才能执行下一步操作。第一种方式的代码如下。

```
from selenium import webdriver
from selenium.webdriver.support.wait import WebDriverWait


driver = webdriver.Chrome()
driver.get("D:\\testDragAndDropHTML5.html")

injectJSTemplate = "var injectionScript =document.createElement('script');injectionScript.src = arguments[0];document.getElementsByTagName('head')[0].appendChild(injectionScript);"

#引入jQuery库，通过创建<script>标签的方式引用
jQueryLibPath = "https://cdn.bootcss.com/jquery/3.2.1/jquery.min.js"
driver.execute_script(injectJSTemplate, jQueryLibPath)

#等待jQuery库加载完毕
WebDriverWait(driver, 10).until(lambda d: d.execute_script("return typeof(jQuery)!='undefined';"))

#引入模拟拖放操作库
dndLibPath = "http://blog-static.cnblogs.com/files/realdigit/drag_and_drop_helper.js"
driver.execute_script(injectJSTemplate, dndLibPath)

#等待模拟拖放库加载完毕
WebDriverWait(driver, 10).until(lambda d: d.execute_script("return typeof(drag_and_drop_loaded)!='undefined';"))
#执行拖放操作
driver.execute_script("$('#drag1').simulateDragDrop({ dropTarget: '#div1'});")
```

代码执行后，将会打开测试页面，然后拖动图片到方框中，"图片放置成功"提示成功弹出。

第二种引用方式是直接加载并执行第三方库的内容,这种方式属于同步加载,因此不需要在引用各个 JavaScript 库时等待加载完毕。整体而言,第二种方式比第一种方式简洁。第二种方式的代码如下,它也能够成功引入第三方库并拖放图片。

```python
from selenium import webdriver
import urllib.request

driver = webdriver.Chrome()
driver.get("D:\\testDragAndDropHTML5.html")

#引入 jQuery 库,通过直接读取文件并运行的方式引用
jQueryLibPath = "https://cdn.bootcss.com/jquery/3.2.1/jquery.min.js"
with urllib.request.urlopen(jQueryLibPath) as response:
    dnd_all_javascript = response.read().decode('utf-8')
driver.execute_script(dnd_all_javascript)

#引入模拟拖放操作库
dndLibPath = "http://blog-static.cnblogs.com/files/realdigit/drag_and_drop_helper.js"
with urllib.request.urlopen(dndLibPath) as response:
    dnd_all_javascript = response.read().decode('utf-8')
driver.execute_script(dnd_all_javascript)

#执行拖放操作
driver.execute_script("$('#drag1').simulateDragDrop({ dropTarget: '#div1'});")
```

注意:引入外部 JavaScript 库可能会对现有功能造成影响,例如造成变量或函数名称冲突,原型被意外修改等,导致网站功能异常,因此引入之前需要仔细评估该库对网站的影响。

5.7.4 执行异步脚本

JavaScript 执行器还支持执行异步脚本,只需使用 `execute_async_script` 函数即可。需要注意的是,在使用该函数时,虽然 JavaScript 是异步处理的,但是 Selenium 脚本是同步执行的。如果 Selenium 回调函数没有执行,那么 `execute_async_script` 函数会处于阻塞状态,只有 Selenium 回调函数执行后才会执行下一行代码。

注意,上面说的是 Selenium 回调函数,不是 JavaScript 回调函数。

我们需要先要把 Selenium 回调函数传到 JavaScript 脚本中,才能通过 JavaScript 触发回调,这种传递是以固定格式进行的,因此用 `execute_async_script` 执行异步脚本时必须小心,需要以固定格式交互,否则无法正常执行。

这种固定格式主要体现在要执行的 JavaScript 脚本中,它必须包含一个名为 `callback` 的变量,表示 Selenium 的回调函数。Selenium 会随时监测这个 `callback` 变量的状态。同时,相比同步脚本函数 `execute_script`,`execute_async_script` 函数在执行时会自

5.7 通过 JavaScript 执行器进行深度操作

动在最后多传入一个参数（因此在 JavaScript 中的获取方式为 `arguments[arguments.length - 1]`）。这个参数表示 Selenium 的回调函数。因此，在 JavaScript 中，必须用以下固定方式获取 Selenium 传入的回调函数。

```
var callback = arguments[arguments.length - 1];
```

上面的解释可能比较难理解，接下来使用代码进行说明。下面的代码执行了一段异步脚本，先以固定格式 `var callback = arguments[arguments.length - 1]`，将 Selenium 回调函数传递给 callback 变量，然后通过 setTimeout 在 5s 后异步执行并调用 Selenium 回调函数，并将字符串"这是返回值"传入函数。最后会输出脚本执行的返回值。

```
from selenium import webdriver

driver = webdriver.Chrome()
execResult = driver.execute_async_script("var callback = arguments[arguments.length - 1]; setTimeout(function () { callback('这是返回值');}, 5000)")
print(execResult)
```

代码执行后，会等待 5s，5s 后 Selenium 回调函数会成功执行，阻塞将会结束，输出结果如下。

```
>这是返回值
```

对于返回值的转换，`execute_script` 和 `execute_async_script` 函数的转换规则完全一致。

之前介绍了脚本级等待机制，其设置方式如下。

```
webdriver.set_script_timeout(最长等待秒数)
```

如果将脚本等待时间设置为 4s，然后再执行上面的异步脚本，会发生什么呢？

```
from selenium import webdriver

driver = webdriver.Chrome()
driver.set_script_timeout(4)
execResult = driver.execute_async_script("var callback = arguments[arguments.length - 1]; setTimeout(function () { callback('这是返回值');}, 5000)")
print(execResult)
```

执行以上代码，由于回调函数会在 5s 后调用，超过了最长等待时间，因此会抛出超时异常。

```
> selenium.common.exceptions.TimeoutException: Message: script timeout
```

一般来说，异步脚本会触发一个与之相关的 JavaScript 回调函数，而 Selenium 回调函数会放到这个 JavaScript 回调函数中，例如以下 jQuery 的 Ajax 调用方式。

```
from selenium import webdriver

driver = webdriver.Chrome()
execResult = driver.execute_async_script("var callback = arguments[arguments.length - 1];"
"$.ajax("
```

```
"    { url: '*****//xxx***/api/xxx',"
"      success: function(data){"
"        //一些代码..."
"        callback(data)"
"      }"
"    }"
");")
print(execResult)
```

代码执行后会触发 jQuery 的 Ajax 调用，然后在名为 success 的 JavaScript 回调函数中，执行 Selenium 回调函数，并传入 Ajax 调用的返回值。

第 6 章 Selenium Grid 的基本运用

Selenium Grid 是由一个 Hub（入口服务）及多个 Node（运行节点）组成的集群。该集群提供远程操作浏览器的服务，通过 Selenium Grid，能够在远程机器的浏览器上执行操作命令并返回执行结果。

在 Selenium Grid 中，需要由一台机器担当 Hub，作为整个 Selenium Grid 集群的入口。在 Hub 上会注册一个或多个 Node，Node 负责执行具体的浏览器操作。WebDriver 语言绑定无须关注具体的 Node，只需要联系 Hub，由 Hub 自动分配具体要运行的 Node，并将 JSON 格式的操作命令发送到相应的 Node 上。

Selenium Grid 的远程运行原理如图 6-1 所示。

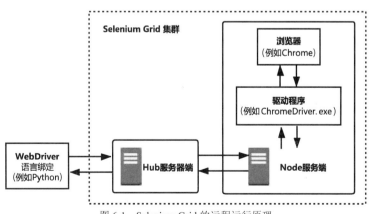

图 6-1　Selenium Grid 的远程运行原理

Selenium Grid 具有跨平台（支持 Windows、Linux、macOS、Android、iOS），支持在多台机器上并行运行测试的特性，并能集中管理不同的浏览器版本和浏览器配置（而不是在每个单独的测试中管理），如图 6-2 所示。

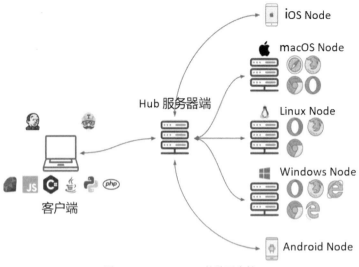

图 6-2　Selenium Grid 的跨平台性

6.1　Selenium Grid 各组件的部署

Selenium Grid 运行程序基于 Java 开发，在部署之前，需要先在各个计划作为 Hub 和 Node 的机器上配置好 JDK（或 JRE）。

JDK 的安装非常简单，只需在 Java 官网下载 JDK 安装程序并运行，默认一直单击"下一步"按钮即可。但注意，在安装结束后，需要新建 JAVA_HOME 环境变量，并将其配置到环境变量 PATH 中。在本例中，因为 JDK 安装路径为 C:\Program Files (x86)\Java\jdk-13.0.2，所以需要在"新建系统变量"对话框中输入环境变量名称"JAVA_HOME"，变量值为"C:\Program Files (x86)\Java\jdk-13.0.2"，如图 6-3 所示。

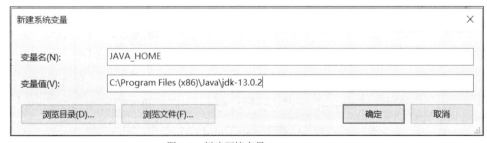

图 6-3　新建环境变量 JAVA_HOME

然后需要将"%JAVA_HOME%\bin"配置到环境变量 PATH 中，如图 6-4 所示。

准备工作完成后，就可以开始部署 Selenium Grid 的各个组件了。Selenium Grid 的 Hub 和 Node 都集成在一个 Jar 包中，只需访问 Selenium 官网，滑动到 Selenium Server (Grid)区域，选择对应的版本下载即可，如图 6-5 所示。

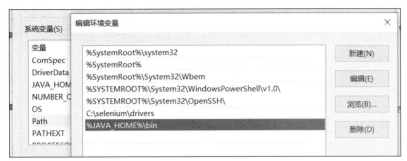

图 6-4　配置环境变量 PATH

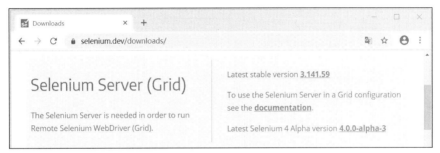

图 6-5　Selenium Grid Jar 包下载

下载的文件名为 selenium-server-standalone-版本号.jar（例如 selenium-server-standalone-3.141.59.jar），下载完毕后就可以开始部署了。

6.1.1　部署 Selenium Grid Hub

Hub 作为 Selenium Grid 的统一对外入口，需要优先进行配置，配置方式非常简单，在 Selenium Grid 压缩包所在文件夹下打开命令行窗口，运行以下命令即可。

```
java -jar selenium-server-standalone-版本号.jar -role hub
```

Hub 将默认占用 4444 端口，如果对端口有要求，可使用 -port 参数指定启用端口号，例如以下命令。

```
java -jar selenium-server-standalone-版本号.jar -role hub -port 端口号
```

本例中的命令为 `java -jar selenium-server-standalone-3.141.59.jar -role hub -port 5000`，执行结果如图 6-6 所示。

然后打开浏览器，输入 Hub 所在机器的"IP 地址:端口号"（在本例中，Hub 所在机器的 IP 地址为 192.168.164.1，因此访问 http://192.168.164.1:5000）就可以访问 Selenium Grid Hub，如图 6-7 所示。

单击 console 链接进入控制台页面，可以看到集群中目前没有 Node，页面显示空白内容，如图 6-8 所示。

第 6 章　Selenium Grid 的基本运用

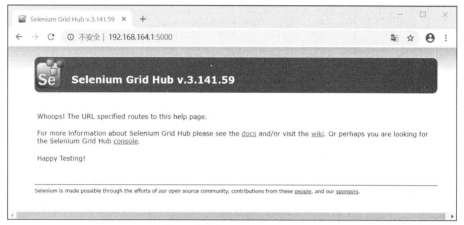

图 6-6　执行结果

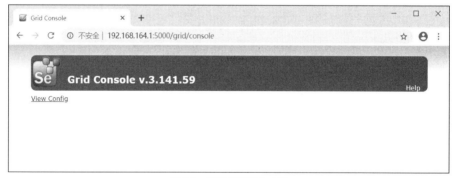

图 6-7　访问 Selenium Grid Hub

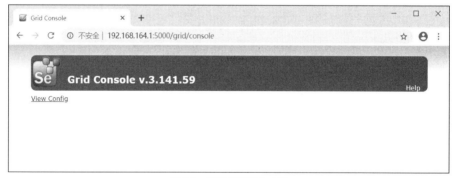

图 6-8　页面显示空白内容

Hub 部署到此结束，接下来需要向 Hub 注册 Node。

6.1.2　部署 Selenium Grid Node

Hub 部署好后，可以在另一台机器（也可以在同一台机器）部署 Node（在本例中使用的是另一台机器，地址为 192.168.164.101）。配置方式非常简单，在 jar 包目录打开命令行窗口，运行以下命令即可。

```
java -jar selenium-server-standalone-版本号.jar -role node -hub hub 地址
```

如果没有指定端口，Node 在启动时会随机启用一个闲置端口。如果对端口有要求，可以通过"-port 端口号"指定 Node 启用的端口。

在本例中，命令为 `java -jar selenium-server-standalone-3.141.59.jar -role node -port 32000 -hub http://192.168.164.1:5000`，执行结果如图 6-9 所示。

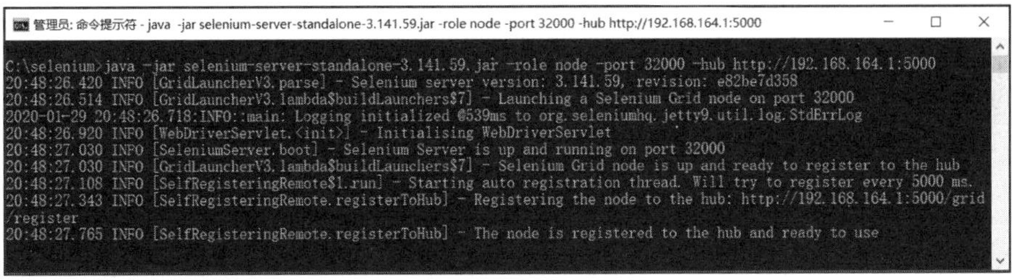

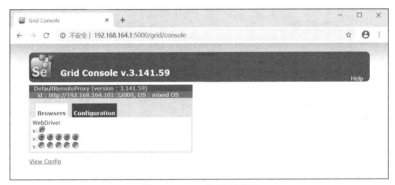

图 6-9　执行结果

现在，再次访问 Hub 的控制台页面（在本例中为 http://192.168.164.1:5000/grid/console），可以发现 Node 已成功注册并展示出来，如图 6-10 所示。

图 6-10　Hub 控制台页面

从图中可以看到，该 Node 的 WebDriver 有 1 个 IE 图标、5 个 Firefox 图标和 5 个 Chrome 图标，这表示该 Node 上最多可以运行 1 个 IE 浏览器实例、5 个 Firefox 浏览器实例和 5 个 Chrome 浏览器实例，这些是 Node 的默认配置。

注意：如果 Node 在远程机器上，需要先配置好浏览器驱动程序才能顺利使用。关于浏览器驱动程序的配置，参见 4.1.1 节。

Node 启动后，可以访问 Node 的页面（在本例中为 http://192.168.164.101:32000），然后单击 console 链接进入 Node 的控制台页面（见图 6-11）。可以看到当前正在启用的浏览器会话列表（目前暂时没有会话）。

使用相同的方式，可以注册多个 Node。现在我们分别在另外两台机器上部署 Node 并注册到 Hub 上。在本例中，共使用了 3 台机器，一台机器基于 Windows 10 系统（192.168.164.101），一台机器基于 Windows 7 系统（192.168.164.102），一台机器基于 Linux 系统（192.168.164.103），如图 6-12 所示。

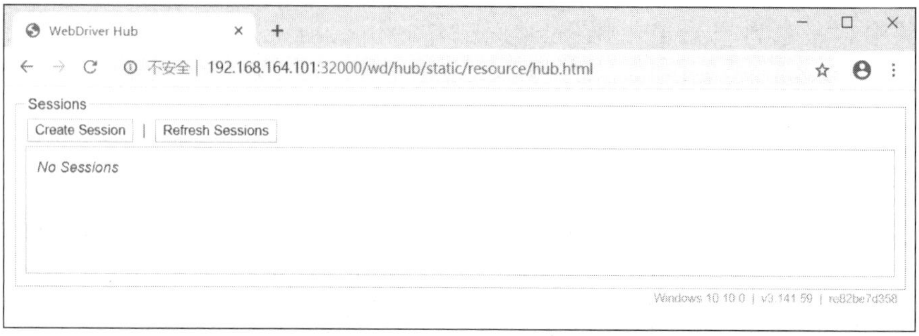

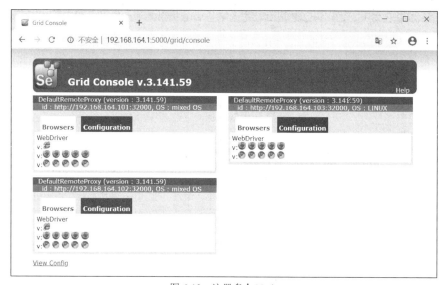

图 6-11　Node 的控制台页面

图 6-12　注册多个 Node

现在整个 Selenium 集群已经部署完毕。

6.2 在 Selenium Grid 上运行测试

和之前在本地运行代码不太一样，使用 Selenium Grid，是以"客户端-服务端"模式来执行代码的。编写的代码可以视为客户端，代码在本地执行，但执行 Selenium 的相关命令时，会调用 Selenium Grid 去操作浏览器，Selenium Grid 则是服务器端的角色。

现在来编写代码，在远程 Selenium Grid 上运行测试。

6.2.1　创建远程实例运行测试

远程 WebDriver 的实例化方式和之前略有不同，它要求必须至少传入两个参数，具体使用方式如下。

```
driver = webdriver.Remote("http://hub机器IP:端口号/wd/hub", desired_capabilities=设置)
```

第一个参数是 Selenium Grid 的 Hub 的地址。通过第二个参数既可以设置远程运行时 Node 服务器环境或浏览器必须满足的条件（Selenium 会在满足这些条件的 Node 上运行），又可以设置浏览器的部分功能。

现在，还是以百度搜索为例，编写以下代码，在 Selenium Grid 上运行测试。

```
from selenium import webdriver
from selenium.webdriver.common.by import By

nodeCondition = {
    "browserName": "chrome"
}

driver = webdriver.Remote("http://192.168.164.1:5000/wd/hub", desired_capabilities=nodeCondition)
driver.get("http://www.baidu.com")
driver.find_element(By.ID, "kw").send_keys("hello world")
driver.find_element(By.ID, "su").click()
driver.quit()
```

执行代码，将会连接到 Selenium Grid Hub 并运行远程实例。Selenium Grid Hub 会在现有的 Node 中寻找一台匹配 `desired_capabilities` 设置的 Node（目前这几个 Node 都匹配，Selenium Grid Hub 会选一个负载最小的 Node），在上面启动浏览器并进行操作，如图 6-13 所示。

图 6-13　在远程机上运行测试

6.2.2 远程实例管理

此时再查看 Hub 的控制台页面，可以看到有 1 个 Chrome 图标变成了浅色，表示这个名额已经被占用，最多还可以继续开启 4 个 Chrome 浏览器实例，如图 6-14 所示。

图 6-14　Hub 控制台页面的变化

如果查看 Node 的控制台页面，可以看到正在运行的浏览器会话，并可以截图（单击 Take Screenshot 按钮）、删除会话（单击 Delete Session 按钮）和加载自定义脚本（单击 Load Script 按钮），如图 6-15 所示。

图 6-15　Node 控制台的变化

如果该 Node 上的 5 个 Chrome 浏览器全部被占用，再次执行代码时会在有空闲 Chrome 名额的 Node 上操作。

如果要运行其他浏览器，只需要修改 `desired_capabilities` 设置即可，例如运行 Firefox 浏览器的代码如下。

```
nodeCondition = {
    "browserName": "firefox"
}
driver = webdriver.Remote("http://192.168.164.1:5000/wd/hub", desired_capabilities=
nodeCondition)
...
```

运行代码，Selenium Grid Hub 会自动在 Node 中挑选符合 `desired_capabilities` 条件的 Node，并在 Firefox 浏览器中进行操作。

6.2.3 独立模式

Selenium Grid 还支持以独立模式运行，无须分开配置 Hub 和 Node，只需一次配置，便可使 Selenium Grid 服务器端同时担当 Hub 与 Node 的角色。要使用独立模式，命令如下所示。

```
java -jar selenium-server-standalone-版本号.jar -role standalone -port 端口号
```

本例中的命令为 `java -jar selenium-server-standalone-3.141.59.jar -role standalone -port 5555`，运行开始后，就可以用"http://IP:端口号"（在本例中为 http://192.168.164.1:5555）访问 Selenium 界面了，如图 6-16 所示。

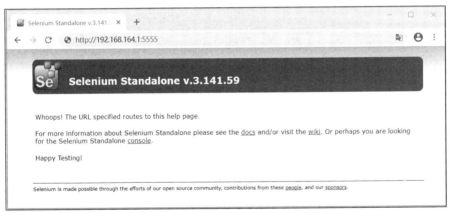

图 6-16　以独立模式运行的 Selenium 界面

无须再进行其他配置，以独立模式运行的 Selenium Grid 会同时担当 Hub 和 Node 的角色。直接编写代码，引用以独立模式运行的 Selenium Grid 地址，即可在上面运行。

```
driver = webdriver.Remote("http://192.168.164.1:5555/wd/hub", desired_capabilities=
nodeCondition)
...
```

第 7 章　Selenium Grid 的高级运用

Selenium Grid 不仅支持远程运行，还支持诸多高级运用方式，通过各种设定，可以实现非常灵活、满足不同需求的自定义功能。

7.1 Selenium Grid 详细参数设置

之前，我们用最简单的方式部署并使用了 Selenium Grid，但 Selenium Grid 还支持非常丰富的参数设置，活用这些参数将会给测试带来极大收益。

这些参数主要分为两类，一类是 Hub 或 Node 本身的功能参数，另一类是浏览器参数（capabilities）。一部分浏览器参数供 WebDriver 筛选匹配条件的 Node，另一部分用于设置浏览器实例提供的功能。我们先来简单直观地了解这两类参数。

启动 Selenium Grid Node 时，在 Hub 的控制台页面，可以看到 Node 拥有默认的启动状态（例如支持 1 个 IE、5 个 Firefox 或 5 个 Chrome 浏览器实例），如图 7-1 所示。

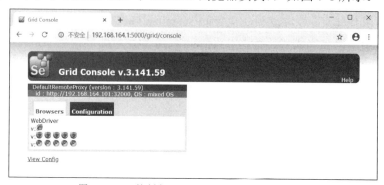

图 7-1　Hub 控制台下显示的 Node 的默认启动状态

7.1 Selenium Grid 详细参数设置

此时单击 Configuration 标签页，可以看到详细的设置，它们都是默认设置。图中矩形框中的内容属于浏览器的功能参数，其余部分属于 Node 的功能参数，如图 7-2 所示。

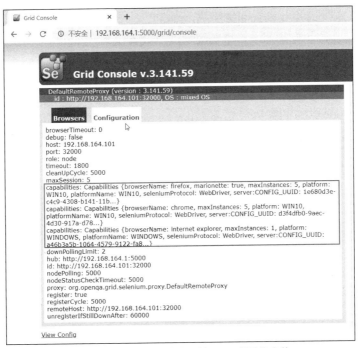

图 7-2　Configuration 标签页中 Node 的默认参数

单击页面左下角的 View Config 链接，可以看到 Hub 本身的功能参数，如图 7-3 所示。

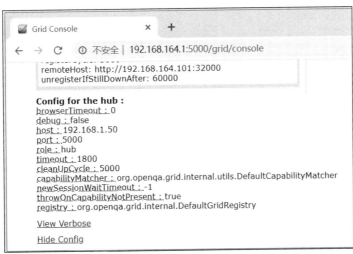

图 7-3　Hub 本身的功能参数

下一节介绍这两类参数。

7.1.1 Hub 与 Node 的功能参数设置

Hub 与 Node 本身的参数设置非常简单，日常使用中使用默认设置即可。如果对 Selenium Grid 有高可用或高度定制化的需求，则需要修改这些参数。

对 Selenium Grid 的 Jar 包运行带 `--help` 参数的命令，可以看到更详细的启动参数。

```
java -jar selenium-server-standalone-版本号.jar -role hub -help（hub 模式的启动参数）
java -jar selenium-server-standalone-版本号.jar -role node -help（node 模式的启动参数）
```

其中 Hub 和 Node 共有的参数参见表 7-1。

表 7-1　Hub 和 Node 共有的参数

参数分类	参数名称	取值范围	功能
启动参数	host	IP 地址，默认自动分配	一般来说保持自动分配即可。除非该机器有多张网卡或要求通过 VPN 转发等
	port	端口号，默认为 4444	服务器使用的端口号，默认为 4444
	role	服务类型，分为 hub、node 和 standalone	定义在 Selenium Grid 集群中的类型。Hub 和 Node 前面已经介绍过，standalone 表示不组建集群，只用单台机器远程运行
调试参数	debug	布尔值，默认值为 false	如果开启 debug，除了异常信息之外，所有级别为 LogLevel.FINE 的正常运行信息也将被输出到控制台（如果设置了 -log 参数，将记录到文件中）
	log	日志文件路径，可以为相对路径或绝对路径（例如 D:\gridlogs.log），默认值为空	日志记录路径。如果设置了该参数，原本输出到控制台的日志信息会转而存储到日志文件当中
会话限制	maxSession	整数，默认值为 5	每个 Node 的最大并发运行的会话数量（与浏览器类型无关）
超时设置	browserTimeout	整数，默认值为 0（单位是秒）	设置在浏览器中执行单个 WebDriver 命令时允许挂起的秒数。例如，执行 `driver.get(url)` 命令后挂起，可能由于浏览器崩溃或 Web 应用程序上的恶意 JavaScript，导致这条命令一直无法执行结束。如果 WebDriver 命令的执行时间超过设置时间，则会话将退出。超时时间的最小值是 60s。如果未指定，指定为零或负值，表示无限期等待。如果 Node 没有指定它，将使用 Hub 上设置的值
	timeout(sessionTimeout)	整数，默认值为 1800（单位是秒）	设置在同一会话中的两条 WebDriver 命令执行的最大间隔秒数。如果超过这个时间，可能由于客户端代码执行异常导致测试异常中断，Selenium Grid 无法接收到该会话的下一条 WebDriver 命令。如果 Node 没有指定它，将使用 Hub 上设置的值。需配合 cleanUpCycle 参数使用
	cleanUpCycle	整数，默认为 5000(单位为毫秒)	设置清理超时会话（例如，超过 timeout 参数设置的时间）的频率（单位为毫秒）。需配合 timeout 参数使用

Hub 特有的参数如表 7-2 所示。

7.1 Selenium Grid 详细参数设置

表 7-2 Hub 特有的参数

参数分类	参数名称	取值范围	功能
会话分配设置	throwOnCapabilityNotPresent	布尔值，默认值为 true	设置当集群中没有匹配 desired_capabilities 条件的 Node 时的处理方式。如果设置为 true，Selenium Grid 会拒绝请求，客户端会抛出异常；如果设置为 false，Selenium Grid 会将会话请求进行排队处理，并持续等待集群中注册匹配条件的 Node
会话分配设置	newSessionWaitTimeout	整数，默认值为 -1（单位是毫秒）	建立新会话时的超时时间。会话超时一般可能是由于 Node 失效，或者 Node 的并发数量已满，才会在创建 Session 时出现等待的情况。若未指定值，指定为零或负数表示无限期等待
自定义集群行为设置	matcher (capabilityMatcher)	类名，默认为 org.openqa.grid.internal.utils.DefaultCapabilityMatcher	类名，定义 WebDriver 如何通过 desired_capabilities 查找匹配的 Node，如果要编写自定义匹配方式，则需编写继承于 org.openqa.grid.internal.utils.CapabilityMatcher 的自定义类，然后填入该类的名称
自定义集群行为设置	prioritizer	类名，默认为空	类名，定义当会话请求过多超出最大并发数而排队时，谁优先执行的逻辑，要实现该功能，需要编写继承于 org.openqa.grid.internal.utils.prioritizer 的自定义类，然后填入该类的名称
自定义集群行为设置	registry	类名，默认为 org.openqa.grid.internal.DefaultGridRegistry	类名，定义 Grid 的注册行为，如果要编写自定义类，则需继承 org.openqa.grid.internal.GridRegistry

Node 特有的参数如表 7-3 所示。

表 7-3 Node 特有的参数

参数分类	参数名称	取值范围	功能
Node 注册参数	hub	Hub 的 URL 地址	设置注册的 Hub 地址
Node 注册参数	register	布尔值，默认值为 true	如果 Hub 变为不可用（例如 Hub 所在机器重启），表示是否自动定期向 Hub 尝试注册
Node 注册参数	registerCycle	整数，默认为 5000（单位是毫秒）	如果 register 参数为 true，表示每过多少毫秒自动向 Hub 注册
WebDriver 浏览器功能与匹配设置	Capabilities (browser)	WebDriver 浏览器参数设置，对于 Windows 系统，默认为 1 个 IE、5 个 Chrome 或 Firefox 浏览器实例	用逗号分隔的 Capability 参数列表，可以多次使用来设置多个浏览器的特性，例如 -capabilities browserName=firefox, platform=linux -capabilities browserName=chrome, platform=linux
WebDriver 浏览器功能与匹配设置	enablePlatformVerification	布尔值，默认值为 true	表示是否启用平台验证。当为 true 时，如果 desired_capabilities 中指定的 Platform 值与 Node 不相符，则不会在该 Node 上执行。当为 false 时，不验证
Node 检测参数	nodePolling	整数，默认为 5000（单位是毫秒）	这 4 个参数的功能是互相影响的。 .nodePolling：设置 Hub 对该 Node 进行心跳检测的频率。 .nodeStatusCheckTimeout：进行心跳检测时的超时时间（若超时则失败）。 .downPollingLimit：设置对 Node 进行心跳检测时连续多少次不成功，就将其标记为停机。 .unregisterIfStillDownAfter：设置节点停机多少毫秒后，便移除 Hub 中的注册信息
Node 检测参数	nodeStatusCheckTimeout	整数，默认为 5000（单位是毫秒）	
Node 检测参数	downPollingLimit	整数，默认为 2（单位是次）	
Node 检测参数	unregisterIfStillDownAfter	整数，默认为 60000（单位是毫秒）	

续表

参数分类	参数名称	取值范围	功能
其他参数	proxy	类名，默认为 org.openqa.grid.selenium.proxy.DefaultRemoteProxy	类名，定义 Node 的行为，如果要编写自定义类，则需继承 org.openqa.grid.internal.RemoteProxy
	id	字符串，默认为 Node 的 URL（例如，http://192.168.164.101: 32000）	用于标识 Node，一般无须设置
	remoteHost	字符串，默认为 Node 的 URL（例如，http://192.168.164.101: 32000）	汇报给 Hub 的 Node 地址，一般无须设置

然而，当参数过多时，命令显得过长，会降低可维护性和可读性，例如以下命令。

```
java -jar selenium-server-standalone-3.141.59.jar -role node -port 32000 -log "D:\nodelogs.log" -maxSession 20 -browserTimeout 60 -timeout 60  -hub http://192.168.164.1:5000 -capabilities "browserName=firefox,platform=win10" -capabilities "browserName=chrome,platform=win10"
```

当配置较多时，无须使用多个"-参数 参数值"的方式在命令行中配置，将所有参数配置以 JSON 格式写到文件中。对于 Hub，可以以"-hubConfig 配置路径"的方式设置；对于 Node，可以以"-nodeConfig 配置路径"的方式设置，例如以下命令。

```
java -jar selenium-server-standalone-版本号.jar -role hub -hubConfig "D:\hubconfig.config"
java -jar selenium-server-standalone-版本号.jar -role node -nodeConfig "D:\nodeconfig.config"
```

hubConfig 和 nodeConfig 的格式完全相同，因此这里只列举 nodeConfig 配置文件的示例即可。nodeConfig.config 文件中可以是如下内容。

```
{
  "capabilities":
  [
    {
      "browserName": "firefox",
      "maxInstances": 5,
      "seleniumProtocol": "WebDriver"
    },
    {
      "browserName": "chrome",
      "maxInstances": 5,
      "seleniumProtocol": "WebDriver"
    },
    {
      "browserName": "internet explorer",
      "platform": "win10",
      "maxInstances": 1,
      "seleniumProtocol": "WebDriver"
    }
  ],
  "proxy": "org.openqa.grid.selenium.proxy.DefaultRemoteProxy",
```

```
    "maxSession": 5,
    "port": 32000,
    "register": true,
    "registerCycle": 5000,
    "hub": "http://192.168.164.1:5000",
    "nodeStatusCheckTimeout": 5000,
    "nodePolling": 5000,
    "role": "node",
    "unregisterIfStillDownAfter": 60000,
    "downPollingLimit": 2,
    "debug": false
}
```

7.1.2　WebDriver 浏览器参数设置

WebDriver 浏览器参数（capabilities）的类型则更复杂。一部分参数供 WebDriver 筛选匹配条件的 Node，另一部分用于设置浏览器实例提供的功能。由于参数众多，这里不一一进行介绍，只介绍几个最重要的参数设置。

首先介绍用于筛选的这部分参数，这些参数一共有 3 个，如表 7-4 所示。需要先在 Selenium Grid Node 中通过 capabilities 参数配置这些参数，才能在客户端代码中通过 desired_capabilities 进行筛选。

表 7-4　筛选参数

参数名称	类型	作用
browserName	字符串	必选参数。表示使用的浏览器名称，支持的值有 android、chrome、firefox、htmlunit、internet explorer、iPhone、iPad、opera、safari
version	字符串	可选参数。表示浏览器版本号。Selenium Grid Node 中的 capabilities 如果未配置或设置为空，则表示为任意版本
platform	字符串	可选参数。表示使用的系统平台，例如 Windows XP、VISTA、WIN7、WIN8、WIN10、MAC、LINUX、UNIX、ANDROID。 注意，对于客户端代码中的 desired_capabilities 和以上设置略有区别，可以使用 ANY 表示匹配任意系统，而对于 Windows 系统，不管是哪个版本，都需要统一使用 Windows

在本例中，共使用了 3 台机器，分别是一台 Win10（192.168.164.101）、一台 Win7（192.168.164.102）、一台 Linux（192.168.164.103），接下来分别在各台机器上配置浏览器。

现在分别在 3 台机器上开启 Selenium Grid Node。

首先，在 192.168.164.101（Win10）上执行以下命令。

```
java -jar selenium-server-standalone-3.141.59.jar -role node -port 32000 -hub http://192.168.164.1:5000 -capabilities "browserName=chrome,platform=WIN10,version=78"
```

然后，在 192.168.164.102（Win7）上执行以下命令。

```
java -jar selenium-server-standalone-3.141.59.jar -role node -port 32000 -hub http://192.168.164.1:5000 -capabilities "browserName=firefox,platform=WIN7"
```

第 7 章　Selenium Grid 的高级运用

最后，在 192.168.164.103（Linux）上执行以下命令。

```
java -jar selenium-server-standalone-3.141.59.jar -role node -port 32000 -hub http://192.168.164.1:5000 -capabilities "browserName=chrome,platform=LINUX,version=79"
```

在 Selenium Hub 的控制台页面（见图 7-4）将看到如下配置，每台机器上允许运行一个浏览器实例。Win10 机器上允许运行 78 版本的 Chrome，Win7 机器上允许运行 Friefox，Linux 机器上允许运行 79 版本的 Chrome。

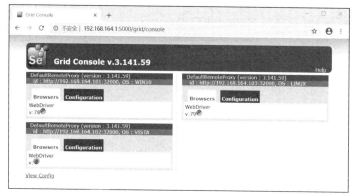

图 7-4　Hub 控制台页面

接下来演示使用不同的匹配方式进行匹配。

案例 1，使用浏览器匹配的代码。

```
#在 IP 地址为 192.168.164.102 的计算机上运行
from selenium import webdriver
driver = webdriver.Remote("http://192.168.164.1:5000/wd/hub", desired_capabilities={
"browserName": "firefox"})

#在 IP 地址为 192.168.164.101 或 192.168.164.103 的计算机上运行
from selenium import webdriver
driver = webdriver.Remote("http://192.168.164.1:5000/wd/hub", desired_capabilities={
"browserName": "chrome"})
```

案例 2，使用平台匹配的代码。

```
#在 IP 地址为 192.168.164.103 的计算机上运行
from selenium import webdriver
driver = webdriver.Remote("http://192.168.164.1:5000/wd/hub", desired_capabilities={
"browserName": "chrome", "platform": "LINUX"})

#在 IP 地址为 192.168.164.101 的计算机上运行
from selenium import webdriver
driver = webdriver.Remote("http://192.168.164.1:5000/wd/hub", desired_capabilities={
"browserName": "chrome", "platform": "WINDOWS"})
```

案例 3，使用浏览器版本号匹配的代码。

```
#在 IP 地址为 192.168.164.101 的计算机上运行
from selenium import webdriver
```

```
driver = webdriver.Remote("http://192.168.164.1:5000/wd/hub", desired_capabilities={
"browserName": "chrome", "version": "78"})

#在 IP 地址为 192.168.164.103 的计算机上运行
from selenium import webdriver
driver = webdriver.Remote("http://192.168.164.1:5000/wd/hub", desired_capabilities={
"browserName": "chrome", "version": "79"})
```

除匹配参数之外，还有浏览器实例功能参数，如表 7-5 所示。以下这两项只能在 Selenium Grid Node 中设置，不用于筛选，而是决定 Selenium Grid Node 提供何种形式的功能。

表 7-5 浏览器实例功能参数

参数名称	类型	功能
seleniumProtocol	字符串	表示使用哪种协议，支持的协议类型有 WebDriver 和 Selenium，直接使用 WebDriver 协议即可（默认值）。Selenium 协议是早期 Selenium 1（RC）时代的设置，现在完全可以弃用
maxInstances	整数	表示单个浏览器的最大实例数

使用 maxInstances 参数时，需要注意它与 Node 参数 maxSession 之间的关系。maxSession 参数用于设置最多可并发执行多少个浏览器实例（与类型无关），而 maxInstances 参数用于设置单个浏览器的最大实例数，例如设置最多可开启 5 个 Chrome 浏览器实例。

总体而言，maxSession 设置必须大于或等于 maxInstances 设置，如果小于 maxInstances 设置，那么 maxInstances 多出的浏览器数量也无法真正使用。

例如，以下命令分别设置 Firefox 浏览器的最大实例数为 10，Chrome 浏览器的最大实例数为 15，而 maxSession 为 25，以便充分利用并发执行的优势。

```
java -jar selenium-server-standalone-3.141.59.jar -role node -port 32000 -hub http:
//192.168.164.1:5000 -capabilities "browserName=chrome,maxInstances=15"
-capabilities "browserName=firefox,maxInstances=10" -maxSession 25
```

命令执行后，在 Hub 的控制台页面显示的内容如图 7-5 所示，浏览器的支持数量为设置的数量。

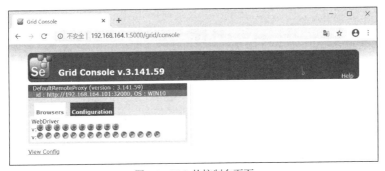

图 7-5 Hub 的控制台页面

Selenium Grid 还有其他功能细节参数或针对每种浏览器的功能细节参数，这些细节参数不仅过于庞杂，而且使用场景非常少，因此不再过多介绍。

7.2 使用 Selenium Grid 进行分布式并行测试

通过 Selenium Grid，我们可以在不同的系统、浏览器上分布式执行并行测试。在同一时间涵盖所有系统与浏览器场景，高效验证网站程序的浏览器兼容性。

通过多进程或多线程并发的方式，可以实现同时在 Windows 系统的 Chrome/Firefox/IE 浏览器和 Linux 系统的 Chrome/Firefox 上执行测试，示例代码如下。

```python
from threading import Thread
from selenium import webdriver
from selenium.webdriver.common.by import By

def baiduSearchHelloWorld(hubUrl, capabilities):
    driver = webdriver.Remote(hubUrl, desired_capabilities=capabilities)
    driver.get("https://www.baidu.com")
    driver.find_element(By.ID, "kw").send_keys("hello world")
    driver.find_element(By.ID, "su").click()
    driver.quit()
    print("测试成功,浏览器及平台为", capabilities)

listOfConditions = [{"browserName": "chrome", "platform": "WINDOWS"},
    {"browserName": "firefox", "platform": "WINDOWS"},
    {"browserName": "internet explorer", "platform": "WINDOWS"},
    {"browserName": "chrome", "platform": "LINUX"},
    {"browserName": "firefox", "platform": "LINUX"}]
hubUrl = "http://192.168.164.1:5000/wd/hub"

threads = []
for condition in listOfConditions:
    t = Thread(target=baiduSearchHelloWorld, args=(hubUrl, condition))
    threads.append(t)
    t.start()

#等待所有线程执行完毕
for t in threads:
    t.join()
```

以上代码开启了 5 个线程，每个线程将传入具有不同系统及浏览器的 esired_apabilities。这些线程都调用了 baiduSearchHelloWorld 函数，在百度首页上执行搜索操作。代码执行时，可以看到各个远程机器上同时开启了各个版本的浏览器进行测试。

代码执行后输出的结果如下。

```
>测试成功,浏览器及平台为{'browserName': 'chrome', 'platform': 'LINUX'}
>测试成功,浏览器及平台为{'browserName': 'chrome', 'platform': 'WINDOWS'}
>测试成功,浏览器及平台为{'browserName': 'firefox', 'platform': 'WINDOWS'}
>测试成功,浏览器及平台为{'browserName': 'firefox', 'platform': 'LINUX'}
>测试成功,浏览器及平台为{'browserName': 'internet explorer', 'platform': 'WINDOWS'}
```

通过在多系统、多浏览器上进行分布式并发测试的方式，可以用最少的时间去验证网站程序对每种系统、每种浏览器的支持性。

7.3 容器化 Selenium——整合 Docker

如果使用传统的部署方式，可以发现 Selenium Grid 的部署依然相对复杂，要先找到物理机或者虚拟机，而这些机器必须先安装 Java，并安装对应的浏览器，根据版本设置浏览器驱动程序，最后才能部署 Selenium Hub 或者 Node。每部署到一台新机器上，总会面临各种不同的挑战，需要解决各式各样的环境问题，这耗时费力，因此难以迅速地扩容缩容。

要真正解决这些问题，只能使用 Docker 一类的容器技术。它将应用程序及其依赖，都打包到镜像中，供开发者去复制分发。这样一来，不仅打包方式更快捷高效，拥有更高的资源利用率，还能保持运行环境的一致性，真正做到了"一次构建，随处运行"，因此带来了极大的便利，大大提高了效率，降低了运维成本。对于现代互联网企业，效率就意味着拥有更大的生存空间，更能响应竞争环境的实时变化。

Selenium 官方团队已经开发了基于 Docker 的 Selenium Hub 和 Node 镜像，可以非常快捷地将它们部署成容器，快速组建/扩容 Selenium Grid 集群，无须安装 Java，无须安装浏览器，无须设置浏览器依赖，只需要下载和启动镜像，就可以完成容器部署。本节将介绍如何将 Selenium 整合到 Docker 中，快速部署 Selenium Grid 集群。

7.3.1 Docker 简介

在正式介绍如何基于容器部署 Selenium Grid 之前，本节先简单介绍容器技术的发展，展示 Docker 的原理与部署方式。

1. 容器技术的发展

容器是一种新兴的虚拟化方式。传统虚拟机技术是先虚拟出一套硬件，然后需要运行一个完整的操作系统，最后才运行应用依赖和应用程序。而容器并不需要这些，它可以让应用程序直接在宿主的内核中运行。它自己本身没有内核，也不需要硬件虚拟。不同的容器之间如果存在相同的底层应用依赖，这些依赖可以共用，如图 7-6 所示。容器要比传统虚拟机更轻便。

容器与传统的虚拟化方式相比，具有众多的优势。

图 7-6　容器化的部署方式

❑ 更快捷的部署：容器仅包含应用程序的最少运行时需求，占用的内存空间已大幅减小，能快速传递和部署。它直接运行于宿主内核，无须像虚拟机一样启动完整的操作系统。通过容器，启动时间可以缩短至秒级甚至毫秒级。
- 更高的可移植性：应用程序及其所有依赖项可以划分到单个容器中，该容器与 Linux 内核的版本、平台配置或部署类型无关。这个容器可以快速转移到另一台机器上，不会存在兼容性问题，也不会再出现"在我的机器上没问题"这种情况。
- 更强的版本控制和组件重用：可以持续跟踪容器的版本，检查差异或回滚到以前的版本。容器会重用前面层中的组件，其分层文件系统既能提高重用度，又能非常方便地追溯变化。
- 更小的性能开销：容器是轻量级的，没有硬件虚拟以及运行完整操作系统等额外的开销，对系统资源的利用率更高。在应用执行速度、内存损耗或者文件存储速度等方面，它均比传统虚拟机技术表现更出众。
- 更易于共享和维护：容器降低了应用程序依赖性问题的工作量和风险，并可以使用远程存储库与其他人共享容器。通过 Dockerfile（对于 Docker），可以使镜像的构建透明化，各个团队可以很容易理解应用运行所需条件，并将其部署在各个环境上。

容器、虚拟机与物理机部署的大致情况对比如表 7-6 所示。

表 7-6 容器、虚拟机与物理机部署的大致情况对比

特性	容器	虚拟机	物理机
启动速度	秒级	分级	分级
空间占用	一般以兆字节为单位	一般以吉字节为单位	一般以吉字节为单位
性能损耗	接近物理机	相对于物理机存在明显损耗	无
扩容	可支持上千个容器	可支持几十个虚拟机	无法动态扩容
隔离性	完全隔离	完全隔离	互相影响，无法隔离

2. 容器引擎——Docker

Docker 是目前最流行的容器引擎，它包括 3 个基本概念。
- 镜像（image）：虚拟机的镜像，在镜像中存放了应用程序本身，以及该应用程序所有相关依赖（例如依赖的文件、应用、环境变量）；镜像是只读的，它就像是面向对象中的"类"，类中定义了相关行为及其依赖。
- 容器（container）：基于镜像创建的实例进程，是正在运行的应用程序。容器就像是面向对象中"类的实例"，而基于一个类可以创建多个实例。同样，基于同一个镜像，可以创建多个容器，但这些容器是各自独立、彼此隔离、互不可见的应用程序进程。

❑ 仓库（repository）：类似于代码仓库，这里集中保存了不同的镜像，Docker 可以向仓库推送镜像，也可以拉取镜像到本地并启动容器。

它们之间的关系如图 7-7 所示。

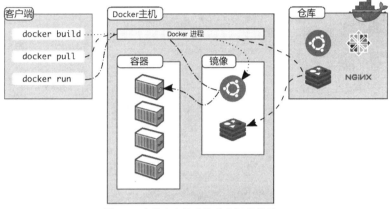

图 7-7　容器各个组成部分之间的关系

基于容器的 Selenium Grid 部署也遵循这样的过程。我们需要先从仓库拉取 Selenium Grid Hub 镜像和 Node 镜像并存放到本地，然后基于镜像创建多个能互相通信的容器，组成 Selenium Grid 集群。

7.3.2　安装 Docker 并拉取 Selenium 镜像

1. 安装 Docker

对于不同的操作系统，Docker 的安装方式略有区别。

要在 Debian/Ubuntu 系统上安装 Docker，依次执行以下命令即可。

```
$ apt-get update
$ apt-get install docker.io
```

要在 CentOS/RHEL/Fedora 系统上安装 Docker，依次执行以下命令即可。

```
$ yum-config-manager --add-repo http://mirrors.aliyun.com/docker-ce/linux/centos/docker-ce.repo
$ yum makecache fast
$ yum -y install docker-ce
$ systemctl start docker
```

要在 Windows 系统上安装 Docker，从官网上下载 Docker 桌面版安装即可，如图 7-8 所示。

安装完成后，可以执行 `docker` 命令检测安装是否成功，也可以查看 `docker` 命令的详细使用说明，如图 7-9 所示。

第 7 章 Selenium Grid 的高级运用

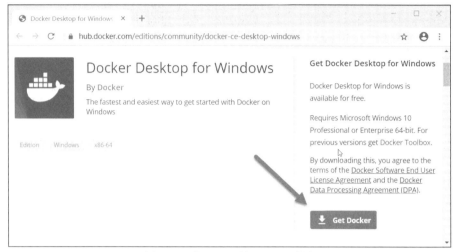

图 7-8　下载 Docker 的 Windows 版本

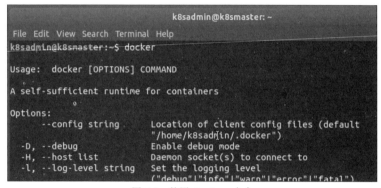

图 7-9　使用 `docker` 命令

2. 拉取 Selenium 镜像

在 Docker Hub 上的 Selenium 官方页面，可以看到 Selenium 拥有众多镜像，如图 7-10 所示，但要搭建一个 Selenium Grid 集群，只需要以下 3 个镜像即可。

- ❑ selenium/hub：Selenium Grid 的 Hub 入口镜像。
- ❑ selenium/node-chrome：Selenium Grid 的 Node 镜像，其中包含 Chrome 浏览器及其驱动程序，用于运行 Chrome 浏览器的测试。
- ❑ selenium/node-firefox：Selenium Grid 的 Node 镜像，其中包含 Firefox 浏览器及其驱动程序，用于运行 Firefox 浏览器的测试。

接下来，在需要作为 Hub 入口的机器上，执行以下命令以拉取 Hub 镜像。

```
$ docker pull selenium/hub
```

而在需要作为 Node 的机器上（也可以与 Hub 位于同一台机器上），执行以下命令以拉取 Node 镜像。

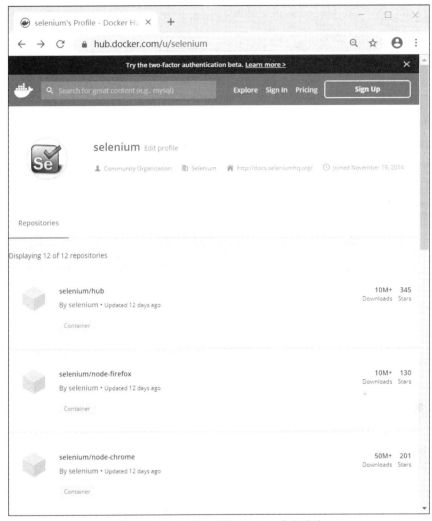

图 7-10　Docker Hub 上的 Selenium 官方页面

```
$ docker pull selenium/node-chrome
$ docker pull selenium/node-firefox
```

7.3.3　在同一台机器上部署 Selenium Grid 镜像

镜像拉取完成后，就可以部署 Selenium Grid 了，本例中使用的 Linux 机器 IP 地址为 192.168.100.100。

首先需要部署 Selenium Hub，因此执行以下命令即可。

```
docker run -d -p {主机映射端口号}:4444 --name {容器名称} {Hub 镜像名称}
```

命令中参数-d 用于确保 selenium-hub 容器会作为守护进程长期运行，而不是一次性运行。参数-p 表示将 Selenium Hub 服务器默认端口号 4444 映射到当前主机的端口号上，以便外部客户端可以输入"主机 IP:主机端口"访问服务器。参数 `--name` 用于指定容器名称，最后则指定容器使用的镜像为 `selenium/hub`。

本例中使用的命令如下。

```
docker run -d -p 5000:4444 --name selenium-hub selenium/hub
```

其中，容器名称为 `selenium-hub`，对外映射的端口号为 5000。

执行完成后，就可以输入"主机 IP:主机映射端口号"（本例中为 192.168.100.100:5000）访问 Selenium Hub 主页了，如图 7-11 所示。

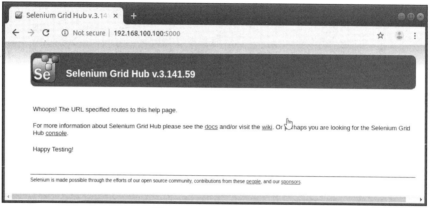

图 7-11　Selenium Hub 主页

这无疑非常方便，无须安装 Java，无须设置环境变量，通过一个命令就安装好了。通过 `docker ps` 命令，可以查看当前运行的容器，如图 7-12 所示。

图 7-12　当前运行的容器

接下来部署 Node。在同一台机器上部署 Node 非常简单，只需执行以下命令即可。

```
docker run -d --link {Hub 容器名称}:hub --name {容器名称} {Node 镜像名称}
```

其中 `--link` 参数用于将 Hub 容器关联到 Node，其余参数和之前的命令类似。

本例中执行的命令如下，分别启动了一个 Chrome Node 容器和 Firefox Node 容器，通过 `--link` 将它们关联到之前创建的 `selenium-hub` 容器上。

```
docker run -d --link selenium-hub:hub --name selenium-chrome selenium/node-chrome
docker run -d --link selenium-hub:hub --name selenium-firefox selenium/node-firefox
```

执行完成后，进入 Selenium Grid Hub 中的控制台页面，可以看到当前的 Selenium Grid 中已经部署了两个 Node，如图 7-13 所示。

这种方式非常方便，不需要安装浏览器，不需要配置驱动程序，也不需要设定环境变量，只需要一条命令，Node 就启动完毕。使用 `docker ps` 命令查看当前运行的容器，可以看到已经运行了 3 个容器，如图 7-14 所示。

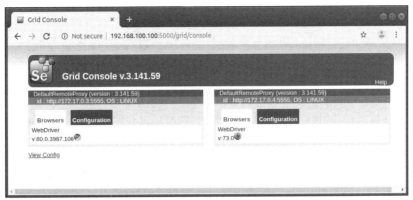

图 7-13　Selenium Hub 中的控制台页面

```
k8sadmin@k8smaster:~$ sudo docker ps
CONTAINER ID        IMAGE                   COMMAND                   CREATED              STATUS              PORTS                    NAMES
0e14dba0b212        selenium/node-firefox   "/opt/bin/entry_poin…"   About a minute ago   Up About a minute                            selenium-firefox
e9b146c64f94        selenium/node-chrome    "/opt/bin/entry_poin…"   2 minutes ago        Up 2 minutes                                 selenium-chrome
9fac8e014da7        selenium/hub            "/opt/bin/entry_poin…"   15 minutes ago       Up 15 minutes       0.0.0.0:5000->4444/tcp   selenium-hub
```

图 7-14　当前运行的容器

接下来就可以编写代码运行了。只需在实例化 `RemoteDriver` 时输入 Selenium Grid Hub 的地址即可。以百度搜索为例，编写以下代码，在 Selenium Grid 上运行测试。

```
from selenium import webdriver
from selenium.webdriver.common.by import By

nodeCondition = {
    "browserName": "chrome"
}

driver = webdriver.Remote("http://192.168.100.100:5000/wd/hub",desired_capabilities=
nodeCondition)
driver.get("http://www.baidu.com")
driver.find_element(By.ID, "kw").send_keys("hello world")
driver.find_element(By.ID, "su").click()
```

由于本例中的 `browserName` 参数为 `chrome`，因此该测试将在 Chrome Node 上运行。

默认情况下，Node 启动时只运行一个浏览器实例，如果需要支持同时运行多个浏览器，有两种方式。

- 启动多个 Node 容器，例如要支持同时运行 5 个 Chrome 浏览器，则需要同时启动 5 个 Chrome Node 浏览器实例。
- 启动 1 个 Node 容器，指定其最大并行会话数量和最大浏览器实例数量。

很明显，第一种方式是可行的，但并非最佳方式，因为每个容器都会消耗系统资源，这是不划算的行为。最佳方式是第二种。

Node 镜像拥有两个预定义环境变量，`NODE_MAX_SESSION` 变量用于指定最大并行会话数量，`NODE_MAX_INSTANCES` 变量用于指定最大浏览器实例数量，只需要将这两个参数设置为指定值,就可以同时运行多个浏览器实例了。

在 docker run 命令中,可以通过参数 "-e 变量名称=变量值" 来指定环境变量,例如,以下命令将最大并行会话数与最大浏览器实例数量都设置为 5。

```
docker run -d --link selenium-hub:hub -e NODE_MAX_INSTANCES=5 -e NODE_MAX_SESSION=5
--name selenium-chrome2 selenium/node-chrome
```

运行命令后,新的 Chrome Node 将添加到 Selenium Grid 中,进入 Selenium Grid Hub 中的控制台页面,可以看到它支持同时启动 5 个 Chrome 浏览器实例,如图 7-15 所示。

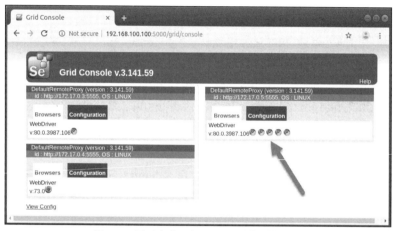

图 7-15　同时启动 5 个 Chrome 浏览器的 Node

7.3.4　在多台机器上部署 Selenium Grid 组成集群

之前介绍了在同一台机器上部署 Selenium Grid 的方式,但在真实使用场景下,Hub 和 Node 位于不同机器上,以达到最佳的执行效率和容灾防备。

接下介绍如何在多台机器上部署 Selenium Grid 并组成集群。在本例中,将使用两台机器,其中以 192.168.100.100 作为 Hub 的 IP 地址,以 192.168.100.101 作为 Node 机器的 IP 地址。

Selenium Hub 的部署和之前没有任何差异,只需在 192.168.100.100 上执行以下命令即可。

```
docker run -d -p 5000:4444 --name selenium-hub selenium/hub
```

现在登录另一台机器(IP 地址是 192.168.100.101),准备部署 Node 容器。

我们先来简单理解在不同机器上部署和在同一台机器上部署之间有哪些差异,会遇到哪些问题。在同一台机器上部署时,可以使用参数 "--link {Hub 容器名称}:hub" 将 Node 容器与 Hub 容器关联起来。然而,在不同的机器上部署时,另一台机器没有部署这个 Hub 容器,因此无法通过这种方式关联 Hub。除此以外,Node 在注册时会向 Hub 发送自身的 IP 及端口。然而,Docker 容器自身使用的是虚拟 IP 地址和端口。虚拟 IP 地址和端口只能够在本机上访问,无法跨机器访问,因此即使有办法将 Hub 关联上,Hub 也无法直接访问 Node 的虚拟网络路径。

要解决以上问题,则必须传达以下信息。

- Node 启动时，必须知道 Hub 的物理访问路径，例如 "Hub 所在主机的 IP 地址:映射端口"。
- 在将 Node 注册到 Hub 时，必须让 Hub 知道 Node 的物理访问路径，例如 "Node 所在主机的 IP 地址:映射端口"，通过物理网络路径访问，而非 Docker 虚拟网络路径访问。

为了传达这些信息，Node 镜像提供了 3 个预定义环境变量，`HUB_HOST` 变量用于指定 Hub 所在主机的 IP 地址，`HUB_PORT` 变量用于指定 Hub 所在主机的映射端口号，这样 Node 便知道如何与 Hub 关联，最后一个变量是 `REMOTE_HOST`，用于指定 Node 的物理访问路径，之后 Hub 在调用 Node 时将会使用该访问路径。

最终，在另一台机器上执行的 Node 注册命令格式如下：

```
docker run -d -p {主机映射端口号}:5555 -e REMOTE_HOST="http://主机IP:主机映射端口号" -e HUB_HOST={Hub 所在主机 IP} -e HUB_PORT={Hub 所在主机映射端口} --name {容器名称} {Node 镜像名称}
```

在本例中执行的命令如下。

```
docker run -d -p 32000:5555 -e REMOTE_HOST="http://192.168.100.101:32000" -e HUB_HOST=192.168.100.100 -e HUB_PORT=5000 --name selenium-chrome selenium/node-chrome
docker run -d -p 32001:5555 -e REMOTE_HOST="http://192.168.100.101:32001" -e HUB_HOST=192.168.100.100 -e HUB_PORT=5000 -e NODE_MAX_INSTANCES=5 -e NODE_MAX_SESSION=5 --name selenium-firefox selenium/node-firefox
```

运行命令后，新的 Chrome Node 将加入 Selenium Grid 中，进入 Selenium Grid Hub 中的控制台页面，可以看到这些注册进来的 Node。注意，它们的访问路径和上一节的路径不同，这些路径都是物理网络路径，而非 Docker 虚拟网络路径，如图 7-16 所示。

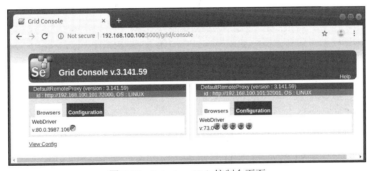

图 7-16　Selenium Hub 控制台页面

7.4　容器化 Selenium——整合 Kubernetes

然而，仅使用容器仍然有不足之处。容器只是单机应用程序，要充分发挥容器技术的所有潜力，需要用到容器集群管理系统，例如 Kubernetes。Kubernetes 是一个开源的平台，可以实现容器集群的自动化部署、自动扩容缩容、维护等功能，这充分发挥了容器技术的潜力，给企业带来了真正的便利。它拥有自动包装、自我修复、横向缩放、服务发现和负载均衡、自动部署和升级回滚、存储编排等特性，不仅支持 Docker，还支持 Rocket。

下面介绍如何将 Selenium 整合到 Kubernetes 中，快速部署并维护 Selenium Grid 集群。

7.4.1　Kubernetes 简介

Kubernetes 是一种容器管理平台。Kubernetes 集群很像是 Selenium Grid 集群。在 Kubernetes 集群中，一共分为两种角色，一种是 Master，另一种是 Node。Master 管理 Node，Node 管理容器。

Master 节点主要负责整个集群的管理控制，相当于整个 Kubernetes 集群的首脑，用于监控、编排、调度集群中的各个工作节点。通常 Master 会占用一台独立的服务器，为了实现高可用性，也有可能占用多台。

Node 则是 Kubernetes 集群中的各个工作节点，由 Master 管理，提供运行容器所需的各种环境，对容器进行实际的控制，而这些容器会提供实际的应用服务。

Kubernetes 的整体架构如图 7-17 所示。

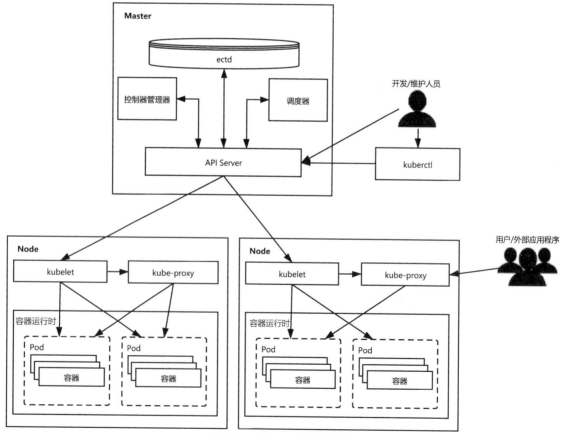

图 7-17　Kubernetes 的整体架构

在 Kubernetes 上部署容器，简单地说，只需要在 Master 机器上进行设置，指定需要基于什么镜像开启多少个容器即可。至于容器具体会部署到哪个 Node 上，Master 机器会根据各个 Node 的情况（例如负载）进行自动调控，无须特意关注。容器部署之后也拥有非常好的容灾机制，如果 Node 出现故障或满载，或者 Node 上的容器出现故障，Kubernetes 会自动重启新的容器，保持设定的可用容器总数，维持容器的高可用性，整个过程无须人工干预。

7.4.2 Kubernetes 的安装与配置

安装 Kubernetes 之前需要先安装 Docker。Docker 的安装详见 7.3.2 节，这里不再赘述。对于不同的操作系统，Kubernetes 的安装方式略有区别。需要注意的是，要安装 Kubernetes，需要它所在的机器能直接访问 Google 域名，否则无法完成安装。

要在 Debian/Ubuntu 系统上安装 Kubernetes，只需在全部机器上运行以下命令即可。

```
$ apt-get update
$ apt-get install -y apt-transport-https
$ apt-get install -y kubelet kubeadm kubectl
```

要在 CentOS/RHEL/Fedora 系统上安装 Kubernetes，只需在全部机器上运行以下命令即可。

```
$ setenforce 0
$ yum install -y kubelet kubeadm kubectl
$ systemctl enable kubelet && systemctl start kubelet
```

基础组件安装完毕后，接下来在将作为 Master 的节点上，使用如下命令初始化 Master。

```
$ kubeadm init --pod-network-cidr 10.244.0.0/16
```

初始化成功后，会出现图 7-18 所示界面。

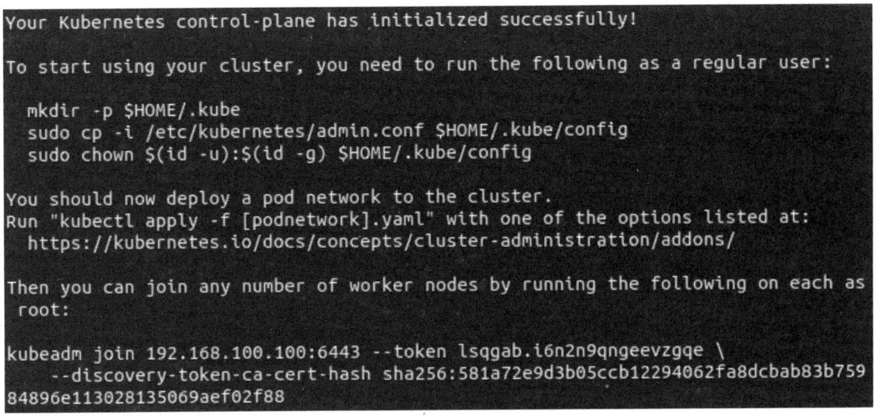

```
Your Kubernetes control-plane has initialized successfully!

To start using your cluster, you need to run the following as a regular user:

  mkdir -p $HOME/.kube
  sudo cp -i /etc/kubernetes/admin.conf $HOME/.kube/config
  sudo chown $(id -u):$(id -g) $HOME/.kube/config

You should now deploy a pod network to the cluster.
Run "kubectl apply -f [podnetwork].yaml" with one of the options listed at:
  https://kubernetes.io/docs/concepts/cluster-administration/addons/

Then you can join any number of worker nodes by running the following on each as
root:

kubeadm join 192.168.100.100:6443 --token lsqgab.i6n2n9qngeevzgqe \
    --discovery-token-ca-cert-hash sha256:581a72e9d3b05ccb12294062fa8dcbab83b759
84896e113028135069aef02f88
```

图 7-18 初始化成功后的提示界面

根据界面的提示，执行以下命令，创建集群。

```
$ mkdir -p $HOME/.kube
$ sudo cp -i /etc/kubernetes/admin.conf $HOME/.kube/config
$ sudo chown $(id -u):$(id -g) $HOME/.kube/config
```

此时可以通过 $ kubectl get nodes 命令查看集群的状态，如图 7-19 所示。

```
k8sadmin@k8smaster:~$ kubectl get nodes
NAME        STATUS     ROLES    AGE   VERSION
k8smaster   NotReady   master   59s   v1.15.3
```

图 7-19　集群的状态

集群创建完成后，就可以根据 Master 安装成功界面上的最后一个提示，在各个 Node 节点上执行加入集群的命令，如图 7-20 所示。

```
Then you can join any number of worker nodes by running the following on each as
 root:

kubeadm join 192.168.100.100:6443 --token lsqgab.i6n2n9qngeevzgqe \
    --discovery-token-ca-cert-hash sha256:581a72e9d3b05ccb12294062fa8dcbab83b759
84896e113028135069aef02f88
```

图 7-20　加入集群的命令

在获取到 Master 上的 kubeadm join 参数后，就可以登录 Node 节点并进行初始化，加入集群。具体命令及参数在 Master 安装成功的界面中已经给出提示，如下所示。

```
$ kubeadm join 192.168.100.100:6443 --token lsqgab.i6n2n9qngeevzgqe -discovery
-token-ca-cert-hash sha256:581a72e9d3b05ccb12294062fa8dcbab83b75984896e113028135069
aef02f88
```

此时再回到 Master，运行 $ kubectl get nodes 命令查看集群的状态，如图 7-21 所示。

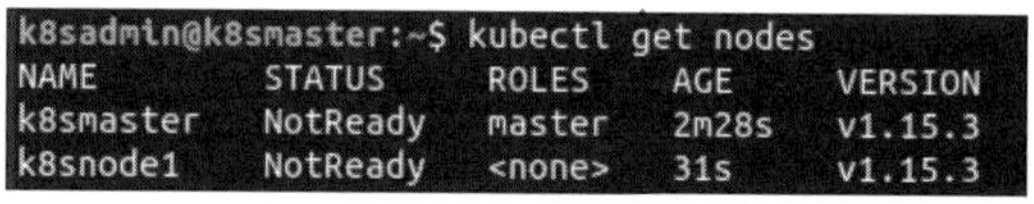

```
k8sadmin@k8smaster:~$ kubectl get nodes
NAME        STATUS     ROLES    AGE     VERSION
k8smaster   NotReady   master   2m28s   v1.15.3
k8snode1    NotReady   <none>   31s     v1.15.3
```

图 7-21　集群的状态

如果要配置多个 Node，只需在对应 Node 节点的机器上执行之前的 kubeadm join 命令即可。

在本书中，最终配置的 Master 节点与 Node 如表 7-7 所示。

表 7-7　Kubernetes 集群中的各个节点

节点类型	节点名称	IP 地址
Master	k8smaster	192.168.100.100
Node	k8snode1	192.168.100.101
Node	k8snode2	192.168.100.102

7.4.3　Kubernetes 的关键概念——Pod、Deployment、Service

要在 Kubernetes 集群上部署 Selenium Grid，至少需要简单了解 Kubernetes 中的几个关键概念——Pod、Deployment、Service。

Pod 是 Kubernetes 处理的最基本单元。容器本身并不会直接分配到主机上，而是会封装到名为 Pod 的对象中。

Pod 通常表示单个应用程序，由一个或多个关系紧密的容器构成，如图 7-22 所示。这些容器拥有同样的生命周期，会作为一个整体一起编排到 Node 节点上。这些容器会共享环境、存储卷（volume）和 IP 地址。尽管 Pod 基于一个或多个容器，但应将 Pod 视作一个整体、一个单独的应用程序。Kubernetes 以 Pod 为最小单位进行调度、扩展并共享资源、管理生命周期。

一般来说，用户不会直接去创建 Pod，而是创建控制器，让控制器来管理 Pod。控制器中定义好了 Pod 的部署方式，例如有多少个副本，需要在哪种 Node 节点上运行，等等。

Deployment 是最常用的控制器之一。在使用 Kubernetes 时，通常要管理的是由多个相同的 Pod 组成的 Pod 集合，而不是单个 Pod。通过 Deployment，可以定义 Pod 模板，

图 7-22　Pod 资源对象

并可以设置相应控制参数以实现水平伸缩，调节正在运行的相同 Pod 的数量，如图 7-23 所示。Deployment 保证在集群中部署的 Pod 数量与配置中的 Pod 数量一致。如果 Pod 或主机出现故障，会自动启用新的 Pod 进行补充。

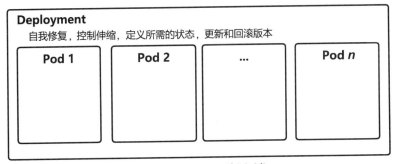

图 7-23　Deployment 资源对象

由于 Deployment 管理 Pod，而 Pod 基于 Docker，使用的都是虚拟网络地址（IP 及端口），如何将 Pod 提供的服务对外发布呢？这就需要用到 Service。

在 Kubernetes 中，Service 是充当基础内部负载均衡器的一种组件，它会将功能相同的 Pod 从逻辑上组合到一起。一般会采用标签选择器（label selector）进行组合，让它们表现得就如同一个实体，如图 7-24 所示。

通过它可以发布服务，可以跟踪并路由到所有指定类型的后端容器。内部使用者只需要知道 Service 提供的稳定端点即可进行访问。另外，Service 抽象可以根据需要来扩展或替换后端的工作单元，无论 Service 具体路由到哪个 Pod，其 IP 地址都是稳定的。通过 Service，可以轻

松获得服务发现的能力。

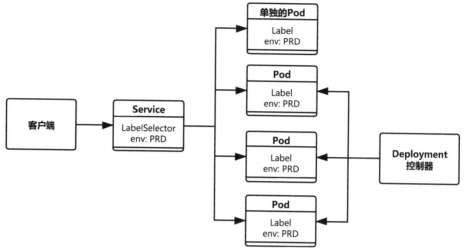

图 7-24　Service 资源对象

7.4.4　在 Kubernetes 集群中部署 Selenium Grid

综上所述，如果要在 Kubernetes 上部署 Selenium Grid，需要至少创建 3 个资源对象。

- ❑　1 个 Deployment，用于将 Selenium Hub 镜像部署到 Pod 中。
- ❑　1 个 Service，对外公布由 Deployment 管理的 Selenium Hub 的网络访问地址。
- ❑　另 1 个 Deployment，用于将 Selenium Node 镜像部署到 Pod 中，并通过 Service 公布的 Hub 地址，将 Selenium Node 注册到 Selenium Hub 上。

从部署 Selenium Hub 的 Deployment 开始，首先定义 Kubernetes 模板文件，创建一个名为 hubDeployment.yml 的模板文件，使用的命令如下。

```
$ vim hubDeployment.yml
```

在文件中填入如下内容并保存。

```
apiVersion: apps/v1
kind: Deployment
metadata:
  name: exampledeployforhub
spec:
  replicas: 1
  selector:
    matchLabels:
      example: exampleforhub
  template:
    metadata:
      labels:
        example: exampleforhub
```

```yaml
  spec:
    containers:
    - name: seleniumhub
      image: selenium/hub
      imagePullPolicy: IfNotPresent
      ports:
      - name: http
        containerPort: 4444
```

在 `spec.containers` 属性中指定了容器的设置，使用的镜像为 `selenium/hub`，默认端口为 4444。而在 `replicas` 属性中设置了 Pod 的数量，Hub 的 Pod 只需要 1 个即可。`labels` 属性中定义了 Pod 的筛选标签，之后创建 Service 时，会使用该标签进行关联。

运行以下命令，通过模板创建 Deployment。

```
$ kubectl apply -f hubDeployment.yml
```

然后创建 Service，对外公布 Selenium Hub 的地址。定义 Kubernetes 模板文件，创建一个名为 hubService.yml 的模板文件，使用的命令如下。

```
$ vim hubService.yml
```

在文件中填入如下内容并保存。

```yaml
kind: Service
apiVersion: v1
metadata:
  name: exampleserviceforhub
spec:
  selector:
    example: exampleforhub
  ports:
    - protocol: TCP
      port: 8080
      targetPort: 4444
      nodePort: 30001
  type: NodePort
```

`selector` 属性中定义了 Service 筛选 Pod 的标签，符合这个标签的 Pod 将作为 Service 的端点（也就是之前通过 Deployment 创建的 Selenium Hub Pod）。通过 `targetPort` 和 `nodePort` 属性，将 Pod 的 4444 端口映射到了 Kubernetes 集群主机的 30001 端口上。以后只要通过"Kubernetes 集群中任意主机的 IP 地址:30001"，就可以访问 Selenium Hub。

运行以下命令，通过模板创建 Service。

```
$ kubectl apply -f hubService.yml
```

然后就可以通过"Kubernetes 集群中任意主机的 IP 地址:30001"访问 Selenium Hub 了。在本例中使用的是 192.168.100.100:30001，访问的页面如图 7-25 所示。

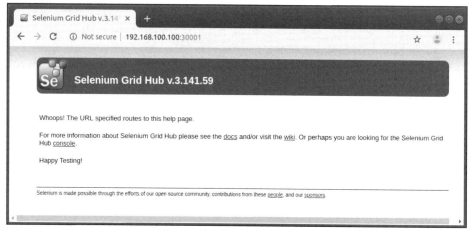

图 7-25　访问的 Selenium Hub 页面

为了部署 Selenium Node，首先定义 Kubernetes 模板文件，创建一个名为 nodeDeployment.yml 的模板文件，使用的命令如下。

```
$ vim nodeDeployment.yml
```

在文件中填入如下内容并保存。

```
apiVersion: apps/v1
kind: Deployment
metadata:
  name: exampledeployfornodechrome
spec:
  replicas: 3
  selector:
    matchLabels:
      example: examplefornodechrome
  template:
    metadata:
      labels:
        example: examplefornodechrome
    spec:
      containers:
      - name: seleniumchrome
        image: selenium/node-chrome
        imagePullPolicy: IfNotPresent
        ports:
        - name: http
          containerPort: 5555
        env:
        - name: HUB_HOST
          value: "192.168.100.100"
        - name: HUB_PORT
          value: "30001"
```

在 spec.containers 属性中，指定了使用 selenium/node-chrome 作为镜像，默认端口为 5555。在 spec.containers.env 属性中，指定了需要给 Pod 中的容器注入的环境变量内容。这里使用的是 Node 镜像中预定义的 HUB_HOST 变量和 HUB_PORT 变量，用于指定关联 Hub 的访问地址，这里填写的地址正是之前在 Service 中公布的地址。在 replicas 属性中设置了 Pod 的数量为 3，表示部署 3 个这样的 Pod（也就是 3 个 Chrome Node）。

运行以下命令，通过模板创建 Deployment。

```
$ kubectl apply -f nodeDeployment.yml
```

此时再访问 Selenium Hub 的控制台页面，可以发现 Node 已经成功注册，如图 7-26 所示。

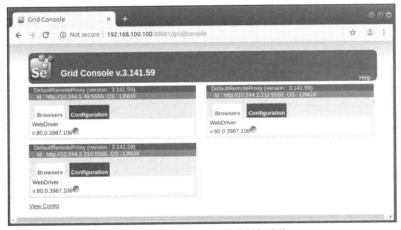

图 7-26　Selenium Hub 的控制台页面

由于 Kubernetes 会自动将 Pod 部署到合适的 Kubernetes Node 上，因此实际部署到的机器是不确定的。如果要查看各个 Pod 实际部署到的机器，可以使用 kubectl get pod -o wide 命令，查看各个 Pod 实际部署在哪台机器上，如图 7-27 所示。在本例中，Selenium Hub 被自动部署到 k8snode2 机器上，而 Selenium Node 有两个 Pod 部署在 k8snode2 上，一个 Pod 部署在 k8snode1 上。实际上，用户无须关心 Pod 具体部署到了哪台机器上，Kubernetes 会根据各个机器的情况动态分配。

```
k8sadmin@k8smaster:~$ kubectl get pod -o wide
NAME                                        READY   STATUS    RESTARTS   AGE     IP             NODE       NOMINATED NODE   READINESS GATES
exampledeployforhub-59bc9cf465-pgdmm        1/1     Running   0          13m     10.244.2.209   k8snode2   <none>           <none>
exampledeployfornodechrome-65d8fc5854-86wtw 1/1     Running   0          2m41s   10.244.2.211   k8snode2   <none>           <none>
exampledeployfornodechrome-65d8fc5854-jn9s2 1/1     Running   0          2m41s   10.244.2.210   k8snode2   <none>           <none>
exampledeployfornodechrome-65d8fc5854-pf98w 1/1     Running   0          2m41s   10.244.1.49    k8snode1   <none>           <none>
```

图 7-27　Pod 的部署情况

通过同样的方式，也可以再向 Hub 中添加 Firefox Node。

接下来，就可以编写代码运行了。只需在实例化 RemoteDriver 时输入 Selenium Grid Hub 的地址即可。

```
driver= webdriver.Remote("http://192.168.100.100:30001/wd/hub",desired_capabilities=
nodeCondition)
```

第 8 章　Selenium 4 的新特性预览

在写作本书时，Selenium 4 的 Beta 5 版本已发布了，距离正式版本的发布还有一段时间。相对于 Selenium 3 来说，Selenium 4 的核心功能没有任何变化，拥有相同的工具集，使用方式也和 Selenium 3 完全一致。之前章节介绍的内容对于 Selenium 4 同样适用。但 Selenium 4 拥有了一些改进及新功能。

Selenium 4 目前只能下载 WebDriver 及 Grid，IDE 还没有开放。对于不同的语言绑定，Selenium 4 支持的功能不尽相同。本章主要介绍 Python 语言下的 Selenium WebDriver 4 新增功能，以及目前的 Selenium Grid 4。由于目前的 Selenium 4 并非最终版，因此后续发布的版本可能还有其他变化。

8.1 Selenium WebDriver 4

8.1.1 下载 WebDriver

在 Selenium 官方网站的下载页面，滑动到 Selenium Client & WebDriver Language Bindings 区域，可以看到 WebDriver 的下载链接，如图 8-1 所示。目前的版本为 4.0.0b1，单击 Beta Download 链接即可下载。

接着页面将会发生跳转，参考图 8-2 所示页面上的提示，在命令行中执行 pip install selenium==4.0.0b1 即可安装。

安装完成后，就可以正式开始使用了。

8.1 Selenium WebDriver 4

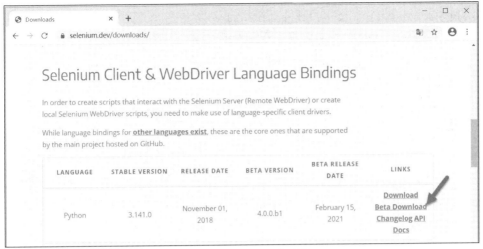

图 8-1　Selenium 4 下载页面

图 8-2　Selenium WebDriver 4 安装命令

8.1.2　相对定位器

相对定位器是一个颇具特色的新功能，但作者感觉它的实用性不强。普通元素定位靠 ID/Name/ClassName/Tag/LinkText/PartialLinkText 足够了，而对于疑难元素，强大的 XPATH/CSS 定位器已能满足几乎所有的场景。

然而，对于普通测试人员来说，XPath/CSS 定位器可能生涩难懂，如果靠可读性较高的相对位置描述来查找元素，也不失为一个折中的办法。

要使用相对定位器，需要先从 `selenium.webdriver.support.relative_locator` 库中引入 `with_tag_name` 函数。然后，通过 `with_tag_name` 函数指定要查找的目标元素的标签类型。接下来，可以使用以下几种函数来指定目标元素的相邻元素，作为查找依据。

153

- `to_left_of()`：位于目标元素左侧的元素。
- `to_right_of()`：位于目标元素右侧的元素。
- `above()`：位于目标元素上方的元素。
- `below()`：位于目标元素下方的元素。
- `near()`：在目标元素附近的元素（默认在 50 像素范围内，像素值可以修改）。

这些函数可以连续多次使用，以作为某个元素的复合查找依据，例如以下代码。

```
with_tag_name("input").above(A).to_left_of(B).to_left_of(C).below(D).near(E).to_right
_of(F).above(G)......
```

这段代码表示要查找的目标元素为 input。它的上方为 A 元素，左边为 B 元素和 C 元素，下方为 D 元素，它位于 E 元素附近（50 像素内），左边为 F 元素，上方还有 G 元素……

接下来以百度首页为例，说明相对定位器的用法。百度首页的左上角有多个链接，如图 8-3 所示。我们可以根据相对位置来定位元素。

图 8-3　百度首页上的链接

示例代码如下。

```
from selenium import webdriver
from selenium.webdriver.support.relative_locator import with_tag_name
from selenium.webdriver.common.by import By

driver = webdriver.Chrome()
driver.get("http://www.baidu.com")

map_link = driver.find_element(By.LINK_TEXT, "地图")
elements = driver.find_elements(with_tag_name("a").near(map_link))
print("目标元素为 a 元素，它位于"地图"链接附近，符合条件的目标元素有")
for element in elements:
    print(element.text)

elements = driver.find_elements(with_tag_name("a").to_left_of(map_link))
print("目标元素为 a 元素，"地图"链接在其左侧，符合条件的目标元素有")
for element in elements:
    print(element.text)

news_link = driver.find_element(By.LINK_TEXT, "新闻")
```

```
    elements = driver.find_elements(with_tag_name("a").to_right_of(news_link).to_left_of
(map_link))
    print("目标元素为 a 元素，"地图"链接在其左侧，"新闻"链接在其右侧，符合条件的目标元素有")
    for element in elements:
        print(element.text)
```

执行代码后的输出结果如下所示。

> 目标元素为 a 元素，它位于"地图"链接附近，符合条件的目标元素有
> hao123
> 视频
> 目标元素为 a 元素，"地图"链接在其左侧，符合条件的目标元素有
> 新闻
> hao123
> 目标元素为 a 元素，"地图"链接在其左侧，"新闻"链接在其右侧，符合条件的目标元素有
> hao123

目前在 Python WebDriver 中，只有 `find_elements` 函数支持相对定位器，而 `find_element` 函数暂不支持。以下是 Selenium WebDriver 4 Python 版的部分源码，可以看出相对定位器的原理本身并不复杂，它是靠注入一段 JavaScript 脚本来执行的。

```
    def find_elements(self, by=By.ID, value=None):
        ...
        if isinstance(by, RelativeBy):
            _pkg = '.'.join(__name__.split('.')[:-1])
            raw_function = pkgutil.get_data(_pkg, 'findElements.js').decode('utf8')
            find_element_js = "return (%s).apply(null, arguments);" % raw_function
            return self.execute_script(find_element_js, by.to_dict())
        ...
```

8.1.3 显式等待组合逻辑

显式等待组合逻辑是另一个新增的功能，以前使用 `WebDriverWait` 进行显式等待时，只能在 `until` 或 `until_not` 中传入一个等待条件。如果等待条件有多个，以前的处理会相当复杂，需要多次调用 `until` 或 `until_not`，并获取每个函数调用的结果，再通过表达式组合起来判断。

在 Selenium 4 中，可以直接使用显式等待组合逻辑函数。要使用这些函数，需要导入 `selenium.webdriver.support.expected_conditions`。这些函数如下。

- `all_of(*expected_conditions)`：多个等待条件必须同时为 `True`，等效于逻辑"与"。当不满足任何判断条件时，返回 `False`；当满足全部等待条件时，以列表形式返回每个等待条件的返回值。
- `any_of(*expected_conditions)`：多个等待条件中至少有一个为 `True`，等效于逻辑"或"。默认情况下，返回第一个为 `True` 的等待条件的返回值；如果没有，则返回 `False`。

❑ `none_of(* expected_conditions)`：多个等待条件中一个为 `True` 的都没有，等效于逻辑"非"。返回值为布尔类型。

接下来仍然以百度首页上的元素为例，说明显式等待组合逻辑的用法。进入百度首页后，可以使用它们来进行各种元素的判断。

```python
from selenium import webdriver
import selenium.webdriver.support.expected_conditions as EC
from selenium.webdriver.support.wait import WebDriverWait
from selenium.webdriver.common.by import By

def bar_link_displayed(webDriver):
    return webdriver.find_element(By.LINK_TEXT,"贴吧").is_displayed()

driver = webdriver.Chrome()
driver.get("http://www.baidu.com")
wait = WebDriverWait(driver, 5)
returns = wait.until(EC.all_of(
    bar_link_displayed,
    lambda p: p.find_element(By.LINK_TEXT,"地图").is_displayed(),
    EC.visibility_of_element_located((By.LINK_TEXT,"视频"))))
print("all_of 示例返回结果: ", returns)
returns = wait.until(EC.any_of(
    EC.visibility_of_element_located((By.ID,"kw")),
    EC.visibility_of_element_located((By.ID,"不存在的元素"))))
print("any_of 示例返回结果: ", returns)
returns = wait.until(EC.none_of(
    EC.visibility_of_element_located((By.ID,"不存在的元素1")),
    EC.visibility_of_element_located((By.ID,"不存在的元素2"))))
print("none_of 示例返回结果: ", returns)
```

本例中分别使用了 3 种组合逻辑函数，在这些函数中传入多个等待条件。其中等待条件可以是在 `selenium.webdriver.support.expected_conditions` 中预定义的条件，也可以是自定义的条件，示例中的 `all_of` 函数中的第一个参数为自定义函数，第二个参数为 Lambda 表达式。

执行代码后的输出结果如下所示。

```
> all_of 示例返回结果: [True, True, <WebElement(session="...", element="...ab2")>]
> any_of 示例返回结果: <WebElement(session="...", element="...5a9")>
> none_of 示例返回结果: True
```

8.1.4 其他更新

Selenium 4 中还有一些细微的更新。

1. 获取等待信息

在之前的版本中,如果通过 `set_page_load_timeout`、`implicitly_wait` 和 `set_script_timeout` 函数设置等待,能够成功,但无法获取当前的等待设置。

在 Selenium 4 中,可以通过 `driver.timeouts` 来获取当前的等待设置,示例代码如下。

```
from selenium import webdriver

driver = webdriver.Chrome()
driver.set_page_load_timeout(5)
driver.implicitly_wait(6)
driver.set_script_timeout(7)

print(driver.timeouts.__dict__)
print(driver.timeouts._page_load)
print(driver.timeouts._implicit_wait)
print(driver.timeouts._script)
```

执行代码后,输出的结果如下,可以看到成功读取了等待设置。

```
> {'_implicit_wait': 6000, '_page_load': 5000, '_script': 7000}
> 5000
> 6000
> 7000
```

2. 打开新窗口

之前的版本并不支持主动打开新窗口,现在可以通过 `new_window` 函数来打开新窗口,示例代码如下。其中参数 `tab` 表示以标签页形式打开,而 `window` 则表示直接以新窗口形式打开。

```
from selenium import webdriver
driver = webdriver.Chrome()
driver.switch_to.new_window("tab")
driver.switch_to.new_window("window")
```

3. 取消 `find_element_by_*` 和 `find_elements_by_*`

在 Selenium 4 中还取消了 `find_element_by_*` 和 `find_elements_by_*` 的系列函数,如果在 Selenium 4 中使用类似于 `driver.find_elements_by_id("kw")` 的函数,会得到以下警告。

```
\lib\site-packages\selenium\webdriver\remote\webdriver.py:400: UserWarning: find_elements_by_* commands are deprecated. Please use find_elements() instead
  warnings.warn("find_elements_by_*commands are deprecated. Please use find_elements() instead")
```

此外,还有大部分修复更新和细微的功能变更,由于日常使用中几乎不会用到这些功能或感知到这些变化，这里不再赘述。感兴趣的读者可以进入 Selenium 官方 GitHub 页面，查看更新详情，如图 8-4 所示。

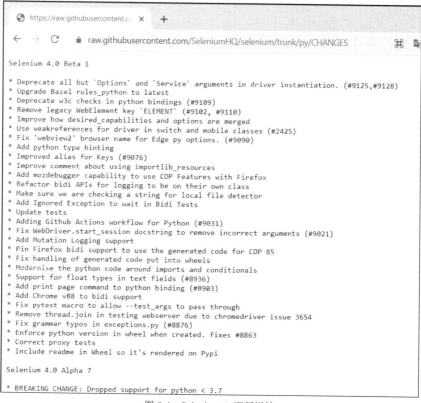

图 8-4　Selenium 4 更新详情

8.2　Selenium Grid 4

Selenium Grid 4 相比 Selenium Grid 3 来说，更新了控制台界面，并在使用时有一些细节上的变化。

8.2.1　下载与启动

在 Selenium 官方网站的下载页面，滑动到 Selenium Server (Grid)区域，可以看到 Selenium Grid 4 的下载链接，如图 8-5 所示。目前 Selenium Grid 的版本为 4.0.0-alpha-5，单击链接即可下载。

下载完成后，在下载路径打开命令行窗口，输入 `java -jar {selenium Server Jar 包文件名}`，在本例中为 `java -jar selenium-server-4.0.0-alpha-5.jar`，可以看

到 Selenium Grid 4 支持的基本命令，如图 8-6 所示。

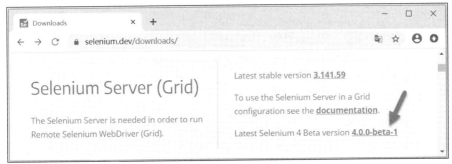

图 8-5　Selenium Grid 4 下载页面

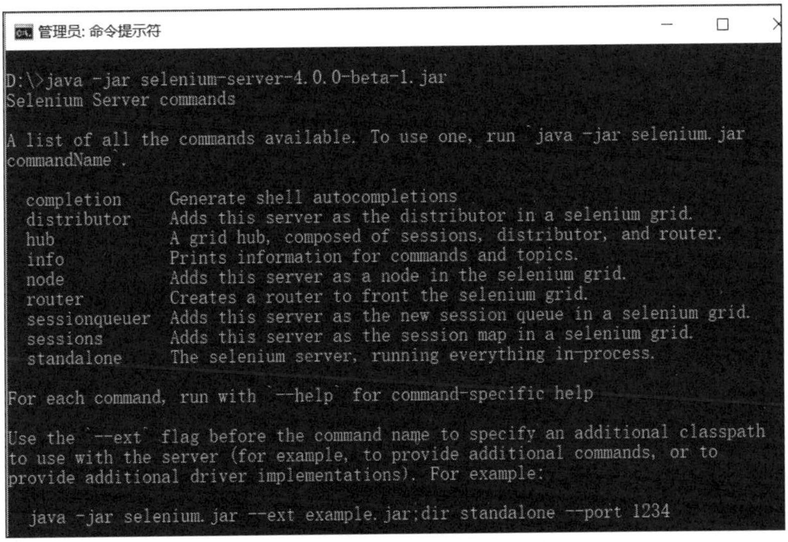

图 8-6　Selenium Grid 4 支持的基本命令

接下来我们以独立模式启动 Selenium Grid 4，端口号为 5000，执行命令 `java -jar selenium-server-4.0.0-beta-1.jar standalone -port 5000`，启动成功后命令行界面如图 8-7 所示。

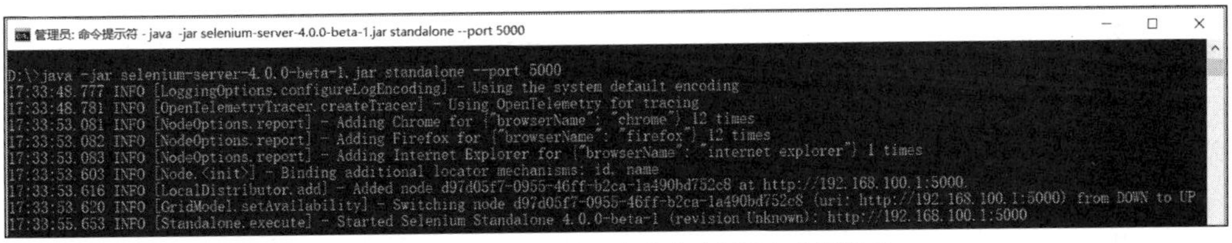

图 8-7　Selenium Grid 4 启动成功后的命令行界面

此时通过"http://机器 IP 地址:端口号"来访问 Selenium Grid 4（见图 8-8），在本例中为

"http://192.168.100.1:5000",可以看到 Selenium Grid 4 已启动。

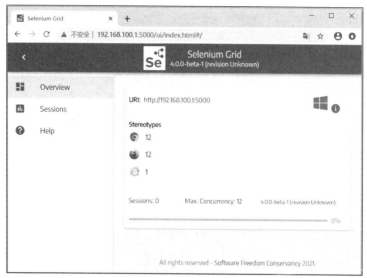

图 8-8　通过网页访问 Selenium Grid 4

8.2.2　运行测试

目前 Selenium Grid 已处于运行状态,最多支持 25 个会话,其中 Chrome 和 Firefox 各支持 12 个,而 IE 支持一个。

此时可以编写相关代码来使用 Selenium Grid 了,在之前的版本中,如果要调用 Selenium Grid,其 URL 为"http://机器 IP 地址:端口号/wd/hub",现在不再需要"/wd/hub"路径了,直接使用"http://机器 IP 地址:端口号"即可,相关代码如下。

```
from selenium import webdriver
from selenium.webdriver.common.by import By

driver = webdriver.Remote("http://192.168.100.1:5000", options=webdriver.ChromeOptions())
driver.get("https://www.baidu.com")
driver.find_element(By.ID, "kw").send_keys("hello world")
driver.find_element(By.ID, "su").click()
```

运行代码后,可以在 Selenium Grid 页面单击左侧的 Sessions 选项,以查看当前运行的会话。可以看到现在已经有了一条会话数据,并展示了该会话的各项信息。

除以独立模式运行 Selenium Gird 4 外,还可以使用 Hub-Node 模式来组建 Selenium Gird 4 集群。具体方式和 Selenium Grid 3 类似,但细节命令上有一些变化。例如,通过以下方式,可以创建由一个 Hub 和两个 Node 组成的 Selenium Gird 4 集群。

首先,执行以下命令,创建一个 Hub。

```
java -jar selenium-server-4.0.0-beta-1.jar hub --port 5000
```

Hub 启动后，分别执行以下命令，创建两个 Node，并注册到 Hub 中。

```
java -jar selenium-server-4.0.0-beta-1.jar node --port 32000 --public-url
http://192.168.100.1:5000
java -jar selenium-server-4.0.0-beta-1.jar node --port 32001 --public-url
http://192.168.100.1:5000
```

之后通过"http://Hub 所在机器 IP 地址:Hub 端口号"来访问 Hub 页面，在本例中为"http://192.168.100.1:5000"。稍后你可以看到 Selenium Grid 4 集群已成功搭建，它包含了两个 Node，如图 8-9 所示。

图 8-9　Selenium Gird 4 Hub 中注册的 Node 列表

目前 Selenium Grid 4 还处于实时更新中，感兴趣的读者可以在 Selenium 官网上查看进展详情。

第 9 章 Appium 的基本运用

Appium 是一个开源工具,完全基于 WebDriver 标准,通过不同的 WebDriver,不仅实现了对 iOS、Android、Windows 平台的原生应用程序(例如手机上常用的 App 和 Windows 软件)、Web 应用程序(网页应用程序)及混合应用程序(WebView 等原生控件包装后的网页)的支持,还实现了对以上 3 个平台的跨平台支持,达成了高度的自动化复用。

支持 iOS、Android 原生应用程序可以说是 Appium 最强大的功能之一。Windows 系统的原生应用程序也有可圈可点之处,但目前 Windows 原生应用程序和其他平台并不存在共通性、复用性及可移植性,且有其他更成熟的工具代替,所以 Appium 在 Windows 桌面端应用方面作用不大。而 iOS 和 Android 原生应用程序的开发由于 React Native(用同一套代码编写 iOS 和 Android 应用程序)的出现,拥有了更多共通性及可复用之处,Appium 在移动设备上将发挥更大的作用。

9.1 Appium 运行原理简介

Appium 是使用 Node.js 编写的 HTTP 服务器,使用方式与 Selenium Grid 十分相似,分为客户端和服务器端,在使用前需要搭建好 Appium 服务器,然后在客户端通过代码连接 RemoteDriver 并创建远程 WebDriver 实例。

Appium 的整体交互方式如下。

(1)客户端通过会话与服务器进行通信,其中通信过程中的关键元素与 JSON 帮助对象一起发送。通信由 JSON 有线协议处理。

(2)服务器使用 `desired_capabilites` 参数区分 iOS 请求和 Android 请求。

(3)Appium 服务器将请求发送给相应的 UI 自动化程序(Android 为 UIAutomator2,iOS

为 XCUITest）。

（4）UI 自动化程序处理请求，并在模拟器或真实设备上执行命令。

（5）通过 JSON 有线协议，将测试会话的结果发送到 Appium 服务器，然后以日志的形式发送回客户端。

具体过程如图 9-1 所示。

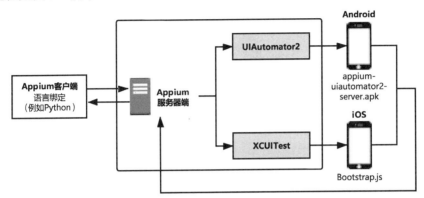

图 9-1　Appium 整体交互过程

对于 Android 系统和 iOS，Appium 在执行方面略有不同，这里简单介绍一下。

Android 系统上的 Appium 使用 UIAutomator2 框架进行自动化。UIAutomator2 是为了实现 Android 系统的自动化而构建的框架。Appium 在 Android 系统上的工作方式如下。

（1）Appium 客户端（Python/C#/Java 等）与 Appium 服务器进行连接，通过 JSON 有线协议进行通信。

（2）Appium 服务器为客户端创建一个自动化会话，并检查客户端所需功能（`desired_capabilities`），然后与 Google 提供的框架 UIAutomator2 连接。

（3）UIAutomator2 将在模拟器或真实设备中安装 Appium-uiautomator2-server.apk（如果尚未安装）并运行，准备执行客户端操作。

（4）在这里，Appium-uiautomator2-server.apk 中的应用程序扮演着 TCP 服务器的角色，接收请求并发送操作命令，在 Android 设备上执行操作。

在 iOS 设备上，Appium 使用苹果提供的 XCUI 测试 API 与 UI 元素进行交互，这套框架名为 XCUITest，它是苹果公司开发的 XCode 附带的自动化框架。

（1）Appium 客户端（Python/C#/Java 等）与 Appium 服务器进行连接，通过 JSON 有线协议进行通信。

（2）Appium 服务器为客户端创建一个自动化会话，并检查客户端所需功能（`desired_capabilities`），然后与苹果提供的框架 XCUITest 连接。

（3）XCUITest 将与在模拟器或真实设备中运行的 Bootstrap.js 通信，以执行客户端操作。

（4）Bootstrap.js 将对被测试的应用程序执行操作。命令执行完毕后，会将消息及已执行命令的详细日志信息发送回 Appium 服务器。

虽然 Appium 支持不同的手机平台，但操作方式非常接近，本书主要以 Android 平台为例，介绍 Appium 的使用方式。

9.2 Appium 的安装与配置

Appium 的安装并不复杂，只需按照以下步骤依次安装即可。

9.2.1 安装 Android SDK

Appium 服务器基于 Android SDK，而 Android SDK 又基于 JDK，在安装 Appium 之前，需要先安装并配置好这些依赖项。

JDK 的安装非常简单，只需在 Java 官网下载 JDK 安装程序并运行，默认一直单击"下一步"按钮即可。注意，在安装结束后，需要新建 JAVA_HOME 环境变量，并将其配置到环境变量 PATH 中。在本例中，JDK 的安装路径为 C:\Program Files (x86)\Java\jdk-13.0.2，因此需要在"新建系统变量"对话框中，指定"变量名"为"JAVA_HOME"，设置"变量值"为"C:\Program Files (x86)\Java\jdk-13.0.2"，如图 9-2 所示。

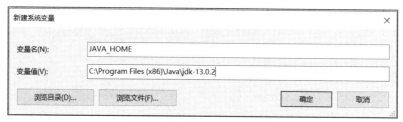

图 9-2　命名变量并指定变量值

然后将"%JAVA_HOME%\bin"添加到环境变量 PATH 中，如图 9-3 所示。

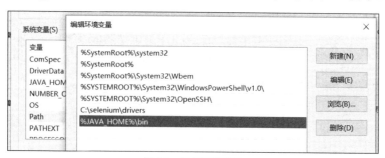

图 9-3　添加环境变量

Android SDK 的安装相对复杂，这里推荐安装 Android Studio。Android Studio 是 Android

的集成开发环境，其中包含 Android SDK 及测试所需的 Android 模拟器，安装相对方便。

1. 安装与配置 Android Studio

进入 Android Studio 官方网站，然后选择合适的版本并下载，如图 9-4 所示。在本例中选择的是 android-studio-ide-191.6010548-windows.exe。

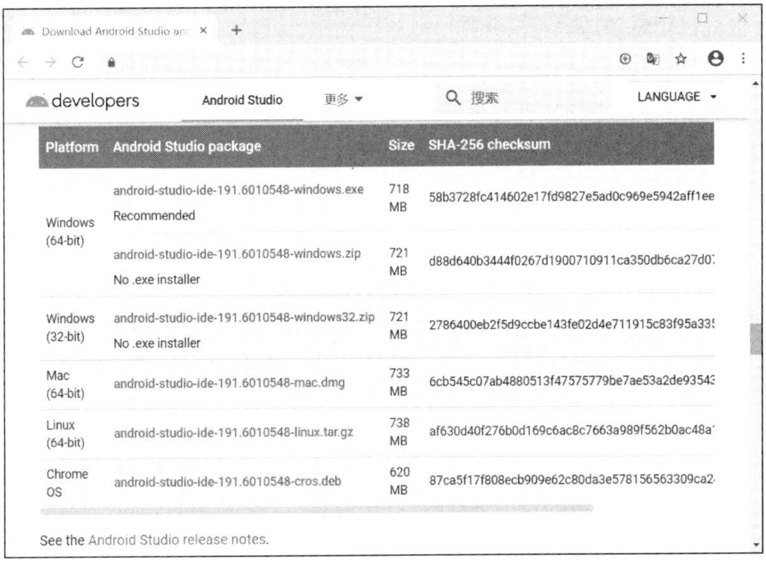

图 9-4　选择 Android Studio 版本并下载

下载完毕后进行安装，连续单击 Next 按钮即可。注意，当出现如下界面时，勾选 Android Virtual Device 复选框，以安装 Android 虚拟设备，如图 9-5 所示。

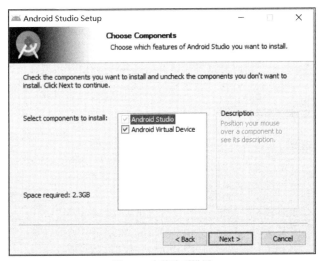

图 9-5　安装选项设置

安装完成后运行 Android Studio，进行初始化设置，持续单击 Next 按钮即可。注意，当出现如下界面时，勾选 Android Virtual Device 复选框以便启用虚拟设备。除此之外，还要注意，这里的 Android SDK 安装地址稍后需要配置到环境变量当中，如图 9-6 所示。

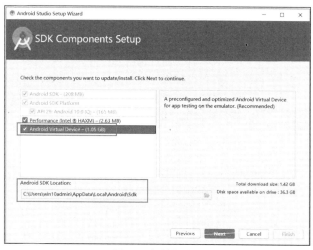

图 9-6　初始化设置

之后单击 Next 按钮直到完成，下载 Android Studio 的各个组件，耐心等待下载结束，之后就可以进入 Android Studio 了。

接下来，配置环境变量，如果你忘记了 SDK 的安装地址，从 Android Studio 的菜单栏中选择 File→Settings 命令，然后进入 Settings 对话框，在对话框左侧选择 System Settings→Android SDK 即可查看，如图 9-7 所示。

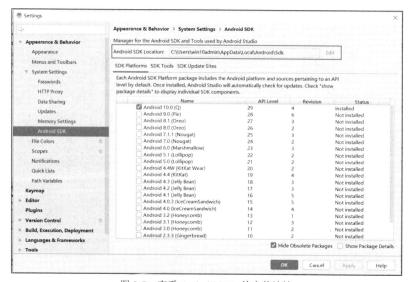

图 9-7　查看 Android SDK 的安装地址

9.2 Appium 的安装与配置

右击"此电脑",选择"属性"选项,然后选择"高级系统设置"。在弹出的对话框中单击"环境变量"按钮,然后在"系统变量"一栏单击"新建"按钮,输入环境变量名称 ANDROID_HOME,变量值为 SDK 的路径(在本例中为"C:\Users\win10admin\AppData\Local\Android\Sdk"),如图 9-8 所示。

图 9-8　新建环境变量 ANDROID_HOME

2. 配置虚拟 Android 设备

接下来配置用来测试的虚拟 Android 设备。在 Android Studio 界面的右上角,有一个"虚拟设备管理器"图标,如图 9-9 所示。

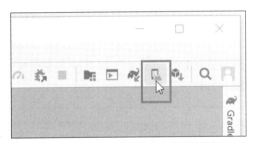

图 9-9　Android"虚拟设备管理器"图标

单击"虚拟设备管理器"图标,进入 Android Virtual Device Manager 界面,如图 9-10 所示。

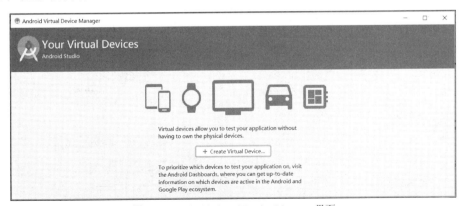

图 9-10　Android Virtual Device Manager 界面

单击"+ Create Virtual Device"按钮添加虚拟设备，选择一种虚拟设备型号即可。在本例中选择的是移动电话设备（Phone），型号为 Galaxy Nexus，如图 9-11 所示。

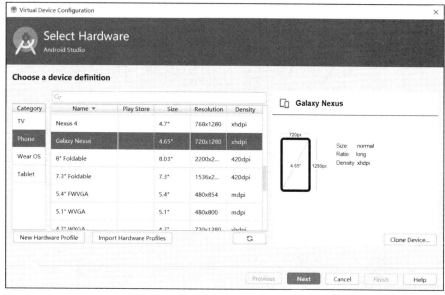

图 9-11　选择设备型号

单击 Next 按钮，选择 Android 系统版本（如果没有该版本，可以单机版本名称旁边的 Download 链接下载），如图 9-12 所示。

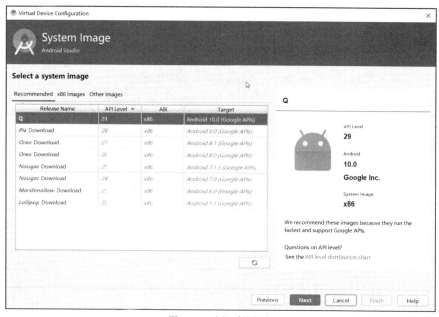

图 9-12　选择系统版本

单击 Next 按钮，输入设备名称，进行最后的设置，如图 9-13 所示。

图 9-13　设置设备细节

单击 Finish 按钮完成设置，然后可以在 Android Virtual Device Manager 界面看到这个虚拟设备。单击右侧虚拟设备的播放按钮，即可运行虚拟机，如图 9-14 所示。

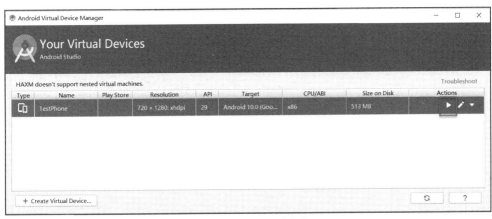

图 9-14　查看并运行虚拟机

虚拟机运行界面如图 9-15 所示。

第 9 章　Appium 的基本运用

图 9-15　运行中的虚拟机

9.2.2　安装 Appium 服务器

无论是 iOS 平台还是 Android 平台，都需要安装 Appium 服务器。Appium 官方提供了完整的 Appium-desktop 安装包，它已经封装了 Appium 服务器的所有依赖，因此无须再安装 Node.js。

进入 Appium 的下载界面，如图 9-16 所示，选择对应的版本即可，在本例中为 Appium-windows-1.15.1.exe。

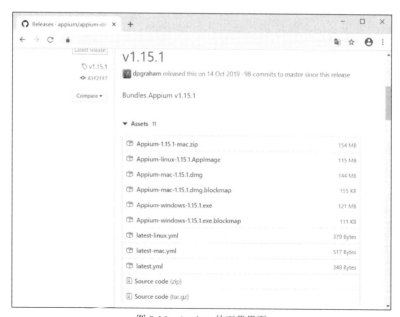

图 9-16　Appium 的下载界面

下载完成后进行安装，持续单击 Next 按钮即可。安装完成后运行 Appium，进入 Appium 初始界面，如图 9-17 所示。

单击 Edit Configuration 按钮，查看 Appium 依赖的两个环境变量是否正确配置，如图 9-18 所示，如果配置不正确或为空值，需要重新配置这些环境变量。

图 9-17　Appium 初始界面

图 9-18　查看两个环境变量是否正确配置

9.2.3　安装 Appium 客户端

如果你已经安装了 Selenium WebDriver 客户端，在很大程度上无须再安装 Appium 客户端，两者都基于 WebDriver 标准，使用 RemoteDriver 进行操作，只需要安装其中一个客户端即可。

但由于原生的 WebDriver 客户端是为了测试 Web 应用程序设计的，因此在测试移动端 App 时会显得略微奇怪。不过，Appium 官方已经提供了一套 Appium 客户端，它和 Selenium 的 WebDriver 客户端一样，都支持多种语言（例如 Python、C#、Java）。如果想要使用 Appium 独有的操作方式处理 App，可以使用 Appium 客户端替换原生的 WebDriver 客户端。严格来说，这并不是替换，而是对原生的 WebDriver 库进行了一些扩展，加入了一些独有的方法，以便更好地执行移动端 App 的测试。

要安装 Appium 客户端，只需在命令行窗口中输入以下命令即可。

```
> pip install Appium-Python-Client
```

安装完成后，可以通过以下命令查看安装的版本。

```
> pip show Appium-Python-Client
```

对于 Web 应用程序，我们仍然可以使用 Selenium WebDriver 客户端来操作，引用方式如下，就和之前的示例中一样。

```
from selenium import webdriver
```

对于 App，则需要使用 Appium 来操作，引用方式如下，和引用 Selenium WebDriver 客户端很相似。Appium 客户端完全继承于 Selenium WebDriver，在使用上完全支持 Selenium WebDriver 的用法，并在其基础上添加了更多新功能。

```
from appium import webdriver
```

9.3 使用 Appium 测试 Web 程序

Appium 支持的浏览器有限，iOS 只支持 Safari，Android 只支持 Chrome 或默认浏览器。

这里以 Chrome 浏览器为例，在虚拟设备上运行测试。首先需要运行 Appium。在本例中使用的端口号为 6000，如图 9-19 所示。

图 9-19　Appium 初始界面设置

9.3.1　设置浏览器驱动程序

在 Appium 界面中单击 Advanced（高级）标签页，进入高级设置界面，需要填写浏览器驱动程序 ChromeDriver 的可执行文件.exe 的路径（浏览器驱动程序的下载与配置参见 4.1.1 节），如图 9-20 所示。

需要注意的是，驱动程序的版本必须与手机设备的浏览器版本匹配。在手机端 Chrome 浏览器中通过 Setting→About Chrome 命令可以查看浏览器版本，在本例中，使用的 Chrome 版本为 74，如图 9-21 所示。

9.3 使用 Appium 测试 Web 程序

图 9-20　配置 Chrome 浏览器驱动程序

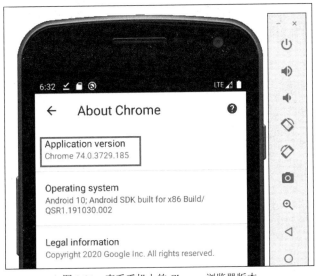

图 9-21　查看手机上的 Chrome 浏览器版本

下载 Chrome 驱动程序时，需要下载对应的版本，在本例中，应该下载 74.0.3729.6 文件夹下的驱动程序，如图 9-22 所示。

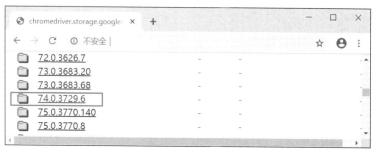

图 9-22　下载对应版本的浏览器驱动程序

9.3.2　编写代码操作 Web 应用程序

驱动程序设置好之后，单击 Start Server 按钮启动 Appium 服务器，将会出现图 9-23 所示的界面，表示服务器已启动。

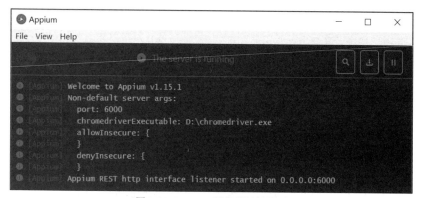

图 9-23　Appium 服务器运行界面

接下来就可以编写客户端代码了。测试 Web 应用程序就像是使用 Selenium Grid 一样。可以不使用 Appium 客户端，直接使用 Selenium WebDriver 客户端，代码如下所示。

```python
from selenium import webdriver
from selenium.webdriver.common.by import By

server='http://localhost:6000/wd/hub'
desired_caps={
  "platformName": "Android",
  "deviceName": "Any",
  "browserName": "chrome"
}

driver = webdriver.Remote(server, desired_caps)
driver.get("https://www.baidu.com")
driver.find_element(By.ID, "index-kw").send_keys("hello world")
driver.find_element(By.ID, "index-bn").click()
```

这里连接的远程服务器地址是 Appium 的服务器地址，而对于 Appium 的 `desired_capabilities`，有两个必选参数。其中一个是 `platformName`，表示运行平台，这里使用的是 Android，对于 iPhone 等设备这里需填写 iOS。另一个是 `deviceName`，表示设备名称，这个参数只对 iOS 设备有效，对 Android 设备无效，但它是必填项，因此必须填写一个任意值。

代码执行后将在虚拟 Android 设备上启动 Chrome，打开百度首页并搜索 hello world 关键字。运行结果如图 9-24 所示。

Appium 对 Web 应用程序可以进行所有操作，这和之前介绍的 Selenium WebDriver 一模一样，这里不再重复介绍，参照以往的章节即可。

图 9-24　测试运行结果

9.3.3　通过 Appium 工具查看元素信息

通过 Appium 还可以查看各个元素的属性，以便进行定位。只需单击 Appium 服务器界面上的放大镜按钮，即可启动 Appium 提供的检测工具，如图 9-25 所示。

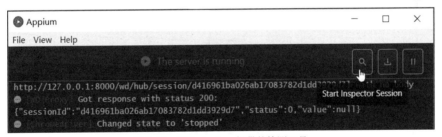

图 9-25　启动 Appium 提供的检测工具

在检测工具中的 JSON Representation 区域，输入刚才示例中传入的 `desired_capabilities`，如图 9-26 所示，就会以刚才在代码中设置的方式在虚拟 Android 设备中启动浏览器。

然后单击右下角的 Start Session 按钮，就会在虚拟 Android 设备中启动会话。检测工具将进入一个分栏的界面，左侧为当前虚拟 Android 设备中的界面，中间的 App Source 区域列出了当前界面的层次结构，右侧的 Selected Element 区域列出了当前界面中选中的元素，如图 9-27 所示。

现在在虚拟 Android 设备中进行操作，进入百度首页，但 Appium 工具中左侧的界面并不

175

是同步变化的,需要在工具界面上单击刷新按钮,如图 9-28 所示。

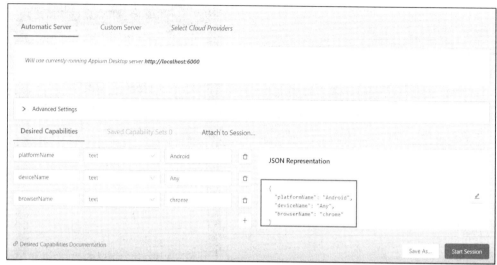

图 9-26　在 JSON Representation 区域输入参数

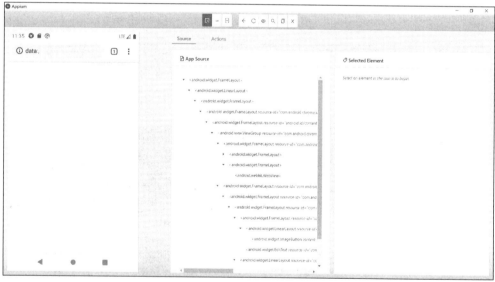

图 9-27　Appium 检测工具运行界面

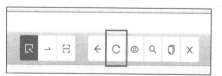

图 9-28　界面刷新按钮

此时工具左侧的界面会刷新。接着单击左侧界面上的任意元素,例如百度搜索文本框,右侧的 Selected Element 区域会显示该元素的所有属性。这些属性可作为编写客户端代码的参考,如图 9-29 所示。

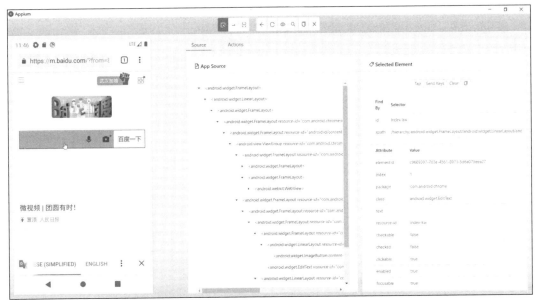

图 9-29　查看元素属性

9.3.4　其他替代方案

然而,通过 Appium 在手机设备上执行 Web 应用程序未必是最佳的方案。一是由于 Appium 在手机上支持的浏览器有限,二是使用 Appium 涉及的设备过多,命令经过多层转发,调试时涉及的因素较多。例如 Appium 服务器配置问题、手机设备配置问题都会导致运行失败,给调试带来麻烦。

如果只要测试移动版的网站,大可不必使用虚拟机或者实体机,直接在桌面版的 Chrome 浏览器中,通过设置 User-Agent 为手机版,就可以访问移动版网站。在 Chrome 浏览器中,按 F12 键,查看元素属性,比通过 Appium 的检测工具查看更简单。

接下来仍然以百度为例,使用 --user-agent 模拟手机信息,以便访问移动版百度首页,具体代码如下。

```
from selenium import webdriver
from selenium.webdriver.chrome.options import Options

customOptions = Options()
customOptions.add_argument('--window-size=480,800')
customOptions.add_argument('--user-agent=Mozilla/5.0 (iPhone; CPU iPhone OS 11_0 like Mac OS X) AppleWebKit/604.1.38 (KHTML, like Gecko) Version/11.0 Mobile/15A372 Safari/604.1')
```

```
driver = webdriver.Chrome(options=customOptions)
driver.get("https://www.baidu.com")
```

上述代码通过 User-Agent 模拟在 iPhone 上使用 Safari 浏览器访问百度首页，因此返回的页面为手机版的百度首页，窗口大小设置为 800×480，以便以合适的比例呈现页面。代码执行后的页面如图 9-30 所示。

图 9-30　手机版百度首页

也可以使用 Chrome 浏览器的特殊设置，模拟特定的设备进行访问，例如以下代码模拟在 iPhone X 上访问。

```
from selenium import webdriver
from selenium.webdriver.chrome.options import Options

customOptions = Options()
mobile_emulation = {"deviceName": "iPhone X"}
customOptions.add_experimental_option("mobileEmulation", mobile_emulation)
driver = webdriver.Chrome(options=customOptions)
driver.get("https://www.baidu.com")
```

通过这种方式，可以实现移动版网站的测试，而无须依赖手机设备，也不必使用 Appium。

9.4　使用 Appium 测试 App

Appium 不仅支持 Web 应用程序的测试，还支持 App 的测试。接下来将以在 Android 设备上操作微信 App 为例，详细介绍 App 测试的方法。

9.4.1 连接真实的移动设备

由于模拟器本身是X86架构,并非真实手机的ARM架构(这两种架构的指令集完全不同),因此在开发模式下,可以将开发中的 App 直接安装到模拟器上,但日常真正在手机上使用的正式版 App 已经无法再安装到模拟器上。

要解决这个问题,最简单的方法就是让 Appium 连接真实的 App 设备,在真机上进行测试,这样更符合实际的使用场景。

连接真实设备的过程非常简单,如果计算机上已经安装了 Android SDK,只需在手机设备上打开"USB 调试"选项即可(部分手机设置会更加细化,还需要打开"USB 安装""允许通过 USB 调试操作界面"等设置,以便通过 USB 安装 Appium 等应用程序并操作界面)。

打开"USB 调试"后,通过数据线将手机和计算机相连,然后针对 Android SDK 安装目录下的 platform-tools 目录开启命令行窗口,输入"adb devices -l"查看当前已连接的设备,如图 9-31 所示。如果设备成功列出,则表示连接成功。

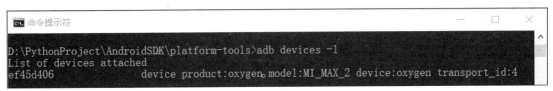

图 9-31 设备连接状态

9.4.2 解析启动属性 appPackage 和 appActivity

如同 Web 测试,在测试之前,我们需要指定浏览器类型,例如 Chrome、Safari,并输入 URL,才能够真正开始进行测试。对于 App,我们需要指定 App 的名称及启动入口,如下所示。

```
desired_caps={
  "platformName": "Android",
  "deviceName": "Any",
  "appPackage": "App 名称",
  "appActivity": "App 启动入口"
}
```

App 名称对应 App 的 `appPackage` 属性,App 启动入口对应 App 的初始 `appActivity` 属性。这两个启动属性是在开发时由开发人员定义的,因此最快的方法是询问开发人员。对于已经发布的 App,则需要以其他方法来解析了。

解析的方法有很多,这里介绍两种主要的方式。可以解析当前手机(模拟器或真机都支持)已经启动的 App,也可以通过 Apk 安装包来获取属性。

1. 解析当前手机已启动的 App 以获取属性

首先保持手机和计算机的连接状态，然后针对 Android SDK 安装目录下的 platform-tools 目录开启命令行窗口。

此时在手机上操作 App，本例中使用的是微信。在手机上打开微信 App，进入微信界面后，在计算机的命令行窗口中输入以下命令。

```
adb shell "dumpsys window windows | grep -E 'mCurrentFocus'"
```

该命令会获取手机当前使用的 App 窗口信息，命令执行后输出的结果如图 9-32 所示。在输出的结果中有一串字符 com.tencent.mm/com.tencent.mm.ui.LauncherUI，斜杠前面的 com.tencent.mm 就是 appPackage 属性，斜杠后面的 com.tencent.mm.ui.LauncherUI 就是 appActivity 属性。

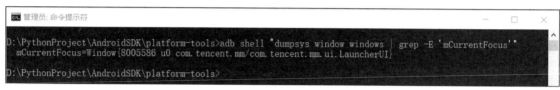

图 9-32　命令执行结果

还有一个命令和上述命令类似，通过以下命令也可以获取当前使用的 App 信息。

```
adb shell "dumpsys window windows | grep -E 'mFocusedApp'"
```

执行结果如图 9-33 所示。在输出的结果中有一串字符 com.tencent.mm/.ui.LauncherUI，斜杠前面的 com.tencent.mm 就是 appPackage 属性，斜杠后面的 .ui.LauncherUI 就是 appActivity 属性（缩写形式，省略了前面的 com.tencent.mm）。

图 9-33　另一种命令的执行结果

然而，这种方式能准确地获得 appPackage，并不能准确获得 appActivity。有些时候 App 会先启动一个初始 appActivity，然后进入另一个 appActivity。再次使用以上命令时，appActivity 已经不是初始进入的 appActivity 了。例如，对于 QQ 邮箱，打开 QQ 邮箱后，会跳转到邮箱文件夹界面，再次执行命令，会发现 appActivity 为 com.tencent.qqmail.fragment.base.MailFragmentActivity，如图 9-34 所示，但它已经不是初始的 appActivity。如果将其填入 desired_capabilities，将无法成功启动 App。

9.4 使用 Appium 测试 App

图 9-34 QQ 邮箱的 `appPackage` 和 `appActivity`

此时可以使用以下命令，查看当前手机上 App 窗口的整体打开情况。

```
adb shell "dumpsys window windows"
```

命令执行结果如图 9-35 所示，在输出结果的末尾，可以看到 `mLastOpeningApp` 属性，它表示最近打开的 App 窗口，而 `mLastClosingApp` 表示刚刚关闭的 App 窗口。两者的 `appPackage` 都是 `com.tencent.androidqqmail`，但 `appActivity` 不同。由于 App 一定先启动初始 `appActivity`，然后才能启动其他 `appActivity`，因此刚刚关闭的 App 窗口才是初始 `appActivity`，`com.tencent.qqmail.launcher.desktop.LauncherActivity` 才是我们需要的 `appActivity` 值。

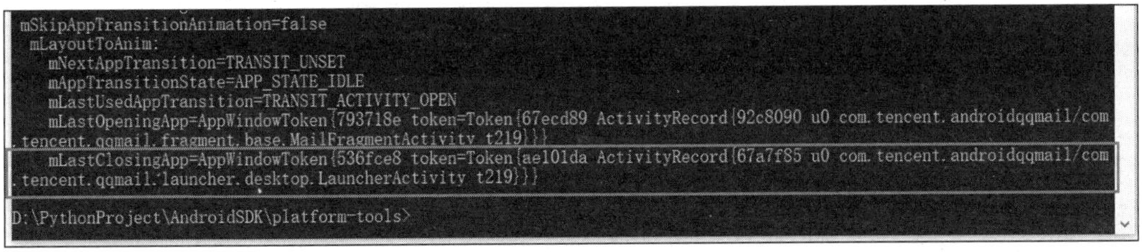

图 9-35 命令执行结果

2. 解析 Apk 安装包以获取属性

可以通过解析 Apk 安装包获取启动属性。以这种方法获取的初始 `appActivity` 是绝对准确的，可以在计算机上下载安装包，例如微信安装包文件。

接下来针对 Android SDK 安装目录下的 "build-tools\版本号" 目录开启命令行窗口（在本例中为 build-tools\29.0.3 目录），输入 "aapt dump badging 安装包路径" 查看信息。在本例中的命令如下。

```
aapt dump badging D:\weixin_app.apk
```

输出结果比较长。其中 `package: name='com.tencent.mm'` 表示 `appPackage` 属性，如图 9-36 所示。

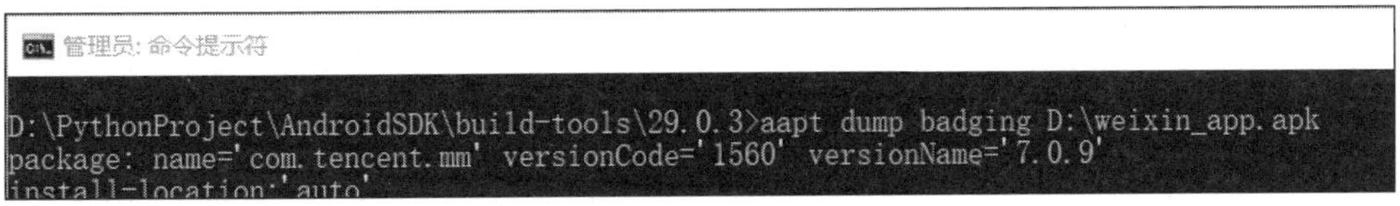

图 9-36 查看 `appPackage` 属性

然后在输出结果中找到 `launchable-activity`，如图 9-37 所示，`launchable-activity: name='com.tencent.mm.ui.LauncherUI'` 表示 `appActivity` 属性。

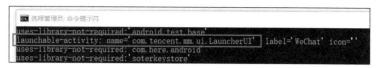

图 9-37　查看 appActivity 属性

9.4.3　查看并定位界面元素

找到 App 的 appPackage 和 appActivity 属性后，就可以通过 Appium 来启动 App 了。首先启动 Appium，然后单击 Appium 服务器界面上的放大镜按钮，即可启动 Appium 提供的检测工具，如图 9-38 所示。

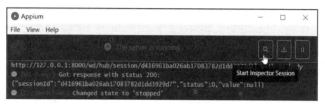

图 9-38　启动 Appium 提供的检测工具

在检测工具中的 JSON Representation 区域，输入启动微信需要的 desired_capabilities，将 appPackage 和 appActivity 设置为刚才解析微信 App 时的值，然后单击右下角的 Start Session 按钮，如图 9-39 所示。

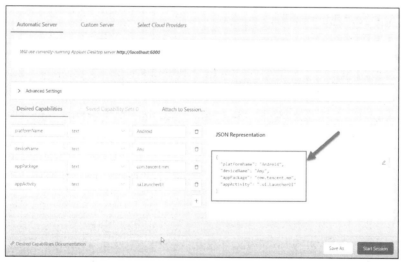

图 9-39　配置检测工具

接下来手机上会打开微信，而 Appium 工具将同步加载微信界面。此时单击图 9-40 所示界面中左侧的"登录"按钮，右侧的 Selected Element 区域会显示该按钮的所有属性，这些属性可作为编写客户端代码的参考。例如该按钮的 id 属性为 com.tencent.mm:id/ene，可以记录下来，作为编写代码时的参考。

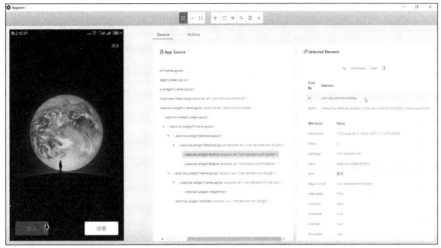

图 9-40　"登录"按钮检测结果

在图 9-40 所示界面左侧选中"登录"按钮后，单击 Selected Element 区域的 Tap 按钮，Appium 会向手机发送单击"登录"按钮的命令。Tap 按钮的位置如图 9-41 所示。

接下来 Appium 会操作手机，单击"登录"按钮，进入登录窗口，而 Appium 工具也会跳转到登录窗口。此时在图 9-42 所示界面左侧选中"手机号"文本框，右侧的 Selected Element 区域会显示该文本框的所有属性，其 id 为 com.tencent.mm:id/m7，可以作为编写代码时的参考。

图 9-41　Tap 按钮的位置

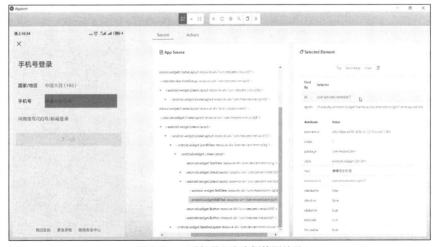

图 9-42　"手机号"文本框检测结果

此时如果单击 Selected Element 区域的 Send Keys 按钮，Appium 会弹出 Send Keys 对话框，这里可以填写要向"手机号"文本框中输入的内容，如图 9-43 所示。

在输入框中输入 136****6666，然后单击 Send Keys，Appium 会直接操作手机，向"手机号"文本框输入同样的内容，Appium 上的界面也会同步更新。

接下来"下一步"按钮被激活，此时可以在 Appium 中继续查看它的属性并进行 Tap 等操作。

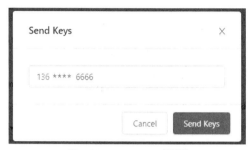

图 9-43　Send Keys 对话框

所有的界面元素都可以使用上述步骤来查看并定位。先在 Appium 左侧界面单击以选择目标元素，然后在 Selected Element 区域查看并记录元素的属性；还可以通过 Selected Element 区域的各个按钮操作元素并同步刷新 Appium 左侧的界面。

9.4.4　编写操作代码——微信登录案例

现在我们已经知道了微信 App 的 appPackage 和 appActivity 属性，也知道了 App 的几个界面操作和 Web 应用的操作几乎一致，区别在于要操作 App，需要导入 Appium 客户端中的 WebDriver 对象。

```
from appium import webdriver
```

关于微信 App 的操作，示例代码如下。

```
from appium import webdriver
from selenium.webdriver.common.by import By
from selenium.webdriver.support.ui import WebDriverWait
from selenium.webdriver.support import expected_conditions as EC

server='http://localhost:6000/wd/hub'
desired_caps={
  "platformName": "Android",
  "deviceName": "Any",
  "appPackage": "com.tencent.mm",
  "appActivity": ".ui.LauncherUI"
}

#启动微信 App
driver = webdriver.Remote(server, desired_caps)

loginButton = WebDriverWait(driver, 20).until(EC.presence_of_element_located((By.ID,
"com.tencent.mm:id/ene")))
#单击"登录"按钮
```

```
loginButton.click()

numberTextbox = WebDriverWait(driver, 20).until(EC.presence_of_element_located((By.
ID, "com.tencent.mm:id/m7")))
# 输入号码
numberTextbox.send_keys("136 6666 6666")

# 单击"下一步"按钮
driver.find_element(By.ID, "com.tencent.mm:id/b2f").click()
```

代码执行后,将在手机上打开微信 App,进入初始界面,然后单击"登录"按钮,在登录界面的"手机号"文本框中输入 136****6666,最后单击"下一步"按钮。

第 10 章　Appium 的高级运用

Appium 拥有非常强大的功能。一方面，因为 Appium 拥有功能完善的检测工具，可以非常好地协助自动化代码的编写；另一方面，Appium 在 WebDriver 的基础之上，提供了更多针对移动设备的测试函数，进一步丰富了移动设备的测试方式和场景。

本章介绍 Appium 的这些高级运用方式。

10.1　Appium 检测工具的具体功能

在计算机上开启虚拟手机设备或连接真实手机设备（本例中使用虚拟设备），启动 Appium，单击右上角的放大镜图标打开 Appium 检测工具，在 JSON Representation 区域输入以下内容，然后单击 Start Session 按钮，启动会话，如图 10-1 所示。

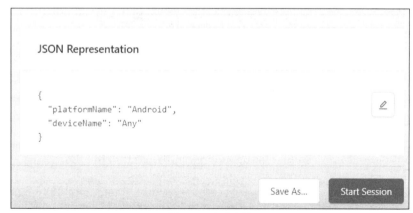

图 10-1　启动会话

提示：在之前的章节中，我们通过 appPackage 和 appActivity 参数来进入某个 App。之所以这么做，是为了保持测试脚本的可迁移性。如果不使用这两个属性，那么在接入手机后，就会从手机的当前界面开始测试。对于不同型号的手机，界面其实是不一样的，App 启动图标的位置也可能完全不一样。如果使用 appPackage 和 appActivity 参数，就可以直接启动对应 App 的界面，避免平台差异导致初始操作不同。但这两个参数在代码中并不是必需的。

之后会进入 Appium 检测工具界面，由于没有使用 appPackage 和 appActivity 参数，当前手机处于什么界面，就会显示什么界面，如图 10-2 所示。

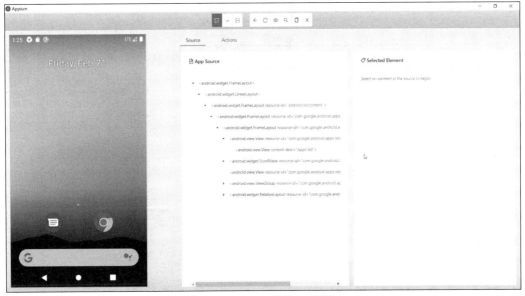

图 10-2　Appium 检测工具界面

Appium 检测工具可执行的操作有 3 类——界面级操作、设备级操作和会话级操作。接下来先介绍界面级操作。

在进行操作之前，可以先单击录制按钮，如图 10-3 所示。

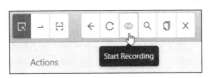

图 10-3　录制按钮

单击录制按钮后，界面上方将弹出 Recorder 面板，如图 10-4 所示，之后所有对界面的操作都会以代码的形式保存下来。

接下来介绍第一个按钮，即选择元素按钮，如图 10-5 所示，前面已经介绍过这个功能，Appium 检测工具默认会选中选择元素按钮。

第 10 章　Appium 的高级运用

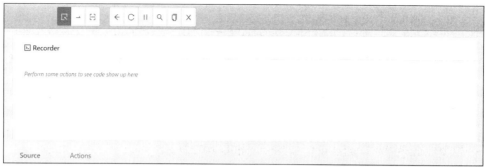

图 10-4　Recorder 面板

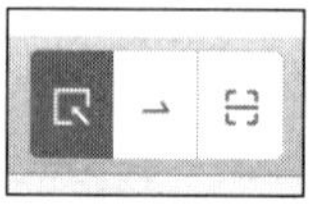

图 10-5　选择元素按钮（左侧第一个）

此时单击左侧界面上的任何一个元素，右侧的 Selected Element 区域都将显示这个元素的全部属性，如图 10-6 所示。

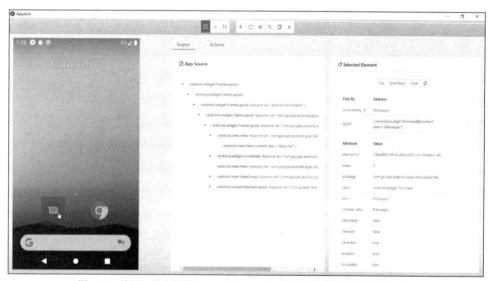

图 10-6　检测工具右侧的 Selected Element 区域显示了所选元素的全部属性

右侧的 Selected Element 区域拥有两个表格，其中第一个表格显示了 Find By 和 Selector 两列。该表格中列出的属性是查找元素时推荐使用的条件，可以将其直接用在客户端代码中作为查询条件，而下方拥有 Attribute 和 Value 两列的第二个表格主要用于查看元素属性。

第二个按钮的功能比较独特，它完全针对手机设备，使用该功能可以在界面上实现滑动效果。此时先单击滑动按钮，如图 10-7 所示。

图 10-7　滑动按钮

然后，在左侧界面选择一个滑动起始点并单击，再选择一个滑动结束点并单击，就会在界面上执行滑动操作，如图 10-8 所示。

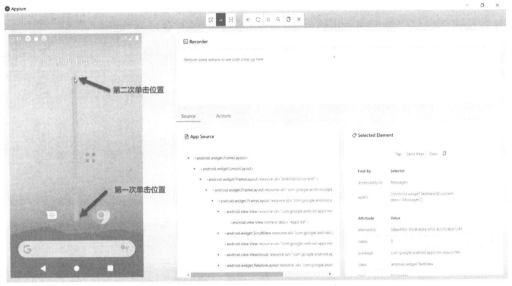

图 10-8　在界面上执行滑动操作

在 Android 原生系统的初始界面中，从下往上滑动会进入 App 图标界面，如图 10-9 所示。现在，在 Recorder 面板中，可以看到已经生成了一行操作代码 TouchAction(driver).press(x=355, y=1026).move_to(x=364, y=244).release().perform()。

图 10-9　进入 App 图标界面，同时生成一行操作代码

接下来是第三个按钮，该按钮的功能是实现界面单击，如图 10-10 所示，这种单击并非单击指定元素，而是基于坐标性质的单击。此时可以单击该按钮，然后在左侧界面中任意位置单击。

图 10-10　实现界面单击的按钮

操作执行后，可以看到 Recorder 面板为此生成了一条命令。该操作本质上是屏幕坐标式的单击，如图 10-11 所示。

图 10-11　Recorder 面板

接下来是后退按钮，如图 10-12 所示，它的功能和 Android 系统的后退键完全一致，单击它即可后退。

图 10-12　后退按钮

此时屏幕将回退时间界面，同时可以看到 Recorder 面板为此生成了一条命令 `driver.back()`，如图 10-13 所示。

然后是刷新按钮，如图 10-14 所示，如果直接在移动设备上操作界面，而不是在 Appium 检测工具上操作界面，那么 Appium 检测工具左侧的界面不会同步变化，需要单击刷新按钮才会变化。

图 10-13　界面后退到首屏，同时录入了一条命令

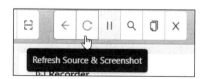

图 10-14　刷新按钮

接着是查找元素按钮，如图 10-15 所示，该按钮可用于验证界面上是否存在指定条件的元素。

例如，此时在界面上选择 Contacts 图标，可以看到右侧有一个属性为 accessibility id，值为 Contacts，如图 10-16 所示，可以将其作为查找条件。

图 10-15　查找元素按钮

然后单击查找元素按钮，进入查找条件设置界面（见图 10-17）。在 Locator Strategy（定位策略）下拉列表中，选择 Accessibility ID。在 Selector（查询表达式）文本框中，填入 Contacts，然后单击 Search 按钮。

图 10-16　选择 Contacts 图标后的 accessibility id 属性值

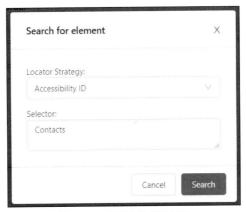

图 10-17　查找条件设置界面

如果该元素存在，将进入元素查找结果界面（见图 10-18），其中会列出所有匹配条件的元素。在列表中选中某个元素，左侧界面上会高亮显示该元素，同时下方的按钮将会变为启用状态，可以复制元素 ID（单击 Copy ID 按钮）、单击元素（单击 Tap Element 按钮）、清空元素内容（单击 Clear 按钮）、输入元素内容（在 Enter keys 文本框中输入和单击 Send Keys 按钮）。

该功能可以很好地辅助测试代码的编写，可以先通过该功能验证自己输入的定位表达式是否正确，然后再到测试代码中填入已经验证的定位表达式。

接着单击 Done 按钮，可以看到 Recorder 面板为此生成了一条查找命令，如图 10-19 所示。

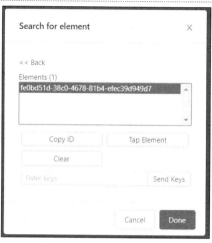

图 10-18　元素查找结果界面

下一个是复制按钮，其功能是复制 XML 源码到剪贴板，如图 10-20 所示。

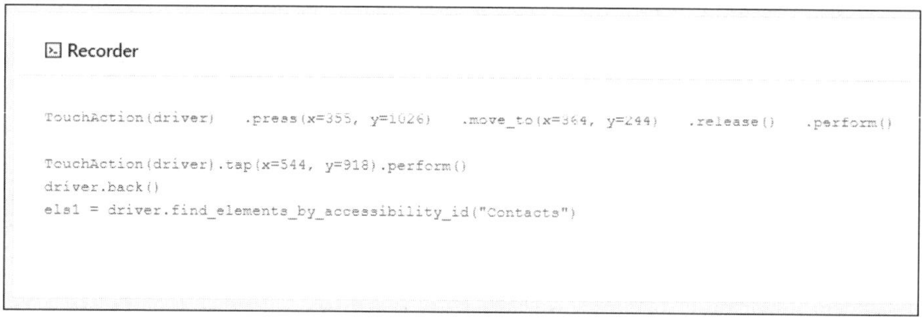

图 10-19　Recorder 面板中的查找命令

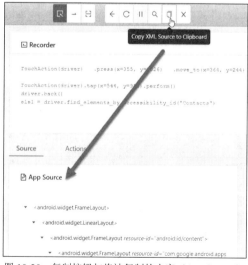

图 10-20　复制按钮与将被复制的内容（App Source）

10.1 Appium 检测工具的具体功能

在左侧界面选中元素后,还可以在右侧的 Selected Element 区域中执行操作,例如此时左侧界面上选中的是 Contacts 图标,可以单击 Tap 按钮对其进行单击操作,如图 10-21 所示。

图 10-21　Tap 按钮

之后,将进入 Contacts 界面,Recorder 面板为此生成了一条单击命令,如图 10-22 所示。

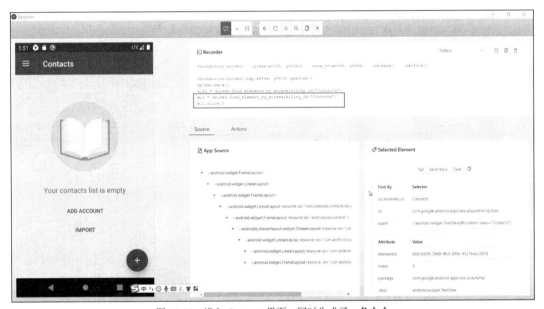

图 10-22　进入 Contacts 界面,同时生成了一条命令

上面这些操作都属于界面级操作,接下来介绍设备级操作和会话级操作。操作设备或会话的功能位于 Actions 标签页。单击该标签页后,可以选择操作类型(Device 或 Session),以及操作对象,并执行操作,如图 10-23 所示。在这里执行的所有操作都会录入 Recorder 面板。

因为可以进行的操作众多,而且它们和之后会介绍的 Appium 函数功能相同,所以这里不再一一详述,只简单介绍一下用法。

193

第 10 章 Appium 的高级运用

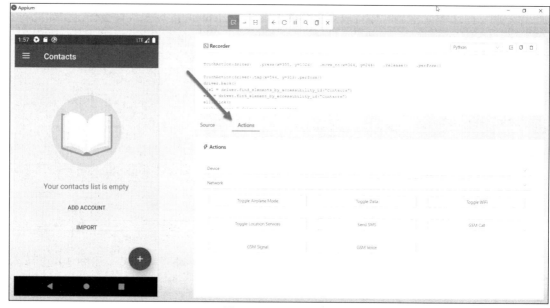

图 10-23　Actions 标签页

例如，如果选择 Device 与 Android Activity 类型的操作，操作按钮将会刷新，此时单击 Current Package 按钮和 Current Activity 按钮，可以查看当前的界面所在的 `appPackage` 属性和 `appActivity` 属性，如图 10-24 所示。

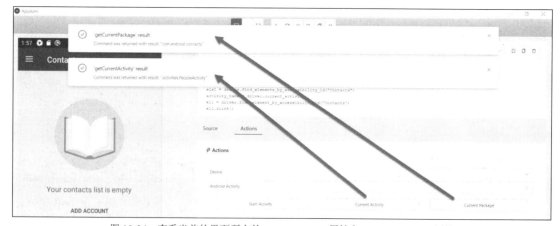

图 10-24　查看当前的界面所在的 `appPackage` 属性和 `appActivity` 属性

最后，所有界面、设备或会话操作都会录入 Recorder 面板，可以单击复制按钮，将所有代码复制到剪贴板，减少编写代码的时间，如图 10-25 所示。

Recorder 面板支持将录制的操作转换为多种语言，单击语言下拉框可以选择需要的编程语言，如图 10-26 所示。

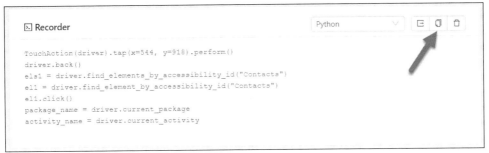

图 10-25　复制代码

图 10-26　语言下拉框中的选项

善用 Appium 检测工具，将大幅提高效率，缩短测试代码的编写时间。

10.2　移动设备元素独有的定位

　　4.4 节介绍了 Selenium WebDriver 的各种定位方式。Appium 客户端因为继承了 Selenium WebDriver，所以完美支持这些定位方式。在日常使用过程中，这些定位方式完全够用了。但 Appium 客户端作为 Selenium WebDriver 的扩展，还支持一些 App 独有的定位方式，这些定位方式可以用于辅助定位元素。

　　然而，不推荐使用这些独有的定位方式。因为现代很多 App 开始使用 React Native（一种基于 JavaScript 的跨平台开发 SDK，只需要开发一套 App 代码，就能在 Android 和 iOS 设备上同时使用）开发，所以各个手机平台的 App 有相当多的共通性。过多使用独有定位，可能导致一套测试脚本在 Android 设备上运行没有问题，但在 iOS 设备上出现问题，需要大量修改才能运行。除非使用 Selenium WebDriver 的定位方式完全定位不到元素（或者定位方式非常麻烦），否则不要使用 Appium 的这些独有定位方式。

　　本书主要介绍的是 Android 平台，因此将介绍一些 Android 独有的定位方式。在 Android 平台上，最常用的两种定位方式是使用 `accessibility_id` 和 `uiautomator` 表达式，对应的函数如下所示。

```
appiumWebDriver.find_element_by_accessibility_id(accessibility_id)
appiumWebDriver.find_elements_by_accessibility_id(accessibility_id)
appiumWebDriver.find_element_by_android_uiautomator(uiautomator 表达式)
appiumWebDriver.find_elements_by_android_uiautomator(uiautomator 表达式)
```

通过 `accessibility_id` 定位元素非常简单，在 Android 的 App 图标界面中，可选中 Gmail 图标，如图 10-27 所示。

此时在检测工具中查看属性，可以看到其 accessibility id 属性为 Gmail，如图 10-28 所示。

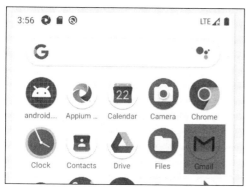

图 10-27　选中 Gmail 图标

图 10-28　Gmail 图标的推荐定位属性

可以编写以下代码定位 Gmail 图标。

```
from appium import webdriver

server='http://localhost:6000/wd/hub'
desired_caps={
  "platformName": "Android",
  "deviceName": "Any"
}

driver = webdriver.Remote(server, desired_caps)
driver.find_element_by_accessibility_id("Gmail")
```

当然，实际上 accessibility id 完全等同于 content-desc 属性，如图 10-29 所示。

图 10-29　Gmail 图标的 content-desc 属性

通过 `android_uiautomator` 定位元素相对复杂，uiautomator 表达式有点像是在编写 Java 代码，先实例化一个 `UiSelector` 对象，然后通过实例调用接口，例如以下方式。

```
appiumWebDriver.find_element_by_android_uiautomator('new UiSeletor().函数名称("定位条件")')
```

接下来，还以 App 图标界面中的 Gmail 图标为例进行说明。

Gmail 图标的 text 属性如图 10-30 所示。

图 10-30　Gmail 图标的 text 属性

可以使用以下方式来定位该元素。

```
#文本等于 Gmail
driver.find_element_by_android_uiautomator('new UiSelector().text("Gmail")')
#文本包含 mai
driver.find_element_by_android_uiautomator('new UiSelector().textContains("mai")')
#文本以 Gmai 开头
driver.find_element_by_android_uiautomator('new UiSelector().textStartsWith("Gmai")')
#文本以 Gma 开头，以任意字符结束
driver.find_element_by_android_uiautomator('new UiSelector().textMatches("^Gma.*")')
```

Gmail 图标的 class 属性如图 10-31 所示。

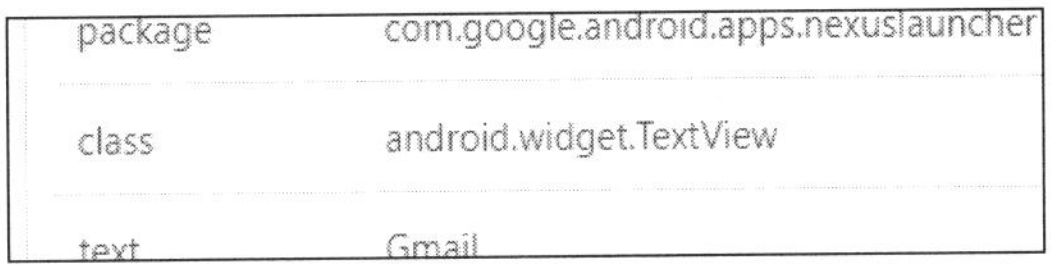

图 10-31　Gmail 图标的 class 属性

可以使用以下方式来定位元素。

```
#获取 className 为 android.widget.TextView 的所有元素
driver.find_elements_by_android_uiautomator('new UiSelector().className("android.widget.TextView")')

#获取 className 以 TextView 结尾的所有元素
driver.find_elements_by_android_uiautomator('new UiSelector().classNameMatches(".*TextView$")')

#获取 className 为 android.widget.TextView 的元素中文本为 Gmail 的元素
driver.find_element_by_android_uiautomator('new UiSelector().className("android.widget.TextView").text("Gmail")')

#获取 className 以 TextView 结尾的元素中文本为 Gmail 的元素
driver.find_element_by_android_uiautomator('new UiSelector().classNameMatches(".*TextView$").text("Gmail")')
```

Gmail 图标的 resource-id 属性如图 10-32 所示。

图 10-32　Gmail 图标的 resource-id 属性

第 10 章　Appium 的高级运用

可以使用以下方式来定位元素。

```
#获取 resourceId 为 com.google.android.apps.nexuslauncher:id/icon 的所有元素
driver.find_elements_by_android_uiautomator('new UiSelector().resourceId("com.google
.android.apps.nexuslauncher:id/icon")')

#获取 resourceId 以 id/icon$结尾的所有元素
driver.find_elements_by_android_uiautomator('new UiSelector().resourceIdMatches
(".*id/icon$")')

#获取 resourceId 为 com.google.android.apps.nexuslauncher:id/icon 的元素中文本为 Gmail 的元素
driver.find_element_by_android_uiautomator('new UiSelector().resourceId("com.google.
android.apps.nexuslauncher:id/icon").text("Gmail")')

#获取 resourceId 以 id/icon$结尾的元素中文本为 Gmail 的元素
driver.find_element_by_android_uiautomator('new UiSelector().resourceIdMatches(".*
id/icon$").text("Gmail")')
```

Gmail 图标的 clickable 属性如图 10-33 所示。

可以使用以下方式来定位元素。

```
#获取可单击的元素中文本为 Gmail 的元素
driver.find_element_by_android_uiautomator('new UiSelector().clickable(true).text
("Gmail")')
```

虽然上述定位方式看似功能强大，但仔细一看，它们都可以用 XPath 实现，且后者通用性更高，学习成本也更低。

```
driver.find_element_by_xpath("XPath 表达式")
```

手机 App 独有的定位方式还有很多，但这里不再一一进行介绍，只介绍这两种常用的即可。这些方式原先只用于 Android 或 iOS 各自的原生自动化测试工具，但由于现在 Android 和 iOS 平台都可以统一使用 Appium 来测试，因此除非是特殊情况，否则无须再使用独有定位方式来查找元素，直接使用 Selenium WebDriver 的定位方式就可以解决所有问题，且跨平台性更好。

图 10-33　Gmail 图标的 clickable 属性

10.3　移动设备界面独有的操作

移动设备和桌面设备的操作方式不同，桌面设备更多使用键盘和鼠标进行操作，而移动设备多采用触控进行操作，因此 Appium 提供了很多移动设备界面独有的操作函数，以满足移动设备的测试需求。

10.3.1　滑动操作与多点触控

移动设备最大的特点是有很多滑动式操作，必要时还需要同时单击多个位置进行操作。接

10.3 移动设备界面独有的操作

下来分别介绍这些操作类型。

基于元素的滑动操作共有两个函数，分别用于不同的场景。

```
appiumWebDriver.drag_and_drop(滑动起始元素, 终止元素)
appiumWebDriver.scroll(滑动起始元素, 终止元素, [可选参数:滑动时间(毫秒)])
```

现在打开移动设备模拟器（或真实设备）执行以上函数，模拟器初始界面如图 10-34 所示。

该设备的初始界面上，有一个短信图标和一个 Chrome 浏览器图标。在移动设备上，可以将一个 App 图标拖放到另一个 App 图标上，形成一个新的文件夹。现在我们编写代码实现该操作。先使用 `drag_and_drop` 函数，详细代码如下。

```python
from appium import webdriver
from selenium.webdriver.common.by import By

server='http://localhost:6000/wd/hub'
desired_caps={
  "platformName": "Android",
  "deviceName": "Any"
}

driver = webdriver.Remote(server, desired_caps)
fromElement = driver.find_element(By.XPATH,'//*[@content-desc="Chrome"]')
targetElement = driver.find_element(By.XPATH,'//*[@content-desc="Messages"]')
driver.drag_and_drop(fromElement, targetElement)
```

代码执行后，可以看到 Chrome 图标被缓缓拖放到短信图标上，最后形成了一个新的文件夹，如图 10-35 所示。

图 10-34 模拟器初始界面

图 10-35 初始界面上的文件夹

然而，`drag_and_drop` 函数的滑动过于缓慢，并不适合需要快速滑动的场景，例如，如果将初始界面中向上的箭头往上滑动，就可以进入全部 App 图标界面。然而，这种操作必须要快速，否则就会失败。如果使用 drag_and_drop 函数，就无法成功。此时需要使用 scroll 函数，具体代码如下所示。

```
from appium import webdriver
from selenium.webdriver.common.by import By

server='http://localhost:6000/wd/hub'
desired_caps={
  "platformName": "Android",
  "deviceName": "Any"
}

driver = webdriver.Remote(server, desired_caps)
fromElement = driver.find_element(By.XPATH,'//*[@content-desc="Apps list"]')
targetElement = driver.find_element(By.ID,'com.google.android.apps.nexuslauncher:id/clock')
driver.scroll(fromElement, targetElement)  #这里未指定第三个参数，因此默认情况下执行完整个滑动操作的时间为 600ms
```

上述代码将会从向上的箭头开始，滑动到界面上方时间元素的位置，由于 scroll 函数执行非常快（默认情况下，执行整个滑动操作的时间是 600ms），因此能成功进入 App 图标界面。代码执行后将进入如图 10-36 所示的界面。

图 10-36 App 图标界面

drag_and_drop 和 scroll 函数的操作本质上没有区别，但 drag_and_drop 只能实现慢速滑动，而使用 scroll 可以控制滑动速度，例如，以下代码也可以达到 drag_and_drop 慢速拖动的效果。

```
driver.scroll(fromElement, targetElement, 5000)  #滑动时间为 5000ms
```

上面介绍的是基于元素的滑动，还有基于界面坐标的滑动，后者不再以元素作为参考位置，而直接指定界面上的 X/Y 坐标，这样的函数共有以下两种。

```
#快速从起始坐标滑动到终止坐标
appiumWebDriver.flick(起始坐标X, 起始坐标Y, 终止坐标X, 终止坐标Y)
#按照指定时间从起始坐标滑动到终止坐标
appiumWebDriver.swipe(起始坐标X, 起始坐标Y, 终止坐标X, 终止坐标Y,    [可选参数:滑动时间(毫秒)])
```

例如，以下两个函数都可以将初始界面中向上的箭头向上滑动并进入 App 图标界面。

```
driver.flick(360, 1000, 360, 200)
driver.swipe(360, 1000, 360, 200)
```

多点触控相对比较简单，其用法如下。

```
appiumWebDriver.tap(坐标集合, 触控持续毫秒数)
```

例如，以下代码将同时对界面上的 3 个坐标点(100, 20)(100, 60)和(100, 100)进行触控，持续时间为 500ms。

```
driver.tap([(100, 20), (100, 60), (100, 100)], 500)
```

10.3.2 触控操作链

5.2 节在介绍 Selenium WebDriver 时，提到了操作链（ActionChains）。但该操作链更多用于键盘和鼠标操作，而对于移动设备，也有类似的操作链，即 TouchAction，触控操作链。

要使用触控操作链，需要先导入以下对象。

```
from Appium.webdriver.common.touch_action import TouchAction
```

触控操作链与操作链相似，需要先对要执行的各个操作进行预约，然后通过调用 `perform` 函数连续、精准地执行预约过的这些操作。

1. 模拟滑动操作

例如之前提到的从向上的箭头开始滑动到时间元素，以便打开 App 图标界面，通过触控操作链 TouchAction 也可以实现，实现方法有两种。

方法 1：基于元素滑动。先找到起始元素和目标元素，然后建立操作链，预约按下起始元素（`press(fromElement)`）、移动到目标元素（`move_to(fromElement)`）、松开按下动作（`release()`）的操作，然后调用 `perform` 函数执行。

```
from appium import webdriver
from selenium.webdriver.common.by import By
from appium.webdriver.common.touch_action import TouchAction

server='http://localhost:6000/wd/hub'
desired_caps={
  "platformName": "Android",
  "deviceName": "Any"
}
```

```
driver = webdriver.Remote(server, desired_caps)
fromElement = driver.find_element(By.XPATH,'//*[@content-desc="Apps list"]')
targetElement = driver.find_element(By.ID,'com.google.android.apps.nexuslauncher:id/clock')

TouchAction(driver).press(fromElement)\
    .move_to(fromElement)\
    .release()\
    .perform()
```

方法 2：基于坐标滑动。

```
TouchAction(driver).press(x=355, y=1026).move_to(x=364, y=244).release().perform()
```

2. 模拟按压操作

通过触控操作链，还可以实现按压某个元素的操作，例如在界面上按压 App 图标 1～2s，会弹出 App 操作菜单，如图 10-37 所示。

图 10-37　按压图标后出现 App 操作菜单

现在来编写代码实现这一点。

方法 1，使用触控操作链提供的 `long_press` 函数，输入目标元素，即按压时间（本例中为 2000ms），实现按压操作。

```
TouchAction(driver).long_press(driver.find_element(By.XPATH,'//*[@content-desc="Chrome"]'), duration=2000).perform()
```

方法 2，连续预约多个操作并执行，模拟按压，先预约按下元素、等待 2000ms（wait(2000)）、松开按下动作这 3 个操作，然后调用 `perform` 函数。

```
TouchAction(driver).press(driver.find_element(By.XPATH,'//*[@content-desc="Chrome"]'))\
    .wait(2000)\
    .release()\
    .perform()
```

3. 模拟多次敲击

通过触控操作链，还可以模拟连续多次敲击的动作，只需预约 `tap` 操作即可。例如在 Android 模拟器上有一个时钟 App，如图 10-38（a）所示。进入该 App 后，选择 Timer 标签页，会看到图 10-38（b）所示的界面，其中拥有多个数字按钮。

（a）App 图标界面　　　　　　　　　　（b）计时器界面

图 10-38　App 图标界面与计时器界面

假设现在想要敲击 1 次数字键 2，然后敲击 3 次数字键 3，最后敲击 2 次数字键 8，则可以编写代码，在触控操作链中预约 `tap` 操作，并在 `tap` 中指定 `count` 参数来设置敲击次数。`tap` 的目标可以是具体元素，也可以是界面坐标。详细代码如下所示。

```
from appium import webdriver
from selenium.webdriver.common.by import By
from appium.webdriver.common.touch_action import TouchAction

server='http://localhost:6000/wd/hub'
desired_caps={
    "platformName": "Android",
    "deviceName": "Any"
}
```

```
driver = webdriver.Remote(server, desired_caps)

num2Btn = driver.find_element(By.ID,"com.google.android.deskclock:id/timer_setup_digit_2")
num3Btn = driver.find_element(By.ID,"com.google.android.deskclock:id/timer_setup_digit_3")

TouchAction(driver).tap(num2Btn)\
  .tap(num3Btn, count=3)\
  .tap(x=360, y=800, count=2)\
  .perform()
```

代码中指定了敲击 1 次数字键 2，敲击 3 次数字键 3，而数字键 8 虽然没有直接通过元素指定，但(360, 800)刚好对应数字键 8，因此通过坐标也能实现敲击数字键 8 的效果。代码执行后，计时器上显示了我们敲击的值，如图 10-39 所示。

图 10-39　计时器上显示的内容

10.3.3　剪贴板与虚拟键盘操作

1. 剪贴板操作

Appium 还支持对剪贴板进行操作，例如可以通过 get_clipboard_text 和 set_clipboard_text 函数读写剪贴板，具体代码如下所示。

```
driver.set_clipboard_text("hello world")
clipboard_text = driver.get_clipboard_text()
print(clipboard_text)
```

执行代码后，Appium 将在移动设备的剪贴板中设置文本 "hello world"，然后读取剪贴板中的文本并将其输出到控制台。

Android 设备目前只支持文字的剪贴板操作；iOS 设备还支持图片的剪贴板操作，例如使用以下方式。

```
driver.set_clipboard("图片字节字符串", ClipboardContentType.IMAGE)
driver.get_clipboard(ClipboardContentType.IMAGE)
```

2. 虚拟键盘操作

在移动设备中，主要使用虚拟键盘进行操作。对于一般的测试场景，使用 send_keys 函数即可。它可以绕过虚拟键盘直接在元素上输入指定内容。如果对测试场景有特殊要求，一定要使用虚拟键盘进行操作，则需要用到 Appium 提供的虚拟键盘操作函数。

虚拟键盘面板的操作函数有以下几类。

```
appiumWebDriver.is_keyboard_shown()    # 判断当前虚拟键盘面板是否弹出，已弹出返回 True，未弹出
#返回 Flase
appiumWebDriver.hide_keyboard()   # 收起已弹出的虚拟键盘面板
```

虚拟键盘面板没有弹出函数，只需要单击对应的输入框元素，即可自动弹出虚拟键盘，例如以下代码。

```
driver.find_element(By.ID,"com.android.chrome:id/search_box_text").click()
```

虚拟键盘的按键操作函数有以下几类。如果当前没有弹出虚拟键盘面板，只要执行虚拟键盘按键操作，就会强制弹出该面板。

```
appiumWebDriver.press_keycode(按键码)         #短按按键
appiumWebDriver.long_press_keycode(按键码)    #长按按键（2s）
```

按键码是一串数字代号，可读性相对较差。关于 Android 设备的全部按键码，可以通过百度搜索 "Android Keycode" 查看详细信息，这里不再赘述。

一般来说，如果测试场景要用到虚拟键盘操作函数，那么该场景下更多地测试当虚拟键盘面板弹出时是否遮挡了输入框，或者按下虚拟键盘的确认键后是否提交了文本框中的信息，而不是测试实际输入的内容是否正确。

10.4 移动设备 App 独有的操作

Appium 不仅可以对界面进行操作，还可以直接控制 App 在设备上的状态。本节介绍这些操作。

10.4.1 App 的安装、卸载、启用、关闭与隐藏

1. 安装与卸载 App

通过 Appium，可以安装或卸载指定 App，相关函数如下。

```
#安装 App，路径可以是相连接的计算机路径，也可以是移动设备路径
```

```
appiumWebDriver.install_app("安装包路径")
#判断 App 是否已安装,若已安装,返回 True;否则,返回 False
appiumWebDriver.is_app_installed("appPackage 名称")
#卸载 App
appiumWebDriver.remove_app("appPackage 名称")
```

接下来以微信为例,介绍安装与卸载方式,具体代码如下。

```
from appium import webdriver
server='http://localhost:6000/wd/hub'
desired_caps={
  "platformName": "Android",
  "deviceName": "Any"
}

driver = webdriver.Remote(server, desired_caps)

print("微信是否安装: ", driver.is_app_installed("com.tencent.mm"))
driver.install_app("D:\\weixin_app.apk")
print("微信是否安装: ", driver.is_app_installed("com.tencent.mm"))
driver.remove_app("com.tencent.mm")
print("微信是否安装: ", driver.is_app_installed("com.tencent.mm"))
```

代码执行后将在手机上安装微信,但之后很快就会卸载,输出结果如下。

```
>微信是否安装: False
>微信是否安装: True
>微信是否安装: False
```

2. 操作 App

Appium 可以通过以下函数,查看 App 的状态,启动 App 以及关闭 App。

```
#启动 App,这种启动方式不需要 appActivity
appiumWebDriver.activate_app("appPackage 名称")
#查看 App 状态,返回值为数字,0 表示未安装,1 表示未运行,2 表示在后台驻留但已经终止运行,3 表示已运行
#在后台,4 表示运行在前台
appiumWebDriver.query_app_state("appPackage 名称")
#将当前运行的 App 隐藏到后台指定秒数,然后恢复显示
appiumWebDriver.background_app(秒数)
#终止运行指定 App
appiumWebDriver.terminate_app("appPackage 名称")
```

接下来以短信 App 为例,演示如何使用上述函数。短信 App 的 `appPackage` 属性为 `com.google.android.apps.messaging`,可以使用该属性来操作 App。

```
from appium import webdriver
import time

server='http://localhost:6000/wd/hub'
desired_caps={
  "platformName": "Android",
```

```python
  "deviceName": "Any"
}

driver = webdriver.Remote(server, desired_caps)
msgAppPackage = "com.google.android.apps.messaging"
print("打开前 App 的状态: ", driver.query_app_state(msgAppPackage))
driver.activate_app(msgAppPackage)
time.sleep(3)   # 休眠 3s, 以便看清变化
print("打开后 App 的状态: ", driver.query_app_state(msgAppPackage))
driver.background_app(5)   # 隐藏 5s, 然后显示
time.sleep(3)   # 休眠 3s, 以便看清变化
print("恢复显示后 App 的状态: ", driver.query_app_state(msgAppPackage))
driver.terminate_app(msgAppPackage)
print("终止后 App 的状态: ", driver.query_app_state(msgAppPackage))
```

代码执行后会先判断状态,接着启动短信 App 界面,然后将其隐藏到后台,5s 后再显示,最后关闭 App。输出结果如下。

```
>打开前 App 的状态: 1
>打开后 App 的状态: 3
>恢复显示后 App 的状态: 3
>终止后 App 的状态: 1
```

3. 操作 desired_capabilities 中指定的 App

如果已经在 desired_capabilities 中指定过 appPackage 和 appActivity,则可以通过以下函数操作该 App。

```
appiumWebDriver.launch_app()   #启动 desired_capabilities 中指定的 App
appiumWebDriver.close_app()    #关闭 desired_capabilities 中指定的 App
appiumWebDriver.reset()        #重启 desired_capabilities 中指定的 App
```

只有在 desired_capabilities 中指定过 appPackage 和 appActivity,以上函数才有效。如果没有指定,调用这些函数将抛出异常。

例如,以下代码将会打开移动设备中的短信 App,然后关闭,等待 3s 后,启动,再过 3s 后,再次重启。

```python
from appium import webdriver
import time

server='http://localhost:6000/wd/hub'
desired_caps={
  "platformName": "Android",
  "deviceName": "Any",
  "appPackage": "com.google.android.apps.messaging",
  "appActivity": ".ui.ConversationListActivity"
}

driver = webdriver.Remote(server, desired_caps)
```

```
time.sleep(3)
driver.close_app()
time.sleep(3)
driver.launch_app()
time.sleep(3)
driver.reset()
```

10.4.2 操作及获取当前的 appPackage 和 appActivity

在 Appium 中可以直接启动指定的 appPackage 和 appActivity，无须通过 desired_capabilities 指定。除了通过 activate_app 函数启动 App，还可以通过以下函数启动 App，或者等待 App 的 Activity 位于指定的 appActivity。

```
#启动 App
appiumWebDriver.start_activity("appPackage 属性", "appActivity 属性")
#等待 App 处于指定的 appActivity，如果已处于指定的 appActivity，将会立即结束等待；否则，持续等待直
#到超过等待秒数
appiumWebDriver.wait_activity("appActivity 属性", 等待秒数)
```

还可以通过以下函数获取当前正在运行的 appPackage 和 appActivity。

```
appiumWebDriver.current_activity
appiumWebDriver.current_package
```

接下来编写代码，启动短信 App，并等待短信 App 进入指定的 appActivity，在启动短信 App 前后输出当前的 appPackage 属性和 appActivity 属性。具体代码如下。

```
from appium import webdriver
server='http://localhost:6000/wd/hub'
desired_caps={
  "platformName": "Android",
  "deviceName": "Any"
}

driver = webdriver.Remote(server, desired_caps)

print("启动短信 App 前的 appPackage:", driver.current_package)
print("启动短信 App 前的 appActivity:", driver.current_activity)
driver.start_activity("com.google.android.apps.messaging", ".ui.ConversationListActivity")
driver.wait_activity(".ui.ConversationListActivity", 10)
print("启动短信 App 后的 appPackage:", driver.current_package)
print("启动短信 App 后的 appActivity:", driver.current_activity)
```

代码执行后输出的结果如下。

```
>启动短信 App 前的 appPackage: com.google.android.apps.nexuslauncher
>启动短信 App 前的 appActivity: .NexusLauncherActivity
>启动短信 App 后的 appPackage: com.google.android.apps.messaging
>启动短信 App 后的 appActivity: .ui.ConversationListActivity
```

10.5 移动设备系统独有操作

和桌面设备相比,移动设备的系统拥有较多的特殊性,拥有较多针对其便携性与网络通信的操作。这些操作在一定程度上可能影响被测试应用程序的表现,通过 Appium 能够模拟这些操作,使得测试拥有更全面的场景。

10.5.1 网络信号与通话

1. 设置网络信号

在 Appium 中可以直接设置网络信号,具体设置方法如下。

```
appiumWebDriver.set_network_connection(网络类型)    #设置网络信号
appiumWebDriver.network_connection               #获取当前网络信号
```

其中网络类型共有以下 5 种。

- 0(无):数据关闭,Wi-Fi 关闭,未开启飞行模式。
- 1(飞行模式):数据关闭,Wi-Fi 关闭,已开启飞行模式。
- 2(仅 Wi-Fi):数据关闭,Wi-Fi 打开,未开启飞行模式。
- 4(仅数据):数据开启,Wi-Fi 关闭,未开启飞行模式。
- 6(全部连接):数据开启,Wi-Fi 开启,未开启飞行模式。

例如,以下代码可以直接将移动设备的网络类型设置为飞行模式,然后输出当前的网络模式。

```
driver.set_network_connection(1)
print(driver.network_connection)
```

对于 Wi-Fi,还可以单独进行设置。可以直接用以下函数切换 Wi-Fi 状态。

```
appiumWebDriver.toggle_wifi()      # 如果 Wi-Fi 已关闭,则打开;否则,关闭
```

对于数据,也可以单独进行设置。可以直接用以下函数单独设置其数据类型(2G/3G/4G)。

```
appiumWebDriver.set_network_speed(数据类型)
```

数据类型的取值目前有 edge、evdo、full、gprs、gsm、hsdpa、lte、scsd、umts。

例如,如果要将数据类型设置成 2G 模式的 GMS 制式,可以编写以下代码,模拟低网速下的运行。

```
Driver.set_network_speed('gsm')
```

2. 短信与通话

在移动设备上还可以实现短信与通话,并进行相关设置。

通过以下函数,可以实现通话功能。

```
appiumWebDriver.make_gsm_call(手机号码, "call")
```

Appium 还能够模拟通话的信号。可以使用以下函数设置通话信号级别。

第 10 章　Appium 的高级运用

```
appiumWebDriver.set_gsm_signal(信号强度)    #信号强度是 0~4 的数字，0 表示
#没有信号，4 表示信号满格
```

还可以通过以下函数，向指定手机号码发送短信。

```
appiumWebDriver.send_sms(手机号码, "短信内容")
```

10.5.2　设备与电源管理

1．设备操作

Appium 还支持一些设备级的操作，接下来将分别进行介绍。

Appium 可以对移动设备进行锁屏、解锁、获取锁屏状态等操作，具体函数如下。

```
# 锁定屏幕，可以设置锁屏秒数，超过秒数后会自动解锁。不设置锁屏秒数则默认一直保持锁屏状态
appiumWebDriver.lock([可选参数：锁屏秒数])
# 解锁屏幕
appiumWebDriver.unlock()
# 获取当前的锁屏状态，锁屏时返回 True，未锁定时返回 False
appiumWebDriver.is_locked()
```

Appium 还可以模拟对移动设备的"摇晃"操作，只需使用以下函数。

```
appiumWebDriver.shake()    #模拟摇晃移动设备
```

移动设备还有通知栏。可以使用以下函数打开移动设备的通知栏。

```
appiumWebDriver.open_notifications()
```

命令执行后的界面如图 10-40 所示。

图 10-40　显示通知栏的界面

2. 电源管理

可以使用以下函数，模拟充电线的连接状态。

```
appiumWebDriver.set_power_ac("on")    #连接充电线
appiumWebDriver.set_power_ac("off")   #断开充电线
```

可以使用以下函数，模拟移动设备的电量。

```
appiumWebDriver.set_power_capacity(电量)    #电量为 0~100 的整数，表示剩余电量占总电量的百分比
```

此外，还可以获取当前设备的电量信息。

```
appiumWebDriver.battery_info
```

可以执行以下代码，输出电量信息。

```
print(driver.battery_info)
```

代码执行后的输出结果如下。

```
{'level': 1, 'state': 4}
```

在输出结果中，`level` 表示当前剩余电量的水平，取值为 0~1 的小数，例如，0.5 表示剩余 50%的电量，1 则表示充满电。

`state` 表示当前的充电状态，对于 Android 设备，其取值如下。

- 2: 充电中。
- 3: 未插入充电线。
- 4: 已插入充电线但未充电。
- 6: 已充满。

10.5.3 模拟 GPS 定位

在移动设备中，还可以模拟 GPS 定位。

首先需要使用以下函数切换 GPS 状态。

```
appiumWebDriver.toggle_location_services()    #如果 GPS 已关闭，则打开；否则，关闭
```

然后可以使用以下函数设置 GPS 定位位置。

```
appiumWebDriver.set_location(纬度, 经度, [可选参数：海拔])
```

该函数中各个参数的取值如下。

- 纬度：-90.0~90.00 的数字。
- 经度：-180.0~180.0 的数字。
- 海拔：可选参数，其值为任意数字，仅能用于真实设备，无法用于模拟器。

另外，还可通过以下属性获取当前的定位。

```
appniumWebDriver.location    #以字典形式返回当前的纬度、经度、海拔
```

10.6 测试辅助操作

除了操作移动设备的系统、应用程序或界面，Appium 还提供了一些测试辅助功能，以便进行测试决策或参考。

10.6.1 屏幕录制

Appium 支持对屏幕进行录制，以便出现问题时能回放当时的场景，更快速地定位问题。屏幕录制的相关函数如下。

```
appiumWebDriver.start_recording_screen()    #开始录制
appiumWebDriver.stop_recording_screen()     #结束录制，并返回 Base-64 编码的字符串，这些字符串
#中记录了屏幕录制的全部内容
```

我们可以编写代码，录制屏幕并将其保存到文件中，具体代码如下。

```
from appium import webdriver
import base64

server='http://localhost:6000/wd/hub'
desired_caps={
  "platformName": "Android",
  "deviceName": "Any"
}

driver = webdriver.Remote(server, desired_caps)

driver.start_recording_screen()
#这里进行一些操作...
recordingRes = driver.stop_recording_screen()
with open('D:\\Test.mp4', 'wb') as f:
  f.write(base64.b64decode(recordingRes))
print("end")
```

执行代码后，将开始录制屏幕，并在进行一些操作后结束录制。录制的内容将以 Base-64 编码字符串的形式返回，然后解码并写入文件 D:\Test.mp4 中。接下来就可以直接播放视频文件了。

10.6.2 获取 App 性能消耗信息及上下文信息

1. 获取 App 性能消耗信息

在获取性能信息之前，可以通过以下函数，获取当前设备支持的所有性能信息类型。

```
appiumWebDriver.get_performance_data_types()
```

例如，可以在模拟器上执行以下代码。

```
print(driver.get_performance_data_types())
```

输出结果如下。当前设备支持的性能信息类型分别是 CPU 信息、内存信息、电源信息和网络信息。

```
['cpuinfo', 'memoryinfo', 'batteryinfo', 'networkinfo']
```

知道支持的性能信息类型后，就可以通过以下函数获取指定 App 消耗的性能信息了。

```
appiumWebDriver.get_performance_data("appPackage 属性","性能信息类型")
```

例如，可以执行以下代码输出短信 App 的 CPU 占用信息。

```
appPackage = "com.google.android.apps.messaging"
print(driver.get_performance_data(appPackage,"cpuinfo"))
```

输出结果如下所示。

```
[['user', 'kernel'], ['0', '0.1']]
```

2. 获取上下文信息

上下文主要用于判定当前 App 所处界面的类型，判定它是原生应用程序（例如手机上用原生控件渲染的 App）、Web 应用程序（例如网页）还是混合应用程序（WebView 等原生控件包装后的网页）。

之所以要判定该信息，主要是因为现在很多 App 都有混合应用的情况，即本身是原生应用程序，但在 App 内部某些界面继承了 WebView 以显示 Web 应用程序。

原生应用程序和 Web 应用程序在操作上会有一些细微的区别，可能需要用不同的测试手段进行测试，例如在元素定位时使用 HTML 标签或者其他定位方式。因此，如果能获取应用程序的上下文信息，就可以判定具体该使用哪种测试手段。

获取上下文信息的属性如下。

```
appiumWebDriver.current_context   # 获取当前会话所处的上下文信息
appiumWebDriver.contexts          # 获取当前会话拥有的所有上下文信息
```

其中 current_context 属性返回的是单条信息，而 contexts 属性返回的是数组。上下文信息的取值只有两个——NATIVE_APP 表示原生应用程序，WEBVIEW_<id/package> 表示 WebView 下的 Web 应用程序。

浏览器就是一个典型的混合应用程序，可以在设备上打开 Chrome 浏览器，然后执行以下代码。

```
print(driver.current_context)
print(driver.contexts)
```

代码执行后的输出结果如下，虽然当前所处的上下文是原生应用程序，但通过其拥有的所有上下文可以看出，它本质上是一个混合应用程序。

```
NATIVE_APP
['NATIVE_APP', 'WEBVIEW_chrome']
```

10.7 并行运行多个移动设备

在之前的演示中,我们只启用了一个移动设备,但在实际使用的过程中,可能会同时启用多个设备,例如,图 10-41 中同时启用了两个模拟器。

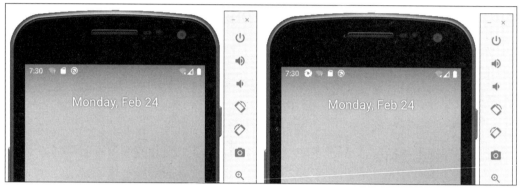

图 10-41 启用两个模拟器

Appium 服务器在运行时会默认使用首个开启的移动设备,后续 Appium 客户端发送的所有命令都会在这一台设备上运行,后续打开的设备将不会被 Appium 服务器调用。

通过什么办法,能够充分应用已启用的设备,并且能够自主选择在哪台设备上运行呢?

答案是在 `desired_capabilities` 中设置 `udid` 属性。`udid` 属性是每台设备的唯一标识,使用它就可以自主选择运行的设备。

但如何获取 `udid` 属性呢?可以在 Android SDK 安装目录下的 platform-tools 目录上开启命令行窗口,输入"adb devices"查看当前已连接的设备,如图 10-42 所示。当前已连接两台移动设备,其中"emulator-5554"和"emulator-5556"就是这两台设备的 udid。

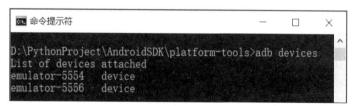

图 10-42 查看已连接的设备

现在如果想在第二台设备上运行命令,只需在 `desired_capabilities` 中将 `udid` 属性设置为 `emulator-5556` 即可。例如,以下代码将会在第二台设备上运行短信 App。

```
from appium import webdriver

server='http://localhost:6000/wd/hub'
```

```
desired_caps={
  "platformName": "Android",
  "deviceName": "Any",
  "udid": "emulator-5556"
}

driver = webdriver.Remote(server, desired_caps)
driver.activate_app("com.google.android.apps.messaging")
```

代码的执行结果如图 10-43 所示。

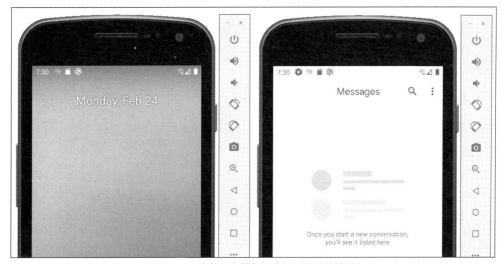

图 10-43　在第二个模拟器上运行测试的结果

通过这种方式，可以高效利用 Appium 服务器启用的所有设备，在不同的多个设备上执行命令。

10.8　将 Appium 加入 Selenium Grid 集群

第 6 章介绍过 Selenium Grid 的应用，在 Selenium Grid 集群中包含两种角色——Hub 和 Node。Appium 支持 Selenium Grid 的集成，可以将 Appium 服务器作为 Node 角色加入 Selenium Grid 集群当中。

首先需要配置好 Hub，Hub 的配置详见 6.1.1 节。在本例中，Hub 的地址为 http://192.168.164.1:5000，集群中目前没有 Node，Hub 的控制台界面显示空白内容，如图 10-44 所示。

然后打开 Appium，在 Appium 界面中单击 Advanced（高级）标签页，这里需要填写 Node 的配置文件地址（关于配置的格式，详见 7.1.1 节），如图 10-45 所示。

第 10 章　Appium 的高级运用

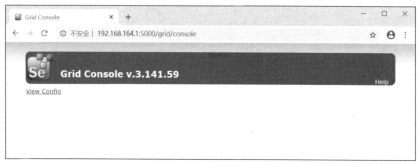

图 10-44　Hub 的控制台界面

图 10-45　填写 Node 的配置文件地址

在本例中，D:\appiumNodeCfg.json 文件的内容如下。

```
{
  "capabilities": [
    {
      "maxInstances": 1,
      "platformName": "ANDROID",
      "browserName": "chrome"
    }
  ],
  "configuration": {
    "cleanUpCycle": 2000,
    "timeout": 30000,
```

```
    "proxy": "org.openqa.grid.selenium.proxy.DefaultRemoteProxy",
    "url": "http://192.168.164.1:6000/wd/hub",   #Appium 服务器 IP 地址
    "host": "192.168.164.1",   #Appium 服务器 IP 地址
    "port": 6000,   #Appium 服务器端口
    "maxSession": 1,
    "register": true,
    "registerCycle": 5000,
    "hubPort": 5000,   #Hub 服务器端口
    "hubHost": "192.168.164.1"   #Hub 服务器 IP 地址
  }
}
```

配置完成后，单击 Start Server V1.15.1 按钮启动 Appium 服务器。Appium 服务器会作为 Node 加入 Selenium Grid 集群中。此时如果再进入 Hub 的控制台界面，就可以看到 Appium 服务器已经成功添加到 Selenium Grid 中，如图 10-46 所示。

此时就可以编写代码在 Selenium Grid 上运行命令了。在 RemoteDriver 的启动参数中直接输入 Selenium Hub 的地址即可，不用再输入 Appium 的地址。desired_capabilities 的值按之

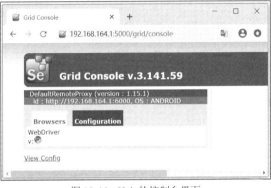

图 10-46　Hub 的控制台界面

前直接调用 Appium 时那样设置即可。Selenium Hub 会根据 desired_capabilities 的值，自动将命令分配到合适的 Node 上。详细代码如下。

```
from selenium import webdriver

server='http://192.168.164.1:5000/wd/hub'
desired_caps={
  "platformName": "Android",
  "deviceName": "Any",
  "browserName": "chrome"
}

driver = webdriver.Remote(server, desired_caps)
driver.get("http://www.baidu.com")
```

执行代码后，命令会发送到 Hub。Hub 根据 desired_capabilities 的取值查找合适的 Node，最终命令将会转发到作为 Node 的 Appium 服务器并执行。此时 Appium 会在移动设备上打开 Chrome 浏览器，进入百度首页。

Selenium Grid 不仅支持 Web 应用程序测试，还支持 App 测试，只需设置 desired_capabilities，去掉 browerName 即可。详细代码如下。

```
from appium import webdriver
```

```
server='http://localhost:5000/wd/hub'
desired_caps={
  "platformName": "Android",
  "deviceName": "Any"
}

driver = webdriver.Remote(server, desired_caps)
driver.activate_app("com.google.android.apps.messaging")
```

代码执行后,最终命令会经由 Hub 发送到 Appium 服务器并执行,Appium 会在移动设备上打开短信 App。

另外,还可以同时向 Selenium Grid 集群注册多个 Appium 服务器 Node。操作并不复杂,感兴趣的读者可以自行尝试。

第二部分 自动化测试实战：组织及模式优化

　　自动化测试的实施从来都不是一蹴而就的。实施时，开发人员需要考虑如何将测试有效地组织起来，更好地用 Selenium 进行自动化测试。

　　在实际项目中，Selenium 多用于功能测试。要让测试在实际项目中不仅可行，而且具备良好的效能，就需要一步步优化测试的物理结构及逻辑结构，引入测试驱动程序，不断规划、改善测试文件及测试代码结构，并完善测试的运行机制，这样才能达成最佳的测试组织模式，使测试不仅更实用，而且更易维护。

　　在少数情况下，Selenium 也可以用于一些非功能测试，例如爬虫和性能测试，解决其他类型的问题。

　　本书这一部分将详细介绍如何更好地在实际项目中组织测试并优化测试的模式，使其可行且具备良好效果。

第 11 章 使用 Selenium 进行功能测试

之前的章节介绍了 Selenium 中各个工具的详细使用方式，包括各个工具的高级功能。然而，能应用工具并不表示可以实现自动化测试。

以异步社区网站（https://www.epubit.com）为例，假设我们要对异步社区的登录功能进行测试。先进入异步社区首页，然后在首页上单击"登录"按钮，如图 11-1 所示。

图 11-1 在异步社区首页单击"登录"按钮

然后进入"登录"页面，如图 11-2 所示，此时需要在页面上输入账号和密码，然后单击"登录"按钮。

第 11 章 使用 Selenium 进行功能测试

图 11-2 异步社区"登录"页面

这是一段在异步社区登录的代码。这样的代码能够实现自动化测试吗？

```
from selenium import webdriver
from selenium.webdriver.common.by import By
from selenium.webdriver.support.wait import WebDriverWait

driver = webdriver.Chrome()
driver.get("https://www.epubit.com/")
#等待页面关键区域渲染完毕再操作
WebDriverWait(driver, 5).until(lambda p: p.find_element(By.CLASS_NAME, "el-carousel__item"))
driver.find_element(By.XPATH, "//i[text()='登录']").click()
driver.find_element(By.ID, "username").send_keys("yibushequUser1")
driver.find_element(By.ID, "password").send_keys("yibushquPwd1")
driver.find_element(By.ID, "passwordLoginBtn").click()

driver.quit()
```

如果你仔细观察，会发现以上代码最多只能算是在浏览器中进行操作，根本不具备完整的测试要素，它不能实现自动化测试呢。

什么样的代码才能实现真正的自动化测试呢？本章会详细介绍相关内容。

11.1 完善测试的基本要素

测试最基本的两个要素是测试输入和预期输出结果。对于给定程序，相同的测试输入必然对应相同的输出结果。一个完整的测试必须能够预测输出结果是什么，并将其与实际输出结果进行比对。如果实际输出结果和预期输出结果相同，才能认为测试通过；否则，认为测试失败。

11.1 完善测试的基本要素

之前的示例代码只给定了测试的操作,却没有给定预期结果,也没有将其与实际结果进行比较,因此它并不是一个完整的测试。

试想一下,按照上面的操作,我们在"登录"页面输入了账号和密码,然后单击"登录"按钮,但这真的代表测试通过了吗?也许账号和密码不正确,给出了相关提示,并未成功登录。也许账号和密码是正确的,但由于功能有问题依然登录失败。又或者原本的目的就不是成功登录,而是为了验证登录功能是否能阻止使用错误用户名和密码成功登录的情况发生。

可以看到,预期输出结果才是一个测试的关键。一个测试必须定义测试的结果,如表 11-1 所示。

表 11-1 测试输入与测试输出

测试输入	预期输出
(1) 进入异步社区登录页面 (2) 单击"账户登录"标签页 (3) 输入用户名 yibushequUser1 (4) 输入密码 yibushequPwd1 (5) 单击"登录"按钮	登录成功

对于手动测试来说,"登录成功"很容易判断,但对于机器来说,什么是登录成功?如何编写"登录成功"的代码?我们的大脑进行过许多处理,才形成"登录成功"的印象,可问题是机器没有人的智能。

因此,我们必须帮助机器来定义什么是"登录成功",并将这些概念转换成代码。

现在来想一想,登录成功有哪些可能的证据。

- 给出登录成功的提示。
- Cookie 中写入了用户登录信息。
- 页面跳转到首页,在页面顶部显示已登录用户的头像和"退出"按钮,如图 11-3 所示。
- 界面上原有的"登录""注册"链接(如图 11-4 所示)消失。

现在,登录成功的证据已经渐渐明朗,可以将其作为预期输出结果,并且很容易将它们转换为代码。当然,在实际测试中,考虑到脚本的编写与维护成本,没有必要将所有证据都作为预期输出结果。一般来说,关键证据只需要一两个就足够了,选择其中最有力的一个证据作为预期输出结果即可。因此,现在整个测试可以按照表 11-2 进行编排。

图 11-3 在页面顶部显示了已登录用户的头像和"退出"按钮

图 11-4 界面上原有的"登录""注册"链接

表 11-2　测试输入和明确的测试输出

测试输入	预期输出
（1）进入异步社区"登录"页面 （2）单击"账户登录"标签页 （3）输入用户名 yibushequUser1 （4）输入密码 yibushequPwd1 （5）单击"登录"按钮	登录成功：页面跳转到首页，在页面顶部显示用户头像信息和"退出"按钮

接下来修改代码，完善预期结果。

```python
from selenium import webdriver
from selenium.webdriver.common.by import By
from selenium.webdriver.support.wait import WebDriverWait

driver = webdriver.Chrome()
driver.implicitly_wait(5)
driver.get("https://www.epubit.com/")

# 等待页面关键区域渲染完毕再操作
WebDriverWait(driver, 5).until(lambda p: p.find_element(By.CLASS_NAME, "el-carousel_item"))
driver.find_element(By.XPATH, "//i[text()='登录']").click()
driver.find_element(By.ID, "username").send_keys("yibushequUser1")
driver.find_element(By.ID, "password").send_keys("yibushequPwd1")
driver.find_element(By.ID, "passwordLoginBtn").click()
# 比较预期结果与实际结果
isJumpToHomePage = driver.current_url == "https://www.epubit.com/"
isShowUserImg = len(driver.find_elements(By.CLASS_NAME,"userLogo")) > 0
isShowLogout = len(driver.find_elements(By.XPATH,"//div[contains(@class,'logout')]/div[contains(text(),'退出')]")) > 0
if not isJumpToHomePage or not isShowUserImg or not isShowLogout:
    raise Exception("Login failed!")

driver.quit()
```

这段代码在之前代码的基础之上，增加了预期结果与实际结果的比较。在登录操作过后，代码会获取当前页面的 URL，检查是否已如预期的那样跳转到首页，同时检查页面上是否如预期的那样显示了用户头像和"退出"按钮。如果检查失败，将抛出异常，异常信息为"Login failed!"。

现在已经有了测试的雏形，接下来我们可以对它进行完善。

11.2　结合 Pytest 进行功能测试

在之前的示例中，我们创建了一个基本的测试，但并没有使用任何测试框架。虽然测试框架完全可以自行编写，但市面上已经有很多成熟的框架可以使用，完全没有重复造轮子的必要。为了完善测试的机制，实现更丰富的测试功能，可以引入比较成熟的测试框架。本书将引入 Pytest 框架进行测试。

11.2.1 Pytest 的安装与简介

Pytest 是目前最成熟、功能最全面的 Python 测试框架之一。它不仅简单灵活，容易上手，而且支持参数化与测试编排功能，对其他测试框架（例如 Nose、UnitTest 等）也能完全兼容。Pytest 的第三方插件非常丰富，拥有非常良好的扩展性，例如，pytest-html 用于生成完善的 HTML 测试报告，pytest-rerunfailures 用于重试失败的测试，pytest-xdist 用于多 CPU 并发执行等。另外，Pytest 还可以很好地集成 Jenkins 等 CI 工具。

如果细心观察，可以发现在 Selenium IDE 当中导出的 Python 代码就基于 Pytest 框架。

Pytest 的安装非常简单，只需执行以下代码即可。

```
pip install pytest
```

接下来简单介绍 Pytest 的一些功能。

使用 Pytest 编写测试，必需遵守以下基本规则，否则测试无法正常运行。

- ❏ 测试文件的名称以"test_"开头（或以"_test"结尾），例如"test_baiduSearch.py"。
- ❏ 测试类的名称以 Test 开头，并且不能带有 __init__ 方法，例如"class TestBaidu:"。
- ❏ 测试函数的名称以"test_"开头，例如"def test_baiduSearch():"。
- ❏ 断言使用基本的"assert {表达式}"即可。如果表达式为 True，则断言通过；否则，断言失败。

依据以上规则，首先，创建一个名为 test_example.py 的文件，然后在文件中编写一个测试类，代码如下所示。

```
class TestClass:
    def test_char_in_string(self):
        string = "this"
        char = "h"
        assert char in string

    def test_calculation(self):
        result = 20 + 21
        assert 41 == result
```

在以上代码中，我们编写了两个测试方法，分别断言"h"包含在"this"字符串中，以及 20+21 等于 41。

接下来，打开命令行，将当前目录切换到 test_example.py 所在的目录下，然后执行命令 pytest，即可运行该目录下的所有测试文件，执行结果如图 11-5 所示。

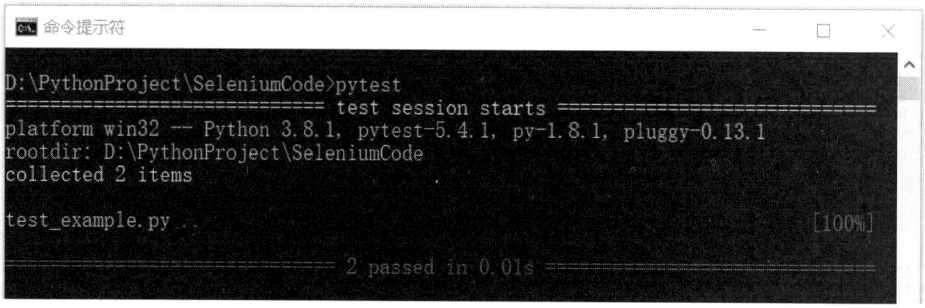

第 11 章 使用 Selenium 进行功能测试

图 11-5 测试执行结果

也可以在 Pytest 中直接编写测试函数，无须放到测试类中，只要符合命名规则即可。例如，通过以下代码，Pytest 也能运行。

```python
def test_calculation(self):
    result = 6/2
    assert 3 == result
```

但不建议直接编写测试函数，这样容易导致用例混乱，难以有效地组织测试。最好的方式还是将测试函数放在测试类中进行组织管理。

11.2.2 基于 Pytest 编写 Selenium 测试

现在，我们可以将上一个示例中的测试转换为基于 Pytest 进行编写。注意，除了代码中的类名和函数名，代码文件的名称也需要符合 Pytest 的规则，即以 "test_" 开头。在本例中文件名为 test_epubit_common.py。

```python
from selenium import webdriver
from selenium.webdriver.common.by import By
from selenium.webdriver.support.wait import WebDriverWait
class TestEpubitCommon:
    def test_epubit_login_success(self):
        driver = webdriver.Chrome()
        driver.implicitly_wait(5)
        driver.get("https://www.epubit.com/")
        #等待页面关键区域渲染完毕再操作
        WebDriverWait(driver, 5).until(lambda p: p.find_element(By.CLASS_NAME,
        "el-carousel__item"))
        driver.find_element(By.XPATH, "//i[text()='登录']").click()
        driver.find_element(By.ID,"username").send_keys("yibushequUser1")
        driver.find_element(By.ID,"password").send_keys("yibushequPwd1")
        driver.find_element(By.ID,"passwordLoginBtn").click()

        #比较预期结果与实际结果
        isJumpToHomePage = driver.current_url == "https://www.epubit.com/"
        isShowUserImg = len(driver.find_elements(By.CLASS_NAME,"userLogo")) > 0
```

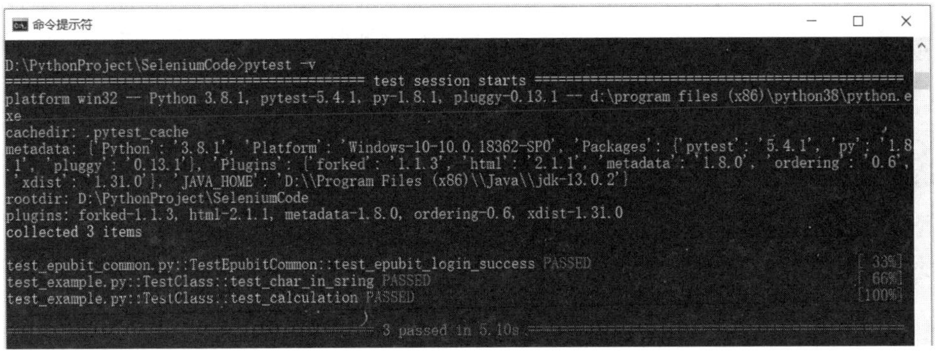

图 11-7　执行 "pytest -v" 命令的输出结果

"-q" 只显示整体测试结果，例如执行命令 "pytest -q"，输出结果如图 11-8 所示。

图 11-8　执行 "pytest -q" 命令的输出结果

"-s" 用于显示测试函数中 print() 函数的输出，例如先修改原来的测试类 TestClass，加上 print() 以输出文本，代码如下。

```
class TestClass:
    def test_char_in_string(self):
        string = "this"
        char = "h"
        assert char in string
        print("已执行 test_char_in_string 测试")

    def test_calculation(self):
        result = 20 + 21
        assert 41 == result
        print("已执行 test_calculation 测试")
```

执行 "pytest -s" 命令，输出结果如图 11-9 所示。

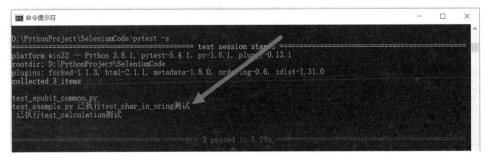

图 11-9　执行 "pytest -s" 命令的输出结果

第 12 章　完善功能测试驱动以规范测试

12.1 引言

现在，由于需要测试的功能越来越多，因此测试代码越来越长。假设现在不仅需要测试是否能够正确登录，还要测试是否能够正确搜索图书和文章。

在异步社区首页，有一个放大镜按钮，如图 12-1 所示，单击该按钮将进入搜索页面。

图 12-1　异步社区首页的放大镜按钮

进入搜索页面后，可以先在搜索文本框中输入搜索文本，例如 selenium，然后单击"搜索产品"按钮，之后界面将加载出所有相关图书，如图 12-2 所示。本次测试就要检测所有搜索结果中是否都包含 selenium 关键字。

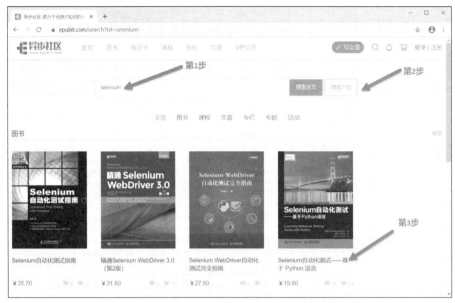

图 12-2　在搜索页面中搜索 selenium 关键字

同样，还可以输入关键字 python 进行搜索，如图 12-3 所示，然后检测所有搜索结果中是否都包含 python 关键字。

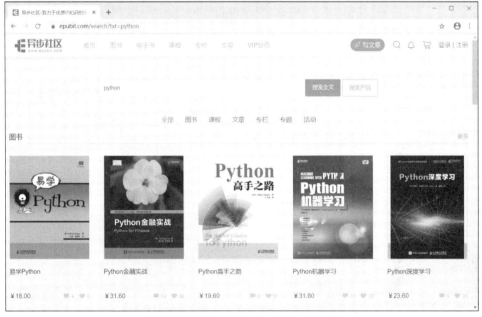

图 12-3　在搜索页面搜索 selenium 关键字

于是测试代码渐渐发展成了下面这个样子。

```python
import pytest
from selenium import webdriver
from selenium.webdriver.common.by import By
from selenium.webdriver.support.wait import WebDriverWait
class TestEpubitCommon:
    def test_epubit_login_and_book_search(self):
        driver = webdriver.Chrome()
        driver.implicitly_wait(5)

        #测试是否能够正确登录
        driver.get("https://www.epubit.com/")
        #等待页面关键区域渲染完毕再操作
        WebDriverWait(driver, 5).until(lambda p: p.find_element(By.CLASS_NAME, "el-carousel__item"))
        driver.find_element(By.XPATH,"//i[text()='登录']").click()
        driver.find_element(By.ID,"username").send_keys("yibushequUser1")
        driver.find_element(By.ID,"password").send_keys("yibushequPwd1")
        driver.find_element(By.ID,"passwordLoginBtn").click()

        isJumpToHomePage = driver.current_url == "https://www.epubit.com/"
        isShowUserImg = len(driver.find_elements(By.CLASS_NAME,"userLogo")) > 0
        isShowLogout = len(driver.find_elements(By.XPATH,"//div[contains(@class,'logout')]/div[contains(text(),'退出')]")) > 0
        assert isJumpToHomePage and isShowUserImg and isShowLogout

        #测试是否能够搜索关键字为selenium的图书
        #单击放大镜按钮
        driver.find_element(By.CLASS_NAME,"icon-sousuo").click()
        #在搜索文本框中输入关键字
        driver.find_element(By.XPATH,"//div[@class='searchBar']//input").send_keys("selenium")
        #单击"搜索产品"按钮
        driver.find_element(By.XPATH,"//span[text()='搜索产品']/parent::button").click()
        #获取所有搜索出来的图书
        allSearchBooks = driver.find_elements(By.XPATH,"//div[@id='bookItem']/a")
        #判定图书数量是否大于0
        hasResult = len(allSearchBooks) > 0
        #判定是否所有的图书标题都带有关键字
        allResultContainsKeyword = True
        for book in allSearchBooks:
            if "selenium" not in book.text.lower():
                allResultContainsKeyword = False
        #测试断言
        assert hasResult and allResultContainsKeyword
```

```python
#测试是否能够搜索关键字为python的图书
driver.find_element(By.CLASS_NAME,"icon-sousuo").click()
driver.find_element(By.XPATH,"//div[@class='searchBar']//input").send_keys("python")
driver.find_element(By.XPATH,"//span[text()='搜索产品']/parent::button").click()
allSearchBooks = driver.find_elements(By.XPATH,"//div[@id='bookItem']/a")
hasResult = len(allSearchBooks) > 0
allResultContainsKeyword = True
for book in allSearchBooks:
    if "python" not in book.text.lower():
        allResultContainsKeyword = False
assert hasResult and allResultContainsKeyword

driver.quit()
```

虽然现在测试代码也不算特别长，但规模明显比之前大很多。可以预见，随着越来越多的测试加入自动化代码中，测试代码渐渐会变成庞然大物，将越来越难以维护。

有没有办法可以将其规范化，使测试的维护变得更容易呢？答案就是使用自动化测试驱动。

软件自动化测试驱动模式的发展大致经历了4个阶段：

- 线性测试；
- 模块化与库；
- 数据驱动；
- 关键字驱动。

下面以异步社区登录界面为例，说明这4种驱动的特点。最后将使用混合驱动模式，将测试代码驱动起来。

12.2 线性测试

线性测试通过录制应用程序的操作，产生了线性脚本，对其进行回放来进行自动化测试。

这是自动化测试最早期的一种形式，由工具录制并记录操作的过程和数据，形成脚本，通过回放来重复人工操作，这个过程看上去十分简单。在这种模式下，数据和脚本混在一起，几乎一个测试用例对应一个脚本，维护成本很高。即使界面的变化十分简单也需要重新录制，脚本的重复使用率低。

如果要实现上述异步社区登录的测试步骤，测试脚本的伪代码如图12-4所示（假设账号为yibushequUser1，密码为yibushequPwd1）。

很明显，本章开头的代码是纯粹线性驱动的。当然，由于代码本就是逐行执行的，因此任何代码都是线性驱动的。

1	Input "yibushequUser1" into 用户名 textbox
2	Input "yibushequPwd1" into 密码 textbox
3	Click 登录 Button
4	if "Home Page" exists then
5	Pass the test
6	else
7	Fail the test
8	end if

图 12-4　采用线性方式测试异步社区登录功能的伪代码

12.3 模块化与库

为了增强脚本的复用性，降低测试脚本的维护成本，产生了模块化与库的思想。

它将测试分成过程和函数两部分。这种框架要求创建代表测试下的应用程序模块、零件和函数的库文件（SQABasic libraries、API、DLL 等），然后让测试用例脚本直接调用这些库文件。通过这样的方式，就产生了可复用的函数或库文件，各个功能可独立维护，并能重复使用。

如果要实现异步社区登录的测试步骤，测试脚本的伪代码如图 12-5 所示。

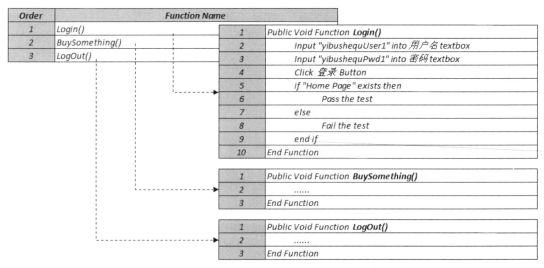

图 12-5　采用模块化和库测试异步社区登录功能的伪代码

按照模块化与库的思路，本章开头的代码可以划分为两部分——用户登录和搜索图书。

12.4 数据驱动

可以看到，模块化与库很好地解决了用例重用性的问题。但是不难发现，在用例中，测试的操作和测试的数据是放在一起的，一旦需要对大量不同的数据进行测试，就得重新编写大量的用例，例如 Login1()、Login2()、Login3()……

为了解决这个问题，数据驱动就诞生了。它将测试中的数据和操作分离，数据单独存放和维护。通过这样的方式，可以快速增加相似测试，完成在不同数据情况下的测试。

如果要实现异步社区登录的测试步骤，测试脚本的伪代码如图 12-6 所示。

		LoginIDParameter	PasswordParameter
1	Open Data Table For Each Row	yibushequUser1	yibushequPwd1
2	Input \<LoginIDParameter\> into 用户名 textbox	yibushequUser2	yibushequPwd2
3	Input \<PasswordParameter\> into 密码 textbox	yibushequUser3	yibushequPwd3
4	Click 登录 Button	yibushequUser4	yibushequPwd4
5	if "Home Page" exists then		
6	Pass the test		
7	else		
8	Fail the test		
9	end if		
10	Close Data Table		

图 12-6 数据驱动下的异步社区登录步骤

按照数据驱动的思路，测试数据和操作将分离开来。在本章开头的示例中，我们可以发现这些数据的特征，对于用户登录测试，有 1 套数据，而对于搜索图书的测试，则对应两套数据。

12.5 关键字驱动

将脚本与数据彻底地分离，提高了脚本的使用率，大大降低了脚本的维护成本。虽然数据驱动框架解决了脚本与数据的问题，但并没有将被测试对象与操作分离。

关键字驱动框架是在数据驱动框架的基础上改进的一种框架模型。它将测试逻辑按照关键字进行分解，形成数据文件与关键字对应封装的业务逻辑。关键字主要包括 3 类，分别是被测试对象（object）、操作（action）和值（value），实现界面元素名与测试内部对象名分离，测试描述与具体实现细节分离。

但这种关键字驱动也有缺点——很难处理复杂的逻辑，编写的用例会受到限制。

如果要实现异步社区登录的测试步骤，测试脚本的伪代码如图 12-7 所示。

		Page	Object	Action	Value	Comment
		用户登录	账户名	Input	yibushequUser1	
		用户登录	密码	Input	yibushequPwd1	
1	Open Keyword File	用户登录	登录	Click		
2	For Each Row in Keyword File (EOF)	首页		Verify_PageExists		
3	if \<Action\> == "Input" then					
4	Find \<Object\> in \<Page\>, and set the object's value as \<Value\>					
5	else if \<Action\> == "Click" then					
6	Find \<Object\> in \<Page\>, and click the object					
7	else if \<Action\> == "Verify_PageExists" then					
8	if \<Page\> exists then					
9	Pass the test					
10	else					
11	Fail the test					
12	end if					
13	end if					
14	End Loop					

图 12-7　采用关键字驱动的测试异步社区登录功能的伪代码

12.6　使用驱动时的误区

然而，很多人在使用驱动（尤其是数据驱动和关键字驱动）的时候，特别容易陷入误区。陷入误区的最大表现在于生搬硬套，只看到表象而没看到本质，不考虑背景。本节简单介绍数据驱动和关键字驱动的误区。

12.6.1　数据驱动的误区

对于数据驱动，很多人尝试使用外部文件来存储数据，甚至有一些图书专门介绍如何将数据存储在各类外部文件中，例如 Excel、Word、DB、XML、JSON、PDF 等。

这些方式实现起来挺简单，只需要引入对应的 Python 库，然后通过循环读取这些数据即可。

然而，在实际项目中使用外部文件难道真的没有问题吗？这样做真的实用吗？我们来想一想使用外部文件会遇到哪些问题。

❑ 部分外部资源独有的问题，例如文件读取性能、文件进程占用、文件缺失、远程连接失败等，增加了运行错误的风险。

❑ 测试程序不构成完整的测试功能，仅仅发布一个测试库文件是无法用于测试的。

❑ 数据和操作是割裂开的文件，仅仅阅读代码根本无从知晓测试的完整内容，加大维护难度。

❑ 数据文件和测试代码的对应关系必须小心维护，文件名称错误或者存放位置不正确都可能导致运行失败，同时这再度加大了维护难度。

几十年前，计算机的运算能力普遍不足，并且大多数程序需要花大量时间编译成库文件并发布才能使用，而持续集成等方式在那个时代根本不流行，修改一个库文件再发布出来的代价极大。因此在那个年代，最盛行的思想就是能够不修改程序就绝不修改。因此将数据放到外部文件中，虽然并非最好的办法，却是在那个时代背景下最具效率的办法。

时至今日，Python 作为脚本语言，天生就易于修改，完全是即改即用的。不像 C#、Java 等语言需要先编译成库文件才能使用。库文件又不可更改，要改就必须重新编译和发布。对于 Python，最具效率的办法反而不是将数据存放到其他文件中，而是以一种规范化的形式，直接编写在 Python 代码中。这样一来，代码不仅运行速度快，还易于维护。

在 Python 的 Pytest 框架中，可以通过装饰器来规范测试用例，实现数据驱动，稍后详细介绍这种方式。

12.6.2 关键字驱动的误区

如果错误地理解数据驱动并加以实施，可能加大维护难度，降低运行性能，增加运行错误的风险，但测试至少还能运行。但如果错误地理解关键字驱动并加以实施，那绝对会把大量时间浪费在毫无意义的事情上，阻碍测试的发展，让自动化测试非常麻烦，极大地降低所有测试人员的工作效率。

还是回到几十年前，我们来理一理关键字驱动出现的背景。先来看看以前不使用关键字驱动时，自动化测试可能会写成什么样子。下面是一个操作片段。

```
const int BM_CLICK = 0xF5;
IntPtr maindHwnd = FindWindow(null, "用户登录");
if (maindHwnd != IntPtr.Zero)
{
    IntPtr childHwnd = FindWindowEx(maindHwnd, IntPtr.Zero, null, "登录");
    if (childHwnd != IntPtr.Zero)
    {
        SendMessage(childHwnd, BM_CLICK, 0, 0);
    }
}
```

这是其中最简单的一段，但读起来依然很吃力。可以看到，各个关键操作函数与测试业务毫无关系，完全在向某窗口的句柄发送数字信号。测试人员阅读和维护这样的代码简直费力至极，还不如改成测试关键字驱动模式，让测试人员在其他文件中维护测试关键字。（例如，操作窗口：用户登录；操作对象：登录按钮；操作方式：单击；操作值：无。至于翻译成代码后，该怎么寻找窗口句柄号，该向哪个窗口句柄号发送哪种数字信号，都是编写测试框架的人该考虑的事。）虽然这有些复杂，但在当时反而是可读性最高、最容易维护的办法。

结合当时的时代背景，可以看出以下几点。

❑ 当时操作窗口的 SDK 的设计初衷就不是自动化测试，而是实现程序上的控制，面向的是研发而非测试业务，可读性极差。

- 以往的开发模式主要为编写代码→编译成库文件。测试人员拿到的更多是库文件，而不是原始代码（可读性那么差，拿过来其实作用也不大）。在不更改库文件的情况下，使用外部文件维护关键字，更容易实现各种各样的测试用例。

然而，时至今日，Selenium 本身就是一个面向测试业务的关键字驱动测试工具，提供了相当易读的测试函数。而 Python 是一种功能强大的脚本语言，即改即用。两者相结合本就是天然、完美的关键字驱动。

然而，有一些人可能只理解了关键字驱动的表面，没有深入了解其本质，于是可能在 Python +Selenium 这种天然的关键字驱动的基础上，再套用一个 Excel 版的复杂的关键字驱动，就为了实现几十年前那种"关键字驱动"的表面形式，阻碍自动化测试的发展。

在使用测试驱动时，切忌生搬硬套，一定要保持怀疑态度，使用真正合适的方式。

12.7 最佳模式：混合驱动

如果我们仔细查看这些框架，不难发现，虽然它们在不断地发展，但这种发展并不是一种更新换代的模式，而是一种互相补充的模式。纵观前 4 种框架——线性测试、模块化与库、数据驱动、关键字驱动，你会发现它们谁也不能淘汰谁，所以出现了第 5 种框架——混合驱动。它将前 4 种框架灵活地融合到一起，互相发挥作用。这种混合驱动也是实际测试中最常用的框架。

综上所述，Python + Selenium 天生已具备线性驱动和关键字驱动的特性，根本无须再为此刻意编写特殊代码。现在只需要使用模块化与库、数据驱动这两种驱动，即可实现混合驱动模式。

12.7.1 混合第一层驱动

按照模块化与库的思路，本章开头的代码可以划分为两部分——用户登录和添加商品到购物车。它们之间并没有什么必然联系，完全可以分开放到两个不同的测试函数中单独进行维护。

结合驱动后的代码如下所示。

```
import pytest
from selenium import webdriver
from selenium.webdriver.common.by import By
from selenium.webdriver.support.wait import WebDriverWait

class TestEpubitCommon:
    def test_epubit_login(self):
        driver = webdriver.Chrome()
```

```python
driver.implicitly_wait(5)

#测试是否能够正确登录
driver.get("https://www.epubit.com/")
#等待页面关键区域渲染完毕再操作
WebDriverWait(driver, 5).until(lambda p: p.find_element(By.CLASS_NAME, "el-carousel__item"))
driver.find_element(By.XPATH,"//i[text()='登录']").click()
driver.find_element(By.ID,"username").send_keys("yibushequUser1")
driver.find_element(By.ID,"password").send_keys("yibushequPwd1")
driver.find_element(By.ID,"passwordLoginBtn").click()

isJumpToHomePage = driver.current_url == "https://www.epubit.com/"
isShowUserImg = len(driver.find_elements(By.CLASS_NAME,"userLogo")) > 0
isShowLogout = len(driver.find_elements(By.XPATH,"//div[contains(@class,'logout')]/div[contains(text(),'退出')]")) > 0
assert isJumpToHomePage and isShowUserImg and isShowLogout

driver.quit()

def test_book_search(self):
    driver = webdriver.Chrome()
    driver.implicitly_wait(5)

    driver.get("https://www.epubit.com/")
    driver.find_element(By.CLASS_NAME,"icon-sousuo").click()
    driver.find_element(By.XPATH,"//div[@class='searchBar']//input").send_keys("selenium")
    driver.find_element(By.XPATH,"//span[text()='搜索产品']/parent::button").click()
    allSearchBooks = driver.find_elements(By.XPATH,"//div[@id='bookItem']/a")
    hasResult = len(allSearchBooks) > 0
    allResultContainsKeyword = True
    for book in allSearchBooks:
        if "selenium" not in book.text.lower():
            allResultContainsKeyword = False
    assert hasResult and allResultContainsKeyword

    #测试是否能够搜索关键字为python的图书
    driver.find_element(By.CLASS_NAME,"icon-sousuo").click()
    driver.find_element(By.XPATH,"//div[@class='searchBar']//input").send_keys("python")
    driver.find_element(By.XPATH,"//span[text()='搜索产品']/parent::button").click()
    allSearchBooks = driver.find_elements(By.XPATH,"//div[@id='bookItem']/a")
    hasResult = len(allSearchBooks) > 0
    allResultContainsKeyword = True
    for book in allSearchBooks:
        if "python" not in book.text.lower():
            allResultContainsKeyword = False
    assert hasResult and allResultContainsKeyword
```

```
        driver.quit()
```

12.7.2 混合第二层驱动

按照数据驱动的思路，将测试数据和操作分离开来。在本章开头的示例中，我们发现了这些数据的特征，对于用户登录测试，有 1 套数据，而对于图书搜索测试，有两套数据。将这些输入数据抽离出来，整理成的表格如表 12-1 所示。

表 12-1 测试用例数据表格

用户登录测试数据		
首页网址	账号	密码
https://www.epubit.com/	yibushequUser1	yibushequPwd1
图书搜索测试数据		
首页网址	搜索关键字	
https://www.epubit.com/	selenium	
https://www.epubit.com/	python	

在 Pytest 中，可以使用装饰器@pytest.mark.parametrize()来实现数据驱动模式。只需在对应的测试函数上添加装饰器即可。其使用方式如下。

```
@pytest.mark.parametrize('参数a,参数b,参数c,...',[(第1组参数a的值,参数b的值,参数c的值,...),(第2组参数a的值,参数b的值,参数c的值,...),...])
def test_测试函数(self, 参数a, 参数b, 参数c,...):
    ......
```

接下来，对代码进行修改，使用@pytest.mark.parametrize()来实现数据驱动模式，修改后的代码如下所示。

```
import pytest
from selenium import webdriver
from selenium.webdriver.common.by import By
from selenium.webdriver.support.wait import WebDriverWait

class TestEpubitCommon:
    @pytest.mark.parametrize('homeUrl,userName,password',
        [("https://www.epubit.com/", "yibushequUser1", "yibushequPwd1")])
    def test_epubit_login(self, homeUrl, userName, password):
        driver = webdriver.Chrome()
        driver.implicitly_wait(5)

        #测试是否能够正确登录
        driver.get(homeUrl)
        #等待页面关键区域渲染完毕再操作
        WebDriverWait(driver, 5).until(lambda p: p.find_element(By.CLASS_NAME, "el-carousel__item"))
```

```python
        driver.find_element(By.XPATH,"//i[text()='登录']").click()
        driver.find_element(By.ID,"username").send_keys(userName)
        driver.find_element(By.ID,"password").send_keys(password)
        driver.find_element(By.ID,"passwordLoginBtn").click()

        isJumpToHomePage = driver.current_url == homeUrl
        isShowUserImg = len(driver.find_elements(By.CLASS_NAME,"userLogo")) > 0
        isShowLogout = len(driver.find_elements(By.XPATH,"//div[contains(@class,
        'logout')]/div[contains(text(),'退出')]")) > 0
        assert isJumpToHomePage and isShowUserImg and isShowLogout

        driver.quit()

    @pytest.mark.parametrize('homeUrl,keyword',
        [("https://www.epubit.com/", "selenium"),
         ("https://www.epubit.com/", "python")])
    def test_book_search(self, homeUrl, keyword):
        driver = webdriver.Chrome()
        driver.implicitly_wait(5)

        # 测试是否能够搜索关键字
        driver.get(homeUrl)

        driver.find_element(By.CLASS_NAME,"icon-sousuo").click()
        driver.find_element(By.XPATH,"//div[@class='searchBar']//input").send_keys(keyword)
        driver.find_element(By.XPATH,"//span[text()='搜索产品']/parent::button").click()
        allSearchBooks = driver.find_elements(By.XPATH,"//div[@id='bookItem']/a")
        hasResult = len(allSearchBooks) > 0
        allResultContainsKeyword = True
        for book in allSearchBooks:
            if keyword not in book.text.lower():
                allResultContainsKeyword = False
        assert hasResult and allResultContainsKeyword

        driver.quit()
```

此时再到命令行窗口中输入 pytest -v test_epubit_common.py 运行测试，可以发现 Pytest 识别出了 3 个测试用例，如图 12-8 所示。（用户登录测试只有 1 条数据，因此识别为 1 个测试，添加购物车测试有两条数据，因此识别为两个测试。）

通过这样的方式，将操作与数据分离开来，更有利于测试的维护。如果要新增一条相同的测试，只需增加一条数据即可，无须再编写重复的代码。如果数据过期，只需要在对应函数的装饰器@pytest.mark.parametrize()上面直接修改数据即可，无须再到操作代码中费力

第 12 章　完善功能测试驱动以规范测试

搜寻需要修改的数据。

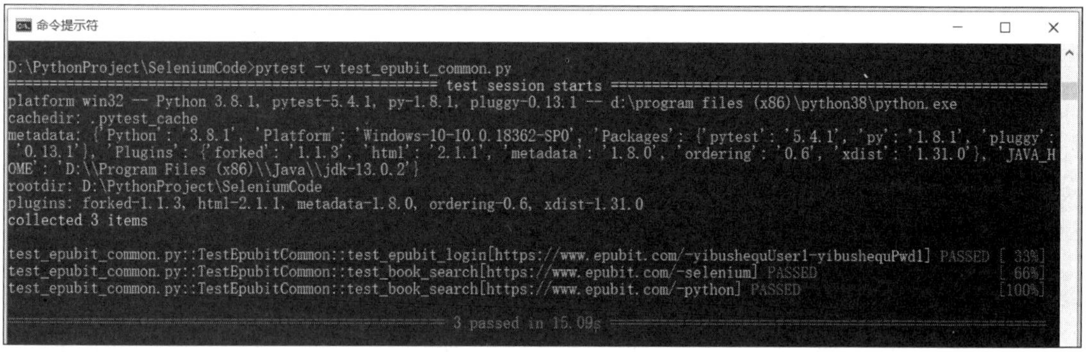

图 12-8　测试执行结果

12.8　创建配置文件以应对不同环境

当测试需要在多种不同的环境下运行时，若测试中有一些数据或信息会因为环境的不同而失效，就需要考虑创建配置文件。

12.8.1　让公共信息支持多环境配置

我们还可以看到上述测试中，有一些信息属于公共信息，这些信息可能在多个测试中使用。例如首页的地址可能在多个测试中使用，属于业务公共信息，对于本地测试环境和预生产环境，首页的地址可能完全不同。另外，使用 driver.implicitly_wait(5) 来设置的隐式等待描述，数据技术参数的公共信息，可能会针对环境做出改变。如有必要，这些信息可以提取出来放到单独的文件中，在一个地方进行统一维护。

我们可以新建一个名为 commonInfo.py 的配置文件，将各类公共信息存放到该文件中，代码如下。

```
class CommonInfo:
    biz_home_page_url = "https://www.epubit.com/"
    tech_implicitly_wait_seconds = 5
```

然后修改之前的测试代码，替换公共信息的内容，改为引用公共配置文件中定义的属性。

```
...
from commonInfo import CommonInfo

class TestEpubitCommon:
    @pytest.mark.parametrize('homeUrl,userName,password',
        [(CommonInfo.biz_home_page_url, "yibushequUser1", "yibushequPwd1")])
    def test_epubit_login(self,homeUrl, userName, password):
```

```
        driver = webdriver.Chrome()
        driver.implicitly_wait(
CommonInfo.tech_implicitly_wait_seconds)

...

    @pytest.mark.parametrize('homeUrl,keyword',
        [(CommonInfo.biz_home_page_url, "selenium"),
         (CommonInfo.biz_home_page_url, "python")])
    def test_book_search(self, homeUrl, keyword):
        driver = webdriver.Chrome()
        driver.implicitly_wait(
CommonInfo.tech_implicitly_wait_seconds)

...
```

通过这样的方式，可以为多个环境（例如本地测试环境和预生产环境）准备不同的配置文件 commonInfo.py。如果将测试放到不同的环境中运行，只需统一替换公共信息配置文件 commonInfo.py 即可，其他文件无须修改。

12.8.2 让用例数据支持多环境配置

然而，在极少数的情况下，当测试环境变化时，所有的测试数据也会发生改变，无法使用相同的数据进行测试。此时可以将数据放在一个配置文件中统一维护。当环境发生变化时，只替换这个文件即可，无须修改测试代码。例如，可以新建一个名为 testCaseData.py 的文件，将所有测试用例的数据单独存放到文件中，文件内容如下。

```
from commonInfo import CommonInfo

class TestCaseData:
    test_epubit_login_data = [(CommonInfo.biz_home_page_url, "yibushequUser1",
      "yibushequPwd1")]
    test_book_search_data = [(CommonInfo.biz_home_page_url, "selenium"), (CommonInfo
      .biz_home_page_url, "python")]
```

然后修改之前的测试代码，替换测试数据的内容，改为测试数据配置文件中定义的属性。

```
...
from testCaseData import TestCaseData

class TestEpubitCommon:
    @pytest.mark.parametrize('homeUrl,userName,password',
TestCaseData.test_epubit_login_data)
    def test_epubit_login(self,homeUrl, userName, password):
        ...

    @pytest.mark.parametrize('homeUrl,keyword',
```

第 12 章 完善功能测试驱动以规范测试

```
TestCaseData.test_book_search_data)
    def test_book_search(self, homeUrl, keyword):
        ...
```

通过这样的方式，可以为多个环境（例如本地测试环境和预生产环境）准备不同的用例数据配置文件 testCaseData.py。如果将测试放到不同的环境中运行，只需统一替换用例数据配置文件 testCaseData.py 即可，其他文件无须更改，非常方便。

到这里，整个测试驱动的讲解就结束了。然而，即使混合了所有这些驱动模式来规范测试，目前的测试代码依然不算完美。在后续的章节中我们还将进一步优化与完善测试代码。

第 13 章 设计功能测试的逻辑组织结构

测试的逻辑结构会影响如何执行测试,以及测试运行的效果。它是非常重要的一环,在测试的初期就需要进行规划。接下来详细进行讲解。

13.1 测试的前置操作与后置操作

在 Pytest 当中,每一个测试开始执行前或结束执行后,都可以设定一些前置或后置性的操作。对于 Selenium 测试,可以很好地使用 Pytest 的这项特性,将一些公共性的操作或者设置,放置到这些前置或后置操作中。

13.1.1 Pytest setup 与 teardown 功能详解

Pytest 支持各个级别的前置或后置操作,只要函数命名和位置遵循以下规则,Pytest 会自动将其识别为前置函数或后置函数。

❑ 在测试类中使用的前置操作和后置操作。
  - `setup_class()/teardown_class()`:在开始执行测试类中的首个测试函数前执行或在执行完测试类中的全部测试函数后执行。
  - `setup_method()/teardown_method()`:在执行测试类中的每个测试函数前/后都会执行。

❑ 不在测试类中使用的前置操作和后置操作。
  - `setup_module()/teardown_module()`:在整个.py 模块开始运行前/结束运行后执行。

- setup_function()/teardown_function():执行测试类之外的每个测试函数前/后都会执行。

接下来用一个案例来说明 setup 和 teardown 功能的使用,具体代码如下。

```python
def setup_module():
    print("setup_module: 在整个.py模块开始运行前执行")

def teardown_module():
    print("teardown_module: 在整个.py模块运行后执行")

def setup_function():
    print("setup_function: 在执行测试函数前执行")

def teardown_function():
    print("teardown_function: 在执行测试函数后执行")

def test_number_a():
    print("执行函数测试test_number_a")

def test_number_b():
    print("执行函数测试test_number_b")

class TestExampleClass:
    def setup_class(self):
        print("setup_class: 在执行测试类TestExampleClass中首个测试函数前执行")

    def teardown_class(self):
        print("teardown_class: 在执行测试类TestExampleClass中全部测试函数后执行")

    def setup_method(self):
        print("setup_method: 在执行测试类TestExampleClass中首个测试函数前执行")

    def teardown_method(self):
        print("teardown_method: 在执行测试类TestExampleClass中全部测试函数后执行")

    def test_number_1(self):
        print("执行测试类中的测试TestExampleClass::test_number_1")

    def test_number_2(self):
        print("执行测试类中的测试TestExampleClass::test_number_2")
```

之后使用 pytest -s 命令运行测试(-s 参数将会在测试运行后输出 print 的内容),输出的内容如下。

```
> setup_module: 在整个.py模块开始运行前执行

> setup_function: 在执行测试函数前执行
>执行函数测试test_number_a
> teardown_function: 在执行测试函数后执行

> setup_function: 在执行测试函数前执行
>执行函数测试test_number_b
> teardown_function: 在执行测试函数后执行
```

```
> setup_class：在执行测试类 TestExampleClass 中首个测试函数前执行
> setup_method：在执行测试类 TestExampleClass 中首个测试涵数前执行
>执行测试类中的测试 TestExampleClass::test_number_1
> teardown_method：在执行测试类 TestExampleClass 中全部测试函数后执行
> setup_method：在执行测试类 TestExampleClass 中首个测试函数前执行
>执行测试类中的测试 TestExampleClass::test_number_2
> teardown_method：在执行测试类 TestExampleClass 中全部测试函数后执行
> teardown_class：在执行测试类 TestExampleClass 中全部测试函数后执行
> teardown_module：在整个.py 模块运行后执行
```

除以上 4 种前置和后置操作方法之外，还可以直接使用 setup/teardown 作为函数名称，命名时不带范围后缀。如果将 setup()/teardown()直接放到测试类当中，则相当于 setup_method()/teardown_method()。如果放到不在测试类中的其他位置，则相当于 setup_function()/teardown_function()。

13.1.2　前后置操作实际运用案例

对于 Web 应用程序来说，部分页面涉及用户权限。在测试这些页面之前，都需要进行登录等前置操作，同时，在测试结束后，还需要执行一些清理性的后置操作。

接下来以异步社区官网的用户个人后台页面为例，说明前置和后置操作的用法。

测试用例 1：在用户个人的优惠券页面使用优惠券。

在异步社区登录后，可以进入优惠券页面，如图 13-1 所示。

图 13-1　优惠券页面

单击优惠券下方的"立即使用"按钮后,需要检查页面是否跳转到优惠图书页面(https://www.epubit.com/couponPro),如图 13-2 所示。

图 13-2　优惠图书页面

测试用例 2:在用户个人的积分商城页面进行搜索。

在异步社区登录后,可以进入积分商城页面,然后在积分商城的搜索框中输入 selenium 关键字,单击"搜索"按钮,检查搜索的结果中是否包含 selenium 字样,如图 13-3 所示。

图 13-3　在积分商城页面搜索图书

可以看到，这两个测试用例在正式开始执行前都需要获得用户权限，否则无法正常进入页面，因此登录将作为它们的前置操作。而在测试结束后，需要调用 WebDriver 关闭浏览器并结束会话，因此可以将其放到后置操作中。

接下来创建代码文件 test_epubit_backend.py，具体测试代码如下所示。

```python
from selenium import webdriver
from selenium.webdriver.common.by import By
import time
import pytest
from selenium.webdriver.support.wait import WebDriverWait

class TestEpubitBackend:
    def setup_class(self, homeUrl="https://www.epubit.com/", userName=
    "yibushequUser1", password="yibushequPwd1"):
        self.driver = webdriver.Chrome()
        self.driver.implicitly_wait(5)
        self.driver.get(homeUrl)
        #等待页面关键区域渲染完毕再操作
        WebDriverWait(self.driver, 5).until(lambda p: p.find_element(By.CLASS_NAME,
        "el-carousel__item"))
        self.driver.find_element(By.XPATH,"//i[text()='登录']").click()
        self.driver.find_element(By.ID,"username").send_keys(userName)
        self.driver.find_element(By.ID,"password").send_keys(password)
        self.driver.find_element(By.ID,"passwordLoginBtn").click()

    def teardown_class(self):
        self.driver.quit()

    @pytest.mark.parametrize('pageUrl,destinationUrl',
        [("https://www.epubit.com/user/myCoupon","https://www.epubit.com/couponPro")])
    def test_my_coupon(self,pageUrl,destinationUrl):
        #跳转到优惠券页面
        self.driver.get(pageUrl)
        #单击优惠券的"立即使用"按钮
        self.driver. find_element(By.XPATH,"//div[@class='item-btm']/button").click()
        time.sleep(5)
        #检查页面的 URL 是否已变成优惠图书页面的 URL
        assert WebDriverWait(self.driver, 5).until(lambda p: destinationUrl in p.current_url)

    @pytest.mark.parametrize('pageUrl,keyword',
        [("https://www.epubit.com/user/sampleIndex","selenium")])
    def test_my_point(self,pageUrl,keyword):
        #跳转到积分商城页面
        self.driver.get(pageUrl)
        #在搜索框中输入 selenium
        self.driver.find_element(By.XPATH,"//input[@placeholder='输入书名']").send_keys(keyword)
```

第 13 章　设计功能测试的逻辑组织结构

```
#单击"搜索"按钮
self.driver.find_element(By.XPATH,"//span[text()='搜索']/parent::button").click()
#检查第一条搜索结果中是否包含 selenium
assert "selenium" in self.driver.find_element(By.XPATH,"//td[contains(@class,
'el-table_1_column_1')]").text.lower()
```

在本例中首先使用 `setup_class` 函数进行了 WebDriver 实例化和用户登录的操作。由于 `setup_class` 函数一个测类只执行一次，它不支持 `@pytest.mark.parametrize`（也不应该支持），因此使用了可选参数的方式，将前置操作需要的参数传递进 `setup_class`。接着划分了 `test_my_coupon` 和 `test_my_point` 两个测试用例函数，分别测试优惠券和积分商城页面上的功能。最后在 `teardown_class` 函数中，结束了整个 WebDriver 会话。

在本例中使用 `setup_class` 函数来执行登录操作，但在实际项目中，登录通常是一种比较耗时的界面操作。登录后其实在客户端创建了登录后的 Cookie。如果直接将登录后的 Cookie 另存为单独的文件，后续再测试需要用户权限才能进入的页面时，直接导入这些 Cookie 即可获得用户权限，不需要再进入登录页面进行操作。

在 Web 应用的测试中，前置和后置函数通常用于执行以下操作。

- ❑ 实例化/注销 WebDriver。
- ❑ 设置页面为 about:blank，最大化浏览器窗口或关闭浏览器窗口等。
- ❑ 导入/清理用户权限。
- ❑ 通过 SQL 初始化/清理对应页面的测试数据。

13.2　设定测试函数的先后顺序

通常来说，不应该考虑测试类中函数的先后顺序，而应当将它们规划成彼此独立、互无依赖的测试，无论谁先谁后都不受影响。但对于一些粒度过细的测试用例，或拥有一些特殊需求的测试用例，则可能需要考虑测试函数的执行顺序。

这里先介绍一下 Pytest 默认的测试函数执行顺序，只要按照规律组织测试，就可以得到想要的测试顺序。

13.2.1　文件级执行顺序

在 Pytest 中，文件级别的执行顺序为先从上到下依次执行同一个文件夹下的 .py 文件，然后依次执行同一个文件夹下的子文件夹。例如，对于图 13-4 所示的文件结构，这些测试文件的执行顺序如图 13-5 所示。

要想改变文件级别的执行顺序，则需要更改文件名称。但其实没必要这样做，因为在实际项目中，有顺序依赖的测试一般会放到同一个文件中，而不是在不同的文件下分散管理。

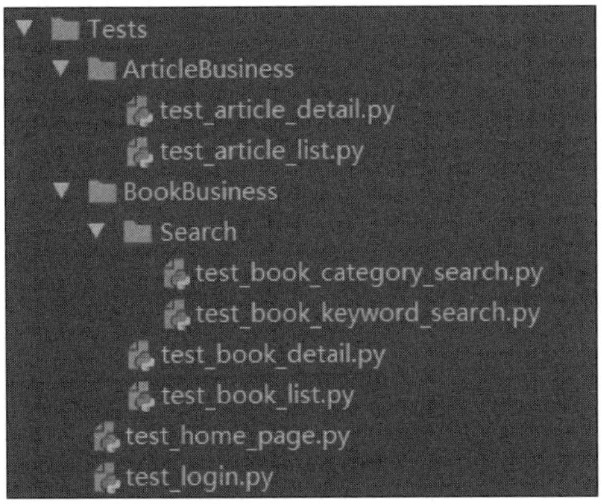

图 13-4　示例文件结构

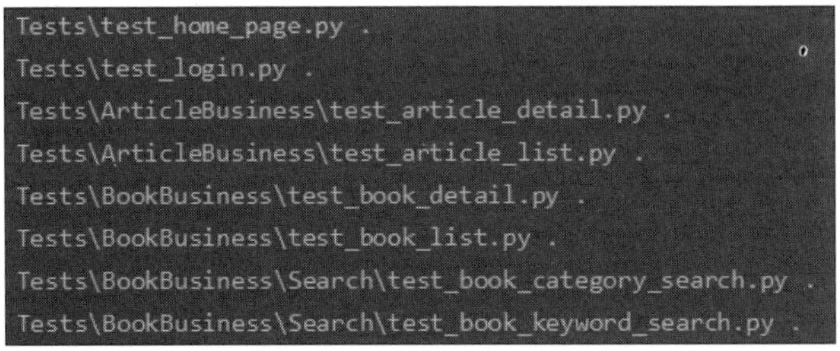

图 13-5　测试文件的执行顺序

13.2.2　函数级执行顺序

在同一个.py文件中，测试函数的执行顺序就变得简单了，它们会从上到下依次执行。例如，以下测试类的代码。

```
class TestExampleClass:

    def test_number_a(self):
        print("执行测试类中的测试 TestExampleClass::test_number_a")

    def test_number_b(self):
        print("执行测试类中的测试 TestExampleClass::test_number_b")

    def test_number_c(self):
        print("执行测试类中的测试 TestExampleClass::test_number_c")
```

使用 `pytest -s` 命令执行测试后，输出结果如下。

```
>执行测试类中的测试 TestExampleClass::test_number_a
>执行测试类中的测试 TestExampleClass::test_number_b
>执行测试类中的测试 TestExampleClass::test_number_c
```

13.2.3　自定义顺序

一般情况下，如果要设定测试执行顺序，按照 Pytest 的默认执行顺序规划测试即可，不需要做特殊处理。但如果需要自定义顺序，同时让每个测试的顺序变得清晰可见，则可以使用 pytest-ordering 插件。

pytest-ordering 插件的安装非常简单，只需在命令行执行以下命令即可。

```
pip install pytest-ordering
```

插件安装完成后，在各个测试函数前添加以下装饰器，就可以自定义测试的顺序。

```
@pytest.mark.run(order=顺序编号)
```

下面是一段关于测试类的代码。

```python
import pytest

class TestExampleClass:

    @pytest.mark.run(order=3)
    def test_number_a(self):
        print("执行测试类中的测试 TestExampleClass::test_number_a")

    @pytest.mark.run(order=2)
    def test_number_b(self):
        print("执行测试类中的测试 TestExampleClass::test_number_b")

    @pytest.mark.run(order=1)
    def test_number_c(self):
        print("执行测试类中的测试 TestExampleClass::test_number_c")
```

使用 `pytest -s` 命令执行测试后，输出结果如下。

```
>执行测试类中的测试 TestExampleClass::test_number_c
>执行测试类中的测试 TestExampleClass::test_number_b
>执行测试类中的测试 TestExampleClass::test_number_a
```

注意：虽然本节介绍了测试顺序的规划方式，但并不代表这是一种合理的方式，仅供参考。如果测试之间存在顺序依赖，通常是规划不合理导致的。这种顺序依赖不仅会导致维护困难，还会导致以后难以修改测试执行方式（例如执行并发测试）。如无特殊需求，请尽量不要设定测试的顺序。

13.3 测试粒度规划

测试粒度的规划对测试日后的维护及运行都会产生深远的影响。应当根据项目的实际情况，选择合适的测试粒度。

本节分别介绍 3 种不同粒度的规划，讨论它们各自的特点。

13.3.1 小粒度的测试

小粒度测试的代码结构大致如下所示。

```python
class TestClass_某页面上的正常流程功能:

    def test_细节功能_1(self):
        ...
        assert 结果1
        ...
```

```
            assert 结果2
            ...
            assert ...

        def test_细节功能_2(self):
            ...

        ......

        def test_细节功能_N(self):
            ...

    class TestClass_某页面上的特殊流程功能:

        def test_细节功能1(self):
            ...
```

由于测试的粒度过细，页面流程中的相续操作都被分散到各个测试函数当中，因此很可能需要考虑测试函数的先后顺序以及前后置操作的影响。例如使用@pytest.mark.run（order=顺序编号）来规划顺序，以及使用 setup 和 teardown 来设定前后置操作。

在小粒度的测试中，一个测试函数只对应一个功能点，看起来非常明确。但并不推荐粒度过小的测试，因为这种粒度的测试结构太过脆弱，比较难维护。一旦测试规模增加，添加新测试会非常麻烦，且很多时候存在顺序依赖。在执行时前一条测试如果失败，还需要考虑停止执行后续测试，降低了测试执行时的灵活度。

同时，这种粒度的测试可能会实现 100%的功能覆盖率，就如第 1 章提到的，100%的功能覆盖率是不现实的，遵循测试金字塔原则，才能取得最佳的成本收益比。

如果在你的项目中出现了这种小粒度的测试，请慎重评估是否需要调整。

13.3.2 中粒度的测试

中粒度测试的代码结构大致如下所示。

```
class TestClass_页面_1:

    def test_正常流程_1(self):
        ...
        assert 结果1
        ...
        assert 结果2
        ...
        assert ...
```

```python
    def test_特殊流程_1(self):
        ...

    def test_特殊流程_2(self):
        ...

class TestClass_页面_2:
    ...

class TestClass_跨页面的大功能_1:

    def test_正常流程(self):
        ...

    def test_特殊流程_1(self):
        ...

    ...

class TestClass_跨页面的大功能_2:
    ...
```

在中粒度的测试当中，由于各个测试函数相对独立，因此不必考虑先后顺序。由于一个类对应一个页面，因此可以考虑类级别的前后置操作。当然，也可以根据项目的实际情况，不进行前后置操作设置，将这些操作放置到各个函数中，保证测试函数的独立性。

中粒度的测试适用于非常多的场景，尤其适合大型的、专门的、独立的自动化测试项目。这类项目通常会要求较高的页面覆盖比例，对各个页面的功能往往挖掘得比较深入。此时若使用中粒度的测试，一个类对应一个页面（或一个跨页面的大功能），在类中编写各种正反向流程，会比其他粒度更容易组织。

13.3.3 大粒度的测试

大粒度测试的代码结构大致如下所示。

```python
class TestClass_网站业务大类_1:

    def test_页面_1(self):
        ...
        assert 结果1
        ...
        assert 结果2
        ...
        assert ...

    def test_页面_2(self):
```

```
        ...

        ...

    def test_跨页面大功能_1(self):
        ...

    def test_跨页面大功能_2(self):
        ...

    ...

class TestClass_网站业务大类_2:
    ...
```

在大粒度的测试中，因为各个测试函数绝对独立，一个测试函数直接对应一个页面，测试函数通常会调用较多的非测试子函数，所以通常无须在类中添加前后置操作。

大粒度的测试特别适用于应用程序研发流程中的快速回归测试。此时的测试并不要求高比例覆盖每个页面的每个功能点，而是要求快速验证应用程序中的重要业务点是否正确。这种粒度的测试非常适合组织快速的验证。总体而言，大粒度的测试适合对时间有要求的测试，例如在 10 分钟内完成所有验证，此时的测试要求不是广而全，而是少而精。

通常在项目中最常用的是中粒度和大粒度的测试，不推荐使用小粒度的测试。但需要结合项目的实际情况，选择最适合的测试粒度。

第 14 章 优化功能测试的物理组织结构

14.1 引言

随着测试需求的增加,有越来越多的测试加入自动化测试当中,涉及的页面也越来越多。假设现在需要实现具备以下功能的自动化测试。

测试用例 1:测试"图书"页面的类别筛选功能。

首先,进入异步社区首页,单击"图书"选项,如图 14-1 所示。

图 14-1 在异步社区首页单击"图书"选项

14.1 引言

然后，进入图书列表页面，可以看到图书类别筛选功能，如图 14-2 所示。

图 14-2　图书类别筛选功能

接下来，在图书类别筛选处的 3 个下拉列表框中，依次选择"软件开发""软件工程与方法""软件测试与质量控制"，加载符合条件的图书，如图 14-3 所示。此时单击第一本图书的封面图片，进入图书详情页面。

图 14-3　筛选出符合条件的图书

在图书详情页面中，需要检查"分类"一栏的值和在图书列表页面选中的类别是否相同，如图 14-4 所示。

测试用例 2：测试"文章"页面的类别筛选功能。

首先，进入异步社区首页，单击"文章"选项，如图 14-5 所示。

然后，进入文章列表页面，可以看到文章类别筛选功能。在文章类别筛选处的 3 个下拉

257

列表框中依次选择"软件开发""软件工程与方法""软件测试与质量控制",符合条件的文章将会加载出来,如图14-6所示。此时单击第一篇文章的标题,进入文章详情页面。

图14-4 在图书详情页面检查"分类"是否正确

图14-5 在异步社区首页单击"文章"选项

在文章详情页面底部,需要检查文章的标签,查看其中一个标签的值是否和在文章列表页面选中的类别相同,如图14-7所示。

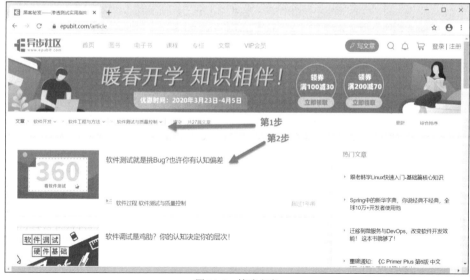

图14-6 筛选文章

图 14-7　在文章详情页面检查文章标签是否匹配筛选条件

为了实现这些测试功能，我们编写代码文件 test_epubit_filter.py。

```
from selenium import webdriver
import pytest
from selenium.webdriver.support import expected_conditions as EC
from selenium.webdriver.support.wait import WebDriverWait
from selenium.webdriver.common.by import By

class TestEpubitFilter:
    @pytest.mark.parametrize('homeUrl,filter1,filter2,filter3',
        [("https://www.epubit.com/", "软件开发", "软件工程与方法", "软件测试与质量控制")])
    def test_book_filter(self, homeUrl, filter1, filter2, filter3):
        driver = webdriver.Chrome()
        driver.implicitly_wait(5)

        driver.get(homeUrl)
        driver.find_element(By.XPATH,"//div[@class='header-item']/span[text()='图书']").click()

        driver.find_element(By.XPATH,"(//div[@class='select-box_one item fl'])[1]").click()
        driver.find_element(By.XPATH,"//span[@title='" + filter1 + "']").click()

        driver.find_element(By.XPATH,"(//div[@class='select-box_one item fl'])[2]").click()
        driver.find_element(By.XPATH,"//span[@title='" + filter2 + "']").click()
```

```python
        driver.find_element(By.XPATH,"(//div[@class='select-box_one item fl'])[3]").click()
        driver.find_element(By.XPATH,"//span[@title='" + filter3 + "']").click()

        #等待loading遮罩层消失
        WebDriverWait(driver, 3).until(EC.invisibility_of_element_located((By.ID,
        "el-loading-mask")))
        driver.find_element(By.XPATH,"//div[@id='bookItem']/a").click()

        #切换到新打开的窗口，然后进行验证
        driver.switch_to.window(driver.window_handles[1])
        assert driver.find_element(By.XPATH,"//div[contains(text(),'分类: ')]/a").text == filter3

        driver.quit()

    @pytest.mark.parametrize('homeUrl,filter1,filter2,filter3',
        [("https://www.epubit.com/", "软件开发", "软件工程与方法", "软件测试与质量控制")])
    def test_article_filter(self, homeUrl, filter1, filter2, filter3):
        driver = webdriver.Chrome()
        driver.implicitly_wait(5)

        driver.get(homeUrl)
        driver.find_element(By.XPATH,"//div[@class='header-item']/span[text()='文章']").click()

        driver.find_element(By.XPATH,"(//div[@class='select-box_one item fl'])[1]").click()
        driver.find_element(By.XPATH,"//span[@title='" + filter1 + "']").click()

        driver.find_element(By.XPATH,"(//div[@class='select-box_one item fl'])[2]").click()
        driver.find_element(By.XPATH,"//span[@title='" + filter2 + "']").click()
        driver.find_element(By.XPATH,"(//div[@class='select-box_one item fl'])[3]").click()
        driver.find_element(By.XPATH,"//span[@title='" + filter3 + "']").click()

        #等待loading遮罩层消失
        WebDriverWait(driver, 3).until(EC.invisibility_of_element_located((By.ID,
        "el-loading-mask")))
        driver.find_element(By.XPATH,"//div[@class='list-content_left fl']/a").click()
        #切换到新的窗口，然后验证所有的标签中是否有一个符合筛选条件
        driver.switch_to.window(driver.window_handles[1])
        allTags = driver.find_elements(By.XPATH,"//div[contains(@class,'tag')]/span")
        doesTagContainsFilter = False

        for tag in allTags:
            if filter3 in tag.text:
                doesTagContainsFilter = True
                break

        assert doesTagContainsFilter

        driver.quit()
```

虽然上述代码实现了自动化测试，但仔细查看，不难发现其中存在很多问题。

- 元素定位问题：元素定位代码遍布测试代码的各个位置，定位时使用的表达式晦涩难懂（例如//div[@class='select-box_one item fl'）。阅读代码时，很难弄清楚它们到底是哪个页面上的哪一个元素，后期维护起来十分困难。
- 公共元素问题：虽然测试跨多个页面，但其中有一些关键元素可以公用，例如类筛选下拉列表框。现在并未提取公共元素，如果以后下拉列表框的代码发生改变，就要满世界去寻找相关的代码。最糟糕的是，对于同一个元素，有些地方使用 XPath 定位，有些地方使用 CSS 选择器定位，还有些地方使用 ID 定位，根本看不出来那是同一个元素，无从改起。
- 高度耦合问题：测试用例和 Selenium WebDriver 操作代码、Selenium 元素定位代码、Selenium 元素操作代码混杂在一起，耦合度极高，代码非常脆弱。想想看，测试用例为什么要和 Selenium 高度绑定？测试用例应该只关注测试的相关代码和验证，至于使用哪种工具根本就不重要。就算以后不打算用 Selenium，要用其他测试工具，改改其他基础层面的代码就可以了。测试代码只调用了基础层，基础层换了，测试本体代码可以不受影响。而现在的代码完全做不到这一点。

为了依次解决上述问题，本章将介绍如何对测试的物理结构进行有效的组织规划。

14.2 通过页面对象规划待操作元素

要解决上面提到的元素定位问题，可以将所有元素的定位单独提取到其他文件中，同时按照不同的页面组织归类。归类后的对象通常称为**页面对象**。

仔细查看前面两个测试用例，可以发现它们一共涉及 5 个页面，分别是图书列表页面、图书详情页面、文章列表页面、文章详情页面和首页。

接下来，可以重新组织结构，创建页面对象文件，将所有元素的识别代码存放到对应的页面对象中。重组之后的文件结构如图 14-8 所示。

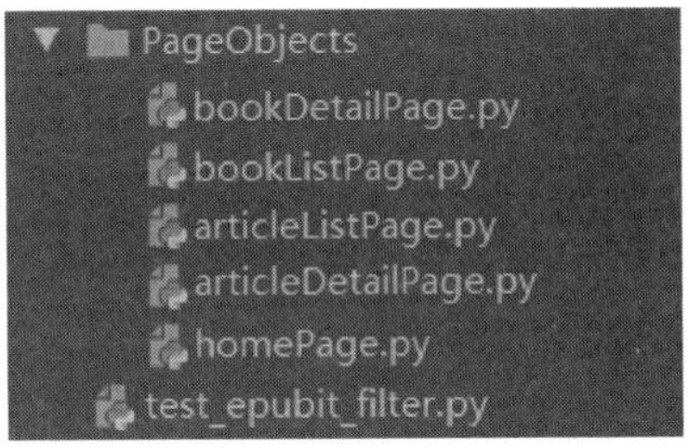

图 14-8 重组之后的文件结构

接下来，详细介绍各个页面对象文件的代码。

图书列表页面对应的代码文件为 **PageObjects/bookListPage.py**。文件内容如下。

```
from selenium.webdriver.common.by import By
class BookListPage:
    def __init__(self, driver):
        self.driver = driver
```

```python
    def filter_level1Category(self):
        return self.driver.find_element(By.XPATH,"(//div[@class='select-box_one item fl'])[1]")

    def filter_level2Category(self):
        return self.driver.find_element(By.XPATH,"(//div[@class='select-box_one item fl'])[2]")

    def filter_level3Category(self):
        return self.driver.find_element(By.XPATH,"(//div[@class='select-box_one item fl'])[3]")

    def filter_option(self, optionTitle):
        return self.driver.find_element(By.XPATH,"//span[@title='" + optionTitle + "']")

    def filter_loadingMask(self):
        return self.driver.find_element(By.ID,"el-loading-mask")

    def list_firstBook(self):
        return self.driver.find_element(By.XPATH,"//div[@id='bookItem']/a")
```

图书详情页面对应的代码文件为PageObjects/bookDetailPage.py。文件内容如下。

```python
from selenium.webdriver.common.by import By
class BookDetailPage:
    def __init__(self, driver):
        self.driver = driver

    def summary_category(self):
        return self.driver.find_element(By.XPATH,"//div[contains(text(),'分类：')]/a")
```

文章列表页面对应的代码文件为PageObjects/articleListPage.py。文件内容如下。

```python
from selenium.webdriver.common.by import By

class ArticleListPage:
    def __init__(self, driver):
        self.driver = driver

    def filter_level1Category(self):
        return self.driver.find_element(By.XPATH,"(//div[@class='select-box_one item fl'])[1]")

    def filter_level2Category(self):
        return self.driver.find_element(By.XPATH,"(//div[@class='select-box_one item fl'])[2]")

    def filter_level3Category(self):
        return self.driver.find_element(By.XPATH,"(//div[@class='select-box_one item fl'])[3]")

    def filter_option(self, optionTitle):
        return self.driver.find_element(By.XPATH,"//span[@title='" + optionTitle + "']")

    def filter_loadingMask(self):
        return self.driver.find_element(By.ID,"el-loading-mask")
```

```python
    def list_firstArticle(self):
        return self.driver.find_element(By.XPATH,"//div[@class='list-content_left fl']/a")
```

文章详情页面对应的代码文件为 PageObjects/articleDetailPage.py。文件内容如下。

```python
from selenium.webdriver.common.by import By

class ArticleDetailPage:
    def __init__(self, driver):
        self.driver = driver

    def summary_Tags(self):
        return self.driver.find_elements(By.XPATH,"//div[contains(@class,'tag')]/span")
```

首页对应的代码文件为 PageObjects/homePage.py。文件内容如下。

```python
from selenium.webdriver.common.by import By
class HomePage:
    def __init__(self, driver):
        self.driver = driver

    def headerNavigation_book(self):
        return self.driver.find_element(By.XPATH,"//div[@class='header-item']/span
        [text()='图书']")

    def headerNavigation_article(self):
        return self.driver.find_element(By.XPATH,"//div[@class='header-item']/span
        [text()='文章']")
```

当所有元素的识别代码都存放到对应的页面对象中时,测试代码会变得更简洁,可维护性和可读性会进一步提高。修改后的 test_epubit_filter.py 文件内容如下。

```python
from selenium import webdriver
import pytest
from selenium.webdriver.support.wait import WebDriverWait
from PageObjects.bookListPage import BookListPage
from PageObjects.bookDetailPage import BookDetailPage
from PageObjects.articleListPage import ArticleListPage
from PageObjects.articleDetailPage import ArticleDetailPage
from PageObjects.homePage import HomePage

class TestEpubitFilter:
    @pytest.mark.parametrize('homeUrl,filter1,filter2,filter3',
        [("https://www.epubit.com/", "软件开发", "软件工程与方法", "软件测试与质量控制")])
    def test_book_filter(self, homeUrl, filter1, filter2, filter3):
        driver = webdriver.Chrome()
        driver.implicitly_wait(5)
        driver.get(homeUrl)
```

```python
    HomePage(driver).headerNavigation_book().click()

    bookListPage = BookListPage(driver)
    bookListPage.filter_level1Category().click()
    bookListPage.filter_option(filter1).click()

    bookListPage.filter_level2Category().click()
    bookListPage.filter_option(filter2).click()

    bookListPage.filter_level3Category().click()
    bookListPage.filter_option(filter3).click()

    #等待loading遮罩层消失
    WebDriverWait(driver, 5).until_not(lambda d: bookListPage.filter_loadingMask())
    bookListPage.list_firstBook().click()

    #切换到新打开的窗口，然后进行验证
    driver.switch_to.window(driver.window_handles[1])
    bookDetailPage = BookDetailPage(driver)
    assert bookDetailPage.summary_category().text == filter3

    driver.quit()

@pytest.mark.parametrize('homeUrl,filter1,filter2,filter3',
    [("https://www.epubit.com/", "软件开发", "软件工程与方法", "软件测试与质量控制")])
def test_article_filter(self, homeUrl, filter1, filter2, filter3):
    driver = webdriver.Chrome()
    driver.implicitly_wait(5)

    driver.get(homeUrl)

    HomePage(driver).headerNavigation_article().click()

    articleListPage = ArticleListPage(driver)
    articleListPage.filter_level1Category().click()
    articleListPage.filter_option(filter1).click()

    articleListPage.filter_level2Category().click()
    articleListPage.filter_option(filter2).click()

    articleListPage.filter_level3Category().click()
    articleListPage.filter_option(filter3).click()
```

```
#等待loading遮罩层消失
WebDriverWait(driver, 5).until_not(lambda d: articleListPage.filter_loadingMask())
articleListPage.list_firstArticle().click()
#切换到新的窗口，然后验证所有的标签中是否有一个匹配筛选条件
driver.switch_to.window(driver.window_handles[1])
articleDetailPage = ArticleDetailPage(driver)
doesTagContainsFilter = False

for tag in articleDetailPage.summary_Tags():
    if filter3 in tag.text:
        doesTagContainsFilter = True
        break

assert doesTagContainsFilter

driver.quit()
```

此时，可以看到代码的层次更清晰，更容易维护。上面这段代码虽然解决了第一个问题，但总体而言仍然需要进一步优化。

14.3 通过继承关系组织公共元素

接下来，我们要解决在本章开头提到的公共元素问题。

在修改之前，我们简单看一下本次测试涉及的所有页面元素，很容易发现有些区块的元素会在较多的页面使用。

首先，查看页面的页眉区块，所涉及的 5 个页面都拥有页眉上的这些元素，如图 14-9 所示。

图 14-9 页眉区块

然后，查看类别筛选区块，在图书列表页面和文章列表页面都使用了该区块的元素，如图 14-10 所示。

第 14 章 优化功能测试的物理组织结构

图 14-10 类别筛选区块

现在，我们可以将这两个公共区块划分到单独的文件中，并让页面对象类继承这些公共区块类，这样就可以让页面对象复用公共区块中的元素。

首先，创建页眉公共区块，代码文件为 PageObjects/Common/siteHeader.py。文件内容如下。

```
from selenium.webdriver.common.by import By

class SiteHeader:
    def headerNavigation_article(self):
        return self.driver.find_element(By.XPATH,"//div[@class='header-item']/
            span[text()='文章']")

    def headerNavigation_book(self):
        return self.driver.find_element(By.XPATH,"//div[@class='header-item']/
            span[text()='图书']")
```

然后，创建类别筛选公共区块，代码文件为 PageObjects/Common/filterCategory.py。文件内容如下。

```
from selenium.webdriver.common.by import By

class FilterCategory:
    def filter_level1Category(self):
        return self.driver.find_element(By.XPATH,"(//div[@class='select-box_one item fl'])[1]")

    def filter_level2Category(self):
        return self.driver.find_element(By.XPATH,"(//div[@class='select-box_one item
            fl'])[2]")
```

```python
def filter_level3Category(self):
    return self.driver.find_element(By.XPATH,"(//div[@class='select-box_one item fl'])[3]")

def filter_option(self, optionTitle):
    return self.driver.find_element(By.XPATH,"//span[@title='" + optionTitle + "']")

def filter_loadingMask(self):
    return self.driver.find_element(By.ID,"el-loading-mask")
```

提取了公共区块后，就可以让各个页面对象继承这些公共区块，达到复用效果。接下来开始修改各个页面对象文件。

对于图书列表页面，代码文件为 PageObjects/bookListPage.py，文件内容如下。由于公共区块的元素已经提取出来，因此代码看上去比之前更精简。

```python
from selenium.webdriver.common.by import By
from PageObjects.Common.siteHeader import SiteHeader
from PageObjects.Common.filterCategory import FilterCategory

class BookListPage(SiteHeader,FilterCategory):
    def __init__(self, driver):
        self.driver = driver

    def list_firstBook(self):
        return self.driver.find_element(By.XPATH,"//div[@id='bookItem']/a")
```

对于图书详情页面，代码文件为 PageObjects/bookDetailPage.py。文件内容如下。

```python
from selenium.webdriver.common.by import By
from PageObjects.Common.siteHeader import SiteHeader

class BookDetailPage(SiteHeader):
    def __init__(self, driver):
        self.driver = driver

    def summary_category(self):
        return self.driver.find_element(By.XPATH,"//div[contains(text(),'分类：')]/a")
```

对于文章列表页面，代码文件为 PageObjects/articleListPage.py，文件内容如下。由于公共区块的元素也已被提取出来，因此代码整体上比之前更精简。

```python
from selenium.webdriver.common.by import By
from PageObjects.Common.siteHeader import SiteHeader
from PageObjects.Common.filterCategory import FilterCategory

class ArticleListPage(SiteHeader,FilterCategory):
    def __init__(self, driver):
        self.driver = driver
```

```
    def list_firstArticle(self):
        return self.driver.find_element(By.XPATH,"//div[@class='list-content_left fl']/a")
```

对于文章详情页面，代码文件为 PageObjects/articleDetailPage.py。文件内容如下。

```
from selenium.webdriver.common.by import By
from PageObjects.Common.siteHeader import SiteHeader

class ArticleDetailPage(SiteHeader):
    def __init__(self, driver):
       self.driver = driver

    def summary_Tags(self):
        return self.driver.find_elements(By.XPATH,"//div[contains(@class,'tag')]/span")
```

对于首页，代码文件为 PageObjects/homePage.py，文件内容如下。因为公共元素已经被提取到公共区块类当中，所以目前只有一个空的类定义。但这个类定义仍然需要保留，以便以后可以向这个类中添加首页上的其他非公共元素。

```
from PageObjects.Common.siteHeader import SiteHeader

class HomePage(SiteHeader):
    def __init__(self, driver):
       self.driver = driver
```

到这一步时，所有代码文件的结构如图 14-11 所示，但文件 test_epubit_filter.py 和之前相比没有变化。

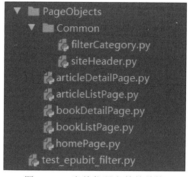

图 14-11 当前代码文件的结构

现在，我们已经解决了第二个问题，公共元素得到了集中组织，文件变得越来越容易维护。

14.4 进一步解耦测试用例与操作动作

现在，我们再来解决高度耦合问题。

为了解决这个问题，需要将测试用例和操作代码解耦。测试的操作共分为两类。一类是测

14.4 进一步解耦测试用例与操作动作

试工具级的操作,例如创建和关闭 Selenium WebDriver 等测试工具的实例,设置测试工具参数或使用工具进行元素查找等。另一类则是对页面和页面上的元素进行的操作。接下来分别介绍这两类操作的解耦。

14.4.1 解耦测试工具级操作

在正式编写代码之前,先来简单看看我们对测试工具进行了哪些操作。

先来简单界定一下什么是测试工具级操作。本例使用的测试工具为 Selenium WebDriver,因此所有直接使用了 WebDriver 对象的地方(例如 driver.xxxxxx()的操作)都属于测试工具级操作。

在 test_epubit_filter.py 文件下,每个测试函数都存在以下代码。

```python
#创建并设置 WebDriver 实例
driver = webdriver.Chrome()
driver.implicitly_wait(5)
driver.get(homeUrl)

#切换窗体和创建显式等待的部分代码
WebDriverWait(driver, 5).until_not(lambda d: articleListPage.filter_loadingMask())
driver.switch_to.window(driver.window_handles[1])

#注销 WebDriver 实例
driver.quit()
```

而各个页面对象的元素识别函数中也拥有测试工具级的操作,例如以下代码。

```python
self.driver.find_element(.......)
```

以上这些测试工具级的操作其实并非测试用例关注的重点,而测试用例也不应当与测试工具高度耦合。接下来我们编写代码,把对测试工具的所有操作都提取到单独的代码文件中。

先创建测试工具操作类,代码文件为 BaseLayer/executorBase.py。文件内容如下。

```python
from selenium import webdriver
from selenium.webdriver.support.wait import WebDriverWait
from selenium.webdriver.common.by import By

class ExecutorBase:
    def __init__(self, executor=None, url=None):
        if executor is None:
            self.__init_executor()
        else:
            self.driver = executor

        if url is not None:
            self.driver.get(url)

    #初始化测试执行器
```

```python
    def __init_executor(self):
        #后期可以设置成从config文件读取或从命令行获取
        self.driver = webdriver.Chrome()
        self.driver.implicitly_wait(5)

    #获取测试执行器
    def get_executor(self):
        return self.driver

    #注销测试执行器
    def quit_executor(self):
        if self.driver is not None:
            self.driver.quit()
            self.driver = None

    #生成元素定位
    def __get_locator(self, key):
        if key.lower() == "xpath":
            return By.XPATH
        #...后续可以扩充其他分支定位,例如name/css等
        else:
            return By.ID

    #查找单个元素
    def get_element(self, key, value):
        return self.driver.find_element(self.__get_locator(key), value)

    #查找多个元素
    def get_elements(self, key, value):
        return self.driver.find_elements(self.__get_locator(key), value)

    #切换到最新打开的浏览器窗口
    def switch_to_last_window(self):
        lastWindowIndex = len(self.get_executor().window_handles) - 1
        self.get_executor().switch_to.window(self.get_executor().window_handles
            [lastWindowIndex])

    #等待元素消失
    def wait_for_element_disappear(self, get_element_func, seconds=5):
        WebDriverWait(self.get_executor(), seconds).until_not(lambda d: get_element_func())
```

ExecutorBase 类拥有一个构造函数,它支持传入 Executor 实例。由于本例中使用的是 Selenium WebDriver 测试工具,因此 Executor 实例就是 WebDriver 实例。如果未传入 WebDriver 实例,则会自动新建 WebDriver 实例,并进行相应的设置。另外,构造函数也支持

14.4 进一步解耦测试用例与操作动作

传入 URL。如果传入的 URL 不为空，则会跳转至传入的 URL。

现在，所有直接使用测试工具的函数都在 `ExecutorBase` 类中进行了封装。

接下来需要修改各个页面对象类，让它们都继承 `ExecutorBase` 类。同时还需要修改各个页面对象类和公共区块类中的元素定位代码，去除直接操作测试工具的代码（即 `driver.find_element...`）。

对于图书列表页面，代码文件为 PageObjects/bookListPage.py。文件内容如下。可以看到，页面对象的内容进一步精简。由于继承了 `DriverBase` 类的构造函数，因此从页面对象类中移除了构造函数。

```python
from PageObjects.Common.siteHeader import SiteHeader
from PageObjects.Common.filterCategory import FilterCategory
from BaseLayer.executorBase import ExecutorBase

class BookListPage(SiteHeader,FilterCategory,ExecutorBase):
    def list_firstBook(self):
        return self.get_element("xpath", "//div[@id='bookItem']/a")
```

对于图书详情页面，代码文件为 PageObjects/bookDetailPage.py。文件内容如下。

```python
from PageObjects.Common.siteHeader import SiteHeader
from BaseLayer.executorBase import ExecutorBase

class BookDetailPage(SiteHeader,ExecutorBase):
    def summary_category(self):
        return self.get_element("xpath", "//div[contains(text(),'分类：')]/a")
```

对于文章列表页面，代码文件为 PageObjects/articleListPage.py。文件内容如下。

```python
from PageObjects.Common.siteHeader import SiteHeader
from PageObjects.Common.filterCategory import FilterCategory
from BaseLayer.executorBase import ExecutorBase

class ArticleListPage(SiteHeader,FilterCategory,ExecutorBase):
    def list_firstArticle(self):
        return self.get_element("xpath", "//div[@class='list-content_left fl']/a")
```

对于文章详情页面，代码文件为 PageObjects/articleDetailPage.py。文件内容如下。

```python
from PageObjects.Common.siteHeader import SiteHeader
from BaseLayer.executorBase import ExecutorBase

class ArticleDetailPage(SiteHeader,ExecutorBase):
    def summary_Tags(self):
        return self.get_elements("xpath", "//div[contains(@class,'tag')]/span")
```

对于首页，代码文件为 PageObjects/homePage.py。文件内容如下。

```python
from PageObjects.Common.siteHeader import SiteHeader
from BaseLayer.executorBase import ExecutorBase

class HomePage(SiteHeader,ExecutorBase):
```

```
        pass
```

除页面对象类之外，还需要修改公共区块类，要移除对测试工具的直接使用。

修改页眉公共区块，代码文件为 PageObjects/Common/siteHeader.py。文件内容如下。

```
class SiteHeader:
    def headerNavigation_article(self):
        return self.get_element("xpath", "//div[@class='header-item']/span[text()='文章']")
    def headerNavigation_book(self):
        return self.get_element("xpath", "//div[@class='header-item']/span[text()='图书']")
```

修改类别筛选公共区块，代码文件为 PageObjects/Common/filterCategory.py。文件内容如下。

```
class FilterCategory:
    def filter_level1Category(self):
        return self.get_element("xpath", "(//div[@class='select-box_one item fl'])[1]")

    def filter_level2Category(self):
        return self.get_element("xpath", "(//div[@class='select-box_one item fl'])[2]")

    def filter_level3Category(self):
        return self.get_element("xpath", "(//div[@class='select-box_one item fl'])[3]")

    def filter_option(self, optionTitle):
        return self.get_element("xpath", "//span[@title='" + optionTitle + "']")

    def filter_loadingMask(self):
        return self.get_element("id", "el-loading-mask")
```

由于测试工具级操作已经提取为基础公共类，因此测试代码将发生变化。其中最明显的特征便是测试代码与测试工具本身已经完全没有关联，修改后的 test_epubit_filter.py 文件内容如下。这段代码中已经没有对 WebDriver 的直接操作了，移除了 WebDriver 的导入语句 `from selenium import WebDriver`。

```
import pytest
from PageObjects.bookListPage import BookListPage
from PageObjects.bookDetailPage import BookDetailPage
from PageObjects.articleListPage import ArticleListPage
from PageObjects.articleDetailPage import ArticleDetailPage
from PageObjects.homePage import HomePage

class TestEpubitFilter:
    @pytest.mark.parametrize('homeUrl,filter1,filter2,filter3',
        [("https://www.epubit.com/", "软件开发", "软件工程与方法", "软件测试与质量控制")])
    def test_book_filter(self, homeUrl, filter1, filter2, filter3):

        homePage = HomePage(url=homeUrl)
        homePage.headerNavigation_book().click()
```

```python
    bookListPage = BookListPage(homePage.get_executor())
    bookListPage.filter_level1Category().click()
    bookListPage.filter_option(filter1).click()

    bookListPage.filter_level2Category().click()
    bookListPage.filter_option(filter2).click()

    bookListPage.filter_level3Category().click()
    bookListPage.filter_option(filter3).click()

    #等待loading遮罩层消失
    bookListPage.wait_for_element_disappear(bookListPage.filter_loadingMask)
    bookListPage.list_firstBook().click()

    #切换到新打开的窗口，然后进行验证
    bookListPage.switch_to_last_window()
    bookDetailPage = BookDetailPage(bookListPage.get_executor())
    assert bookDetailPage.summary_category().text == filter3

    bookDetailPage.quit_executor()
@pytest.mark.parametrize('homeUrl,filter1,filter2,filter3',
    [("https://www.epubit.com/", "软件开发", "软件工程与方法", "软件测试与质量控制")])
def test_article_filter(self, homeUrl, filter1, filter2, filter3):

    homePage = HomePage(url=homeUrl)
    homePage.headerNavigation_article().click()

    articleListPage = ArticleListPage(homePage.get_executor())
    articleListPage.filter_level1Category().click()
    articleListPage.filter_option(filter1).click()

    articleListPage.filter_level2Category().click()
    articleListPage.filter_option(filter2).click()

    articleListPage.filter_level3Category().click()
    articleListPage.filter_option(filter3).click()

    #等待loading遮罩层消失
    articleListPage.wait_for_element_disappear(articleListPage.filter_loadingMask)
    articleListPage.list_firstArticle().click()

    #切换到新的窗口，然后验证所有的标签中是否有一个符合筛选条件
    articleListPage.switch_to_last_window()
    articleDetailPage = ArticleDetailPage(articleListPage.get_executor())
    doesTagContainsFilter = False
```

```
            for tag in articleDetailPage.summary_Tags():
                if filter3 in tag.text:
                    doesTagContainsFilter = True
                    break

            assert doesTagContainsFilter

            articleDetailPage.quit_executor()
```

完成修改后,代码文件的结构如图 14-12 所示。

图 14-12 当前代码文件的结构

14.4.2 解耦页面元素级操作

虽然测试工具级操作已经完全与测试解耦,但元素级操作还存在于测试代码中。例如元素的 `.click()` 操作,以及获取元素的 `.text` 属性,都在测试代码中直接使用 Selenium 的 WebElement 对象。因此,一旦测试工具发生变化,测试代码依然需要修改,问题还没有完全解决。

接下来需要解耦页面元素级的操作,让测试用例代码、界面操作代码与测试工具彻底解耦。具体的做法并不复杂,之前我们已经将元素的定位迁移到了对应的页面对象类和公共区块类中,现在只需要把元素的操作也移动到与之对应的页面对象类或公共区块类中。另外,对 Selenium WebElement 对象的操作和属性读取,可以封装到最底层的 `ExecutorBase` 类当中。

首先,修改底层的 `ExecutorBase` 类,代码文件为 BaseLayer/executorBase.py。文件内容如下。

```python
from selenium import webdriver
from selenium.webdriver.support.wait import WebDriverWait
from selenium.webdriver.common.by import By

class ExecutorBase:
    def __init__(self, executor=None, url=None):
        if executor is None:
            self.__init_executor()
```

```python
        else:
            self.driver = executor

        if url is not None:
            self.driver.get(url)

    #初始化测试执行器
    def __init_executor(self):
        # 后期可以设置成从config文件读取或从命令行获取
        self.driver = webdriver.Chrome()
        self.driver.implicitly_wait(5)

    #获取测试执行器
    def get_executor(self):
        return self.driver

    #注销测试执行器
    def quit_executor(self):
        if self.driver is not None:
            self.driver.quit()
            self.driver = None

    #定位元素
    def __get_locator(self, key):
        if key.lower() == "xpath":
            return By.XPATH
        #...后续可以扩充其他分支定位,例如name/css等
        else:
            return By.ID

    #查找单个元素
    def get_element(self, key, value):
        return self.driver.find_element(self.__get_locator(key), value)
    #查找多个元素
    def get_elements(self, key, value):
        return self.driver.find_elements(self.__get_locator(key), value)
    #切换到最新打开的浏览器窗口
    def switch_to_last_window(self):
        lastWindowIndex = len(self.get_executor().window_handles) - 1
        self.get_executor().switch_to.window(self.get_executor().window_handles[lastWindowIndex])

    #等待元素消失
    def wait_for_element_disappear(self, get_element_func, seconds=5):
        WebDriverWait(self.get_executor(), seconds).until_not(lambda d: get_element_func())

    #单击元素
```

```python
    def click_element(self, ele):
        ele.click()

    #获取元素文本
    def get_element_text(self, ele):
        return ele.text

    #获取元素集合的文本，并返回文本集合
    def get_elements_text_list(self, eles):
        text_list = []
        for ele in eles:
            text_list.append(ele.text)
        return text_list
```

在 ExecutorBase 类中，我们增加了一些底层元素的操作和属性读取函数。为了修改各个页面对象类和公共区块类，先把测试代码中具体元素的操作和读取移动到与元素对应的页面对象类或公共区块类中，并让其调用继承自 ExecutorBase 类的底层操作函数。

修改页眉公共区块，代码文件为 PageObjects/Common/siteHeader.py。文件内容如下。

```python
class SiteHeader:
    def headerNavigation_article(self):
        return self.get_element("xpath", "//div[@class='header-item']/span[text()='文章']")

    def headerNavigation_book(self):
        return self.get_element("xpath", "//div[@class='header-item']/span[text()='图书']")

    def click_headerNavigation_to_articleListpage(self):
        self.click_element(self.headerNavigation_article())

    def click_headerNavigation_to_bookListPage(self):
        self.click_element(self.headerNavigation_book())
```

修改类别筛选公共区块，代码文件为 PageObjects/Common/filterCategory.py。文件内容如下，将类别筛选操作移动到了公共区块类的函数中。

```python
class FilterCategory:
    def filter_level1Category(self):
        return self.get_element("xpath", "(//div[@class='select-box_one item fl'])[1]")

    def filter_level2Category(self):
        return self.get_element("xpath", "(//div[@class='select-box_one item fl'])[2]")

    def filter_level3Category(self):
        return self.get_element("xpath", "(//div[@class='select-box_one item fl'])[3]")

    def filter_option(self, optionTitle):
        return self.get_element("xpath", "//span[@title='" + optionTitle + "']")
```

```python
    def filter_loadingMask(self):
        return self.get_element("id", "el-loading-mask")

    def select_filter_category(self, filter1, filter2, filter3):
        self.click_element(self.filter_level1Category())
        self.click_element(self.filter_option(filter1))

        self.click_element(self.filter_level2Category())yu
        self.click_element(self.filter_option(filter2))

        self.click_element(self.filter_level3Category())
        self.click_element(self.filter_option(filter3))

        # 等待loading遮罩层消失
        self.wait_for_element_disappear(self.filter_loadingMask)
```

修改图书列表页面,代码文件为PageObjects/bookListPage.py。文件内容如下。

```python
from PageObjects.Common.siteHeader import SiteHeader
from PageObjects.Common.filterCategory import FilterCategory
from BaseLayer.executorBase import ExecutorBase

class BookListPage(SiteHeader,FilterCategory,ExecutorBase):
    def list_firstBook(self):
        return self.get_element("xpath", "//div[@id='bookItem']/a")

    def click_firstBook_and_switch_bookDetailPage(self):
        self.click_element(self.list_firstBook())
        self.switch_to_last_window()
```

修改图书详情页面,代码文件为PageObjects/bookDetailPage.py。文件内容如下。

```python
from PageObjects.Common.siteHeader import SiteHeader
from BaseLayer.executorBase import ExecutorBase

class BookDetailPage(SiteHeader,ExecutorBase):
    def summary_category(self):
        return self.get_element("xpath", "//div[contains(text(),'分类:')]/a")

    def get_summary_category_text(self):
        return self.get_element_text(self.summary_category())
```

修改文章列表页面,代码文件为PageObjects/articleListPage.py。文件内容如下。

```python
from PageObjects.Common.siteHeader import SiteHeader
from PageObjects.Common.filterCategory import FilterCategory
from BaseLayer.executorBase import ExecutorBase

class ArticleListPage(SiteHeader,FilterCategory,ExecutorBase):
    def list_firstArticle(self):
        return self.get_element("xpath", "//div[@class='list-content_left fl']/a")
```

```python
    def click_firstArticle_and_switch_articleDetailPage(self):
        self.click_element(self.list_firstArticle())
        self.switch_to_last_window()
```

修改文章详情页面，代码文件为 PageObjects/articleDetailPage.py。文件内容如下。

```python
from PageObjects.Common.siteHeader import SiteHeader
from BaseLayer.executorBase import ExecutorBase

class ArticleDetailPage(SiteHeader,ExecutorBase):
    def summary_Tags(self):
        return self.get_elements("xpath", "//div[contains(@class,'tag')]/span")

    def get_summary_tags_text_list(self):
        return self.get_elements_text_list(self.summary_Tags())
```

首页对应的代码文件 PageObjects/homePage.py 本次没有变化。

最后，修改测试用例代码。由于测试工具级操作和页面元素级操作都已经提取出来，测试代码现在已经非常纯净，具备非常高的可读性和可维护性。修改后的 test_epubit_filter.py 文件内容如下。

```python
import pytest
from PageObjects.bookListPage import BookListPage
from PageObjects.bookDetailPage import BookDetailPage
from PageObjects.articleListPage import ArticleListPage
from PageObjects.articleDetailPage import ArticleDetailPage
from PageObjects.homePage import HomePage

class TestEpubitFilter:
    @pytest.mark.parametrize('homeUrl,filter1,filter2,filter3',
        [("https://www.epubit.com/", "软件开发", "软件工程与方法", "软件测试与质量控制")])
    def test_book_filter(self, homeUrl, filter1, filter2, filter3):

        homePage = HomePage(url=homeUrl)
        homePage.click_headerNavigation_to_bookListPage()

        bookListPage = BookListPage(homePage.get_executor())
        bookListPage.select_filter_category(filter1, filter2, filter3)
        bookListPage.click_firstBook_and_switch_bookDetailPage()

        bookDetailPage = BookDetailPage(bookListPage.get_executor())
        assert bookDetailPage.get_summary_category_text() == filter3

        bookDetailPage.quit_executor()

    @pytest.mark.parametrize('homeUrl,filter1,filter2,filter3',
        [("https://www.epubit.com/", "软件开发", "软件工程与方法", "软件测试与质量控制")])
    def test_article_filter(self, homeUrl, filter1, filter2, filter3):
```

```python
homePage = HomePage(url=homeUrl)
homePage.click_headerNavigation_to_articleListpage()

articleListPage = ArticleListPage(homePage.get_executor())
articleListPage.select_filter_category(filter1, filter2, filter3)

articleListPage.click_firstArticle_and_switch_articleDetailPage()

articleDetailPage = ArticleDetailPage(articleListPage.get_executor())
assert filter3 in articleDetailPage.get_summary_tags_text_list()

articleDetailPage.quit_executor()
```

现在测试用例代码、页面操作代码和测试工具代码三者已经彻底解耦，完全独立运维。

- 如果不再使用 Selenium 作为测试工具，或 Selenium 工具出现大幅的更新，只需修改最底层的 BaseLayer/executorBase.py 文件即可，界面操作代码和测试用例代码完全不受影响。
- 如果页面内容或结构发生变化，只需要修改 PageObjects 文件夹下对应页面的操作代码即可，测试工具代码和测试用例代码完全不受影响。
- 如果测试用例发生变化，只需要修改对应测试用例的 test_xxx.py 代码即可，界面操作的代码和测试用例的代码也完全不受影响。

14.5 通过流式编程技术简化测试代码

现在所有的大问题都已经解决，但我们依然可以进一步优化测试，让测试代码变得优雅，具备更高的可读性和可维护性。

我们先来看看使用流式编程技术的测试用例代码最终会变成什么样子。修改后的代码文件为 test_epubit_filter.py，文件内容如下。

```python
import pytest
from PageObjects.homePage import HomePage

class TestEpubitFilter:
    @pytest.mark.parametrize('homeUrl,filter1,filter2,filter3',
        [("https://www.epubit.com/", "软件开发", "软件工程与方法", "软件测试与质量控制")])
    def test_book_filter(self, homeUrl, filter1, filter2, filter3):

        testPage = HomePage(url=homeUrl)
        assert  testPage.click_headerNavigation_to_bookListPage()\
            .select_filter_category(filter1, filter2, filter3)\
            .click_firstBook_and_switch_bookDetailPage()\
            .get_summary_category_text() == filter3
```

```python
        testPage.quit_executor()

    @pytest.mark.parametrize('homeUrl,filter1,filter2,filter3',
        [("https://www.epubit.com/", "软件开发", "软件工程与方法", "软件测试与质量控制")])
    def test_article_filter(self, homeUrl, filter1, filter2, filter3):

        testPage = HomePage(url=homeUrl)
        assert filter3 in testPage.click_headerNavigation_to_articleListpage()\
            .select_filter_category(filter1, filter2, filter3)\
            .click_firstArticle_and_switch_articleDetailPage()\
            .get_summary_tags_text_list()

        testPage.quit_executor()
```

可以看到，通过流式编程技术，测试代码中已经不再有类似于 `articleListPage = ArticleListPage(homePage.get_executor())` 这种"代码味"极重的新对象实例化语法，代码变得更加优雅，清晰可读。

具体是怎么实现的呢？答案很简单，只需要让各个页面对象类和公共区块类的操作代码在操作结束后返回页面对象实例即可。

对于页眉公共区块，代码文件为 PageObjects/Common/siteHeader.py。文件内容如下。由于页眉上的导航按钮在单击后会跳转到对应的页面，因此返回对应页面的页面对象实例即可。

```python
class SiteHeader:
    def headerNavigation_article(self):
        return self.get_element("xpath", "//div[@class='header-item']/span[text()='文章']")

    def headerNavigation_book(self):
        return self.get_element("xpath", "//div[@class='header-item']/span[text()='图书']")

    def click_headerNavigation_to_articleListpage(self):
        self.click_element(self.headerNavigation_article())
        from PageObjects.articleListPage import ArticleListPage
        return ArticleListPage(self.get_executor())

    def click_headerNavigation_to_bookListPage(self):
        self.click_element(self.headerNavigation_book())
        from PageObjects.bookListPage import BookListPage
        return BookListPage(self.get_executor())
```

对于类别筛选公共区块，代码文件为 PageObjects/Common/filterCategory.py。文件内容如下。由于筛选类别的操作并不会导致页面跳转，因此只需要返回自身的页面对象实例。

```python
class FilterCategory:
    ... #此处省略了部分无关代码
```

```python
    def select_filter_category(self, filter1, filter2, filter3):
        self.click_element(self.filter_level1Category())
        self.click_element(self.filter_option(filter1))

        self.click_element(self.filter_level2Category())
        self.click_element(self.filter_option(filter2))

        self.click_element(self.filter_level3Category())
        self.click_element(self.filter_option(filter3))

        #等待loading遮罩层消失
        self.wait_for_element_disappear(self.filter_loadingMask)

        return self
```

对于文章列表页面，代码文件为 PageObjects/articleListPage.py，文件内容如下。单击文章列表下的文章后，返回文章详情页面的对象。

```python
from PageObjects.Common.siteHeader import SiteHeader
from PageObjects.Common.filterCategory import FilterCategory
from BaseLayer.executorBase import ExecutorBase

class ArticleListPage(SiteHeader,FilterCategory,ExecutorBase):
    def list_firstArticle(self):
        return self.get_element("xpath", "//div[@class='list-content_left fl']/a")

    def click_firstArticle_and_switch_articleDetailPage(self):
        self.click_element(self.list_firstArticle())
        self.switch_to_last_window()
        from PageObjects.articleDetailPage import ArticleDetailPage
        return ArticleDetailPage(self.get_executor())
```

对于图书列表页面，代码文件为 PageObjects/bookListPage.py，文件内容如下。单击图书列表下的图书后，返回图书详情页面的对象。

```python
from PageObjects.Common.siteHeader import SiteHeader
from PageObjects.Common.filterCategory import FilterCategory
from BaseLayer.executorBase import ExecutorBase

class BookListPage(SiteHeader,FilterCategory,ExecutorBase):
    def list_firstBook(self):
        return self.get_element("xpath", "//div[@id='bookItem']/a")

    def click_firstBook_and_switch_bookDetailPage(self):
        self.click_element(self.list_firstBook())
        self.switch_to_last_window()
        from PageObjects.bookDetailPage import BookDetailPage
        return BookDetailPage(self.get_executor())
```

其他文件无须修改。

通过页面对象，我们将待操作的元素进行了合理规划，使元素的归属和指向变得清晰。通过继承关系，我们可以集中管理页面上的公共元素，避免了四处维护的困境。通过解耦测试工具级操作和页面元素级操作，测试用例代码、页面操作代码和测试工具代码三者已经彻底解耦，完全独立运维。最后，我们又引入了流式编程技术以进一步简化测试代码。

虽然目前的代码结构良好，但代码的优化是一项永无止境的艺术。在充分理解本章示例的要点后，读者要结合项目中的实际情况，不断对代码进行优化和调整，得到最具效益的代码。

第 15 章　增强功能测试的运行反馈机制

功能测试必须拥有健全的运行反馈机制。由于我们使用的是非常成熟的 Pytest 框架，它拥有丰富的插件，可以提供相应的功能。通过 pytest-html、pytest-xdist、pytest-rerunfailures 插件，可以生成测试报告，并行运行测试，以及在运行失败时重新执行测试。接下来分别对这些插件进行介绍。

15.1 生成测试报告

通常在测试结束后，我们都需要一份完整的报告，以便其他团队成员了解测试结果。报告中会列举了各个测试用例的运行情况，如果出现运行失败，还可以根据报告提供的信息排查问题。

通过 pytest-html 插件，可以为测试生成完善的 HTML 报告，只需在命令行执行以下命令即可完成插件安装。

```
pip install pytest-html
```

插件安装完成后，就可以在 pytest 命令之后带上参数 "--html=报告文件路径" 来输出报告。文件路径可以是绝对路径，也可以是相对路径（基于当前命令行目录），例如执行以下命令。

```
pytest -html=report.html
```

命令执行后，可以在输出结果中看到相关信息，这里提示 HTML 报告已经在指定目录生成，如图 15-1 所示。

打开 HTML 报告，报告内容如图 15-2 所示。

如果执行失败，可以单击失败的那个测试，查看详细信息，如图 15-3 所示。

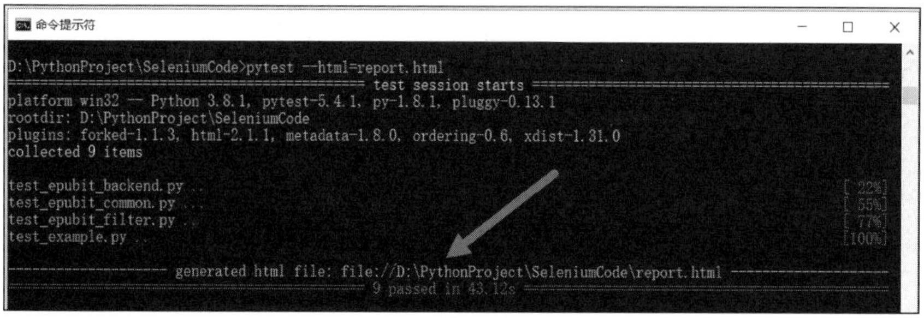

图 15-1　报告提示信息

图 15-2　HTML 报告内容

图 15-3　查看失败的详细信息

15.2 并行运行测试

Pytest 默认串行执行测试，对于普通的单元测试，这并无不妥。但对于 Selenium 测试，由于涉及页面操作，会产生很多网络开销，而且操作会很耗时。当测试较多时，这种串行执行测试的方式就不合时宜了。

通过 pytest-xdist 插件，可以并行运行测试。只需在命令行执行以下命令即可完成插件安装。

```
pip install pytest-xdist
```

插件安装完成后，就可以在 `pytest` 命令之后带上参数 "-n=并行运行数量" 来运行测试，例如执行以下命令。

```
Pytest -v -n=4
```

执行结果如图 15-4 所示。通过 "-n=4"，我们将测试划分成 4 个进程（图中的 gw0、gw1、gw2、gw3）并行运行。-v 参数在之前的章节中介绍过，它的作用是显示每个测试函数的执行结果，结合 -n 参数，可以清楚地显示各个测试在哪一个进程中运行。

图 15-4 执行结果

第 15 章　增强功能测试的运行反馈机制

通过并行运行可以有效节省测试时间。可以结合自身机器的实际性能情况，尽可能并行执行测试，从而大幅缩短测试消耗的时间。

15.3 引入重试机制

出于各种各样原因，测试可能出现小概率运行失败的情况，对于 Selenium 测试来说更是如此。也许测试期间发生网络阻塞，导致某个页面无法正常打开，测试就可能失败，但这并不意味着被测试程序真的出现问题了。如果有时出现这种偶发性的问题，需要人工排查，但最终结果并非 Bug 导致，因此白白浪费时间去做排查。

为了避免偶发性失败，可以引入重试机制。如果重试多次后依然失败，那就可以断定测试失败可能并非偶然的，而是必然的失败，并开始人工介入。

通过 pytest-rerunfailures 插件，你可以并行运行测试。只需在命令行执行以下命令即可完成插件安装。

```
pip install pytest-rerunfailures
```

插件安装完成后，就可以在 `pytest` 命令之后带上参数 "--reruns=重试次数" 来运行测试。一旦测试运行失败，就会触发重试，直到成功或超过重试次数。例如以下命令。

```
pytest --reruns=2 --html=report.html
```

执行以上命令后，如果某个测试函数运行失败，最多会重试两次。如果两次内重试成功，则判定测试函数通过；如果依然失败，则判定测试函数失败。如果出现重试，可以在测试报告中看到重试的具体记录，如图 15-5 所示。

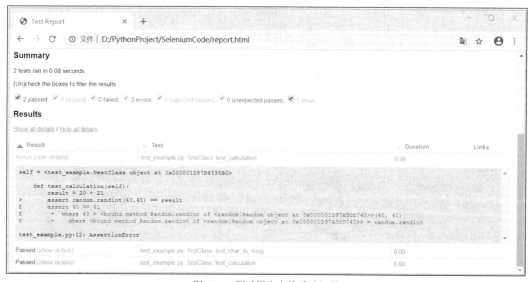

图 15-5　测试报告中的重试记录

第 16 章　使用 Selenium 进行非功能测试

Selenium 除了可以用于功能测试之外，还有其他用途。这些用途也许不是 Selenium 最擅长的领域，但通过 Selenium 能够快速地实现这些非功能测试领域的应用。接下来将介绍两种 Selenium 常用的非功能测试用途。

16.1　网络爬虫

16.1.1　爬虫简介

爬虫并不复杂，可以用一句话概括，爬虫是一个模拟人工操作、自动收集指定数据的程序。

爬虫随着互联网的发展而产生，在互联网发展的早期，整个网络中的网页都很少，大部分数据由人整理。在 100 个网页中人工收集需要的数据很容易，但随着互联网的不断发展，要在 100000 个网页中收集需要的数据就非常困难了。

为了解决这些问题，自动化的爬虫就诞生了。它是一套代替人来收集数据的自动化程序，比人更高效且更精准。

爬虫有以下几种类型。

- ❑ 通用网络爬虫：主要用于搜索引擎，是搜索引擎（例如百度、Google）的重要组成部分，用于收集互联网网页，并作为搜索功能的基础数据。
- ❑ 聚焦网络爬虫：主要用于收集符合需求的数据，保证抓取与需求相关的网页及网页上的指定信息，例如常见的抢票爬虫，或者某些电子商务网站用来爬取所有商品价格信息的爬虫等，都属于这类爬虫。
- ❑ 增量式网络爬虫：主要用来更新数据，只爬取内容发生变化的网页或者新产生的网页，一定程度上能保证所爬取的网页是新网页。
- 深层网络爬虫：浅层网页通过 URL 链接就可以直接访问，而深层网页不能通过 URL 链接直接访问，而需要在既有网页上进行一些操作（例如提交表单）才会出现，深层网络爬虫的主要爬取目标就是深层网页。

爬虫是通过 Selenium 可以轻松实现的非功能测试用法。可以使用 Selenium 快速满足一些轻量化的爬虫需求。接下来介绍如何使用 Selenium 实现聚焦网络爬虫。

16.1.2 使用 Selenium 实现爬虫

接下来以异步社区网站为例，说明如何制作爬虫。假设现在我们需要收集特定的行情数据，抓取异步社区网站上有多少关于测试的图书，并收集这些图书的书名及定价。

爬虫的本质是代替人来收集数据，所以我们可以先看看人工收集的步骤。

首先，需要打开异步社区首页，如图 16-1 所示，然后单击右上角的放大镜按钮，进入搜索页面。

图 16-1　异步社区首页

然后，在搜索页面输入"测试"关键字，单击"搜索产品"按钮。（注意 URL 的变化，此时 URL 为 https://www.epubit.com/search?txt=测试。之后编写爬虫时可以直接通过这个网页进入搜索结果页面，不需要再进入首页。）最后在搜索结果页面，单击"图书"标签页，查询所有与测试有关的图书，如图 16-2 所示。

执行搜索并切换到"图书"标签页后，页面上将加载出所有相关图书。接下来只需要收集页面上每一本图书的书名和定价即可，由于图书较多，需要翻页，如图 16-3 所示。数据的收集工作一直要持续到最后一页，将所有相关数据收集完。收集的同时，需要将这些信息填写到 Excel 表格中。

试想一下，如果人工收集这些数据需要花费多少时间，如果这些数据较多，可能就不止 4 页了。如果成百上千个页面都由人来收集会怎么样？如果这些数据都是动态更新的，要求收集频率是每天一次又会怎么样？

16.1 网络爬虫

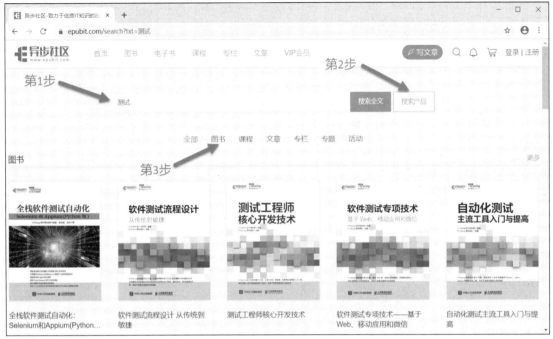

图 16-2　在搜索页面执行操作

图 16-3　图书搜索结果及翻页控件

如果使用爬虫来做这些工作，效果就不一样了，接下来编写爬虫代码，实现上述所有操作。

```python
from selenium import webdriver
from selenium.webdriver.common.by import By
from selenium.webdriver.support.wait import WebDriverWait
import csv

driver = webdriver.Chrome()
driver.implicitly_wait(5)

#直接通过URL进入搜索结果页面
driver.get("https://www.epubit.com/search?txt=测试")
#单击"图书"标签页
driver.find_element(By.XPATH,"//div[@class='tabs']/span[text()='图书']").click()

csvRows = [] #用于存放各个图书信息的数组
number = 1 #用于生成序号

#收集所有搜索出来的图书
while True:
    #等待Loading遮罩消失
        WebDriverWait(driver, 5).until_not(lambda d: driver.find_elements(By.ID,"el-loading-
        mask"))

    #获取页面上的每本图书的单元格
    allSearchBooks = driver.find_elements(By.XPATH,"//div[@id='bookItem']/a")
    #收集每本图书的单元格上的书名与定价信息
    for book in allSearchBooks:
        csvRows.append([number, book.find_element(By.CLASS_NAME,"list-title").text,
        book.find_element(By.CLASS_NAME,"price").text])
        number = number + 1
    #如果已翻到最后一页（即下一页按钮为禁用状态），则退出收集
    if len(driver.find_elements(By.XPATH,"//button[@class='btn-next disabled']")) > 0:
        break
    #单击"下一页"按钮
    driver.find_element(By.XPATH,"//button[@class='btn-next']").click()

#按照指定格式将收集到的数据输出到csv文件中
csvHeaders = ["序号", "名称", "价格"]
with open("D:\\TestBooks.csv", "w", newline="", encoding="utf-8-sig") as f:
    f_csv = csv.writer(f)
    f_csv.writerow(csvHeaders)
    f_csv.writerows(csvRows)
```

在本例中我们编写了一个爬虫程序，它会通过URL直接进入"测试"关键字搜索结果页面，并切换到"图书"标签页，逐页收集各项数据并将其输出到csv文件中。执行爬虫后，数据将收集到D:\TestBooks.csv当中，其内容如图16-4所示。

	A	B	C	D
1	序号	名称	价格	
2	1	全栈软件测试自动化：Selenium和Appium(Python版)	￥50.15	
3	2	软件测试流程设计 从传统到敏捷	￥50.15	
4	3	测试工程师核心开发技术	￥75.65	
5	4	软件测试专项技术——基于Web、移动应用和微信	￥50.15	
6	5	自动化测试主流工具入门与提高	￥46.75	
7	6	软件性能测试学习笔记之LoadRunner实战	￥27.60	
8	7	软件测试工程师面试秘籍	￥18.00	
9	8	软件测试架构实践与精准测试	￥50.15	
10	9	云服务测试：如何高效地进行云计算测试	￥46.75	
11	10	Google软件测试之道	￥23.60	
12	11	软件测试效率手册	￥19.60	
13	12	Nmap渗透测试指南	￥19.60	

图 16-4　数据收集结果

16.2 性能测试

性能测试并不是 Selenium 专精的领域。对于性能测试来说，关键测试点在于测试请求与响应的速度是否满足项目需求。这些都无须通过浏览器来执行，而 Selenium 更依赖具体浏览器上所显示的界面，是一种注重表示层自动化操作的工具。

但这并不代表 Selenium 无法用于性能测试，通过 Selenium 能够快速实现一些轻量级的性能测试，或复用一些已经用 Selenium 编写的现有场景。但对于一些更复杂的场景，建议使用更专业的性能测试工具。

接下来简单介绍几种用 Selenium 进行性能测试的方法。

16.2.1　多线程性能测试

接下来以百度搜索为例讲解如何用 Selenium 进行性能测试。

假设我们的性能需求如下。

- 在 20 个用户并发的情况下，首页打开时间不超过 7s。
- 在 20 个用户并发的情况下，执行搜索的时间不超过 5s。

定义性能指标后，只需在编写操作代码的同时，预设好性能数据收集埋点即可，具体实现代码如下。

```
from threading import Thread
from selenium import webdriver
import datetime


import csv
from selenium.webdriver.support.wait import WebDriverWait
from selenium.webdriver.support import expected_conditions as EC
from selenium.webdriver.common.by import By
```

```python
def baiduSearchHelloWorld(threadNumber):
    driver = webdriver.Chrome()
    #记录页面加载的起始时间
    page_load_start_time = datetime.datetime.now()
    driver.get("https://www.baidu.com")
    #记录页面加载的结束时间
    page_load_finish_time = datetime.datetime.now()
    #计算时间间隔,并添加到时间总计数中
    load_time_span = page_load_finish_time - page_load_start_time
    global total_load_time
    total_load_time = total_load_time + load_time_span

    #记录搜索操作的起始时间
    driver.find_element(By.ID,"kw").send_keys("hello world")
    search_start_time = datetime.datetime.now()
    driver.find_element(By.ID,"su").click()
    #等待含有hello world关键字的搜索结果出现
    WebDriverWait(driver, 10, 0.1).until(EC.visibility_of_element_located((By.XPATH,"//a[contains(text(),'hello world')]")))
    #记录搜索操作的结束时间
    search_end_time = datetime.datetime.now()
    #计算时间间隔,并添加到时间总计数中
    search_time_span = search_end_time - search_start_time
    global total_search_time
    total_search_time = total_search_time + search_time_span

    driver.quit()
    #记录本次加载页面和搜索操作的执行时间
    performance_data.append([threadNumber, load_time_span.total_seconds(), search_time_span.total_seconds()])

#记录总时间的变量
total_load_time = datetime.timedelta()
total_search_time = datetime.timedelta()
#记录各个线程的性能表现的数组
performance_data = []

#并发数为20
tread_count = 20
threads = []

#开启线程并执行
for threadNumber in range(tread_count):
    t = Thread(target=baiduSearchHelloWorld, args=(threadNumber,))
    threads.append(t)
    t.start()
```

```
#等待所有线程执行完毕
for t in threads:
    t.join()

#将收集到的性能数据输出到 csv 文件当中
csv_headers = ["线程号", "页面加载时间(秒)", "搜索执行时间(秒)"]
avg_performance_row = ["平均值", total_load_time.total_seconds()/tread_count, total_
search_time.total_seconds()/tread_count]
with open("D:\\PerformanceTest.csv", "w", newline="", encoding="utf-8-sig") as f:
    f_csv = csv.writer(f)
    f_csv.writerow(csv_headers)
    f_csv.writerows(performance_data)
    f_csv.writerow(avg_performance_row)
```

在上述代码中，我们开启了 20 个线程，同时在百度中执行搜索，其中有两个性能数据收集埋点——页面加载时间与搜索执行时间。执行测试后，会将这些性能数据收集起来并输出到 D:\PerformanceTest.csv 文件中。csv 文件的内容如图 16-5 所示，通过与之前定义的性能需求进行对比，就可以判断测试是否通过。

	A	B	C
1	线程号	页面加载时间(秒)	搜索执行时间(秒)
2	2	0.94865	0.879951
3	9	1.733563	0.99239
4	17	1.000162	2.018187
5	3	1.182055	2.137943
6	1	4.327	0.960024
7	0	3.175377	2.627071
8	8	2.571214	2.816801
9	14	3.744599	2.931635
10	5	6.111711	2.056407
11	18	5.856724	1.361667
12	13	4.38838	1.187718
13	11	5.519918	1.015643
14	6	4.735769	1.706822
15	4	4.68658	1.229028
16	12	5.451806	0.821667
17	10	2.447501	2.19788
18	16	3.216464	1.616491
19	7	4.889855	1.462865
20	15	3.721544	1.976129
21	19	5.104402	0.863849
22	平均值	3.7406637	1.6430084

图 16-5　csv 文件的内容

16.2.2 结合 JMeter 进行测试

现在市面上有众多成熟的性能测试工具，JMeter 就是其中之一。可以通过 JMeter 快速将已有的 Selenium 代码以性能测试的方式组织起来，并使用 JMeter 丰富的报表功能展示测试结果。

假设现在已经有一个名为 baidu_search.py 的脚本，其功能为打开百度首页并执行关键字搜索，内容如下。很明显，这段代码并不涉及性能测试。

```
from selenium import webdriver
from selenium.webdriver.support.wait import WebDriverWait
from selenium.webdriver.support import expected_conditions as EC
from selenium.webdriver.common.by import By

driver = webdriver.Chrome()

driver.get("https://www.baidu.com")
driver.find_element(By.ID,"kw").send_keys("hello world")
WebDriverWait(driver, 10, 0.1).until(EC.visibility_of_element_located((By.XPATH, "//a[contains(text(),'hello world')]")))
driver.quit()
```

如何在不修改代码的情况下，快速将其组织成性能测试呢？通过 JMeter，可以实现这一点。

首先打开 JMeter，然后右击 Test Plan，在弹出的菜单中选择 Add→Threads (Users)→Thread Group，创建线程组，如图 16-6 所示。

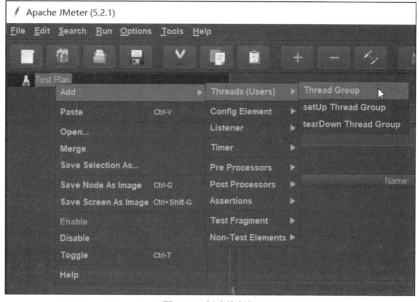

图 16-6　创建线程组

将线程组命名为 BaiduSearch，并将线程数设置为 20，如图 16-7 所示。

线程组创建完毕后，右击 BaiduSearch 线程组，在弹出的菜单中选择 Add→Sampler→BeanShell Sampler，创建 BeanShell 取样器，如图 16-8 所示。

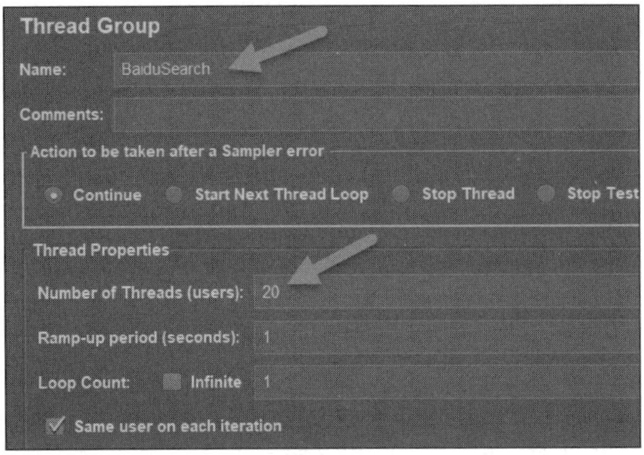

16.2 性能测试

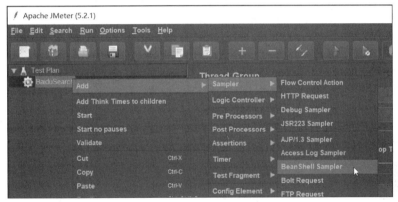

图 16-7　设置线程组相关信息

图 16-8　创建 BeanShell 取样器

将取样器命名为 Execute baidu_search.py，然后在 Script 区域填入脚本，设置 Bean Shell 取样器的信息，如图 16-9 所示。该脚本将会执行 baidu_search.py 文件，运行文件中的 Selenium 代码。

```
Process proc = Runtime.getRuntime().exec("python d:/baidu_search.py");
proc.waitFor();
```

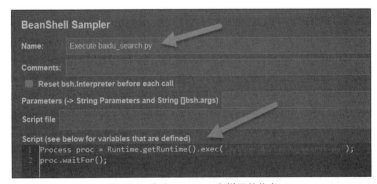

图 16-9　设置 BeanShell 取样器的信息

第 16 章 使用 Selenium 进行非功能测试

通过以上操作，基本的性能测试就组织好了，接下来可以创建监听器来查看运行结果。JMeter 支持多种多样的监听器，可以根据自己的需求选择。在本例中，我们将使用"表格结果"监听器来查看运行结果。

要创建"表格结果"监听器，右击 BaiduSearch 线程组，在弹出的菜单中选择 Add→Listener→View Results in Table，如图 16-10 所示。

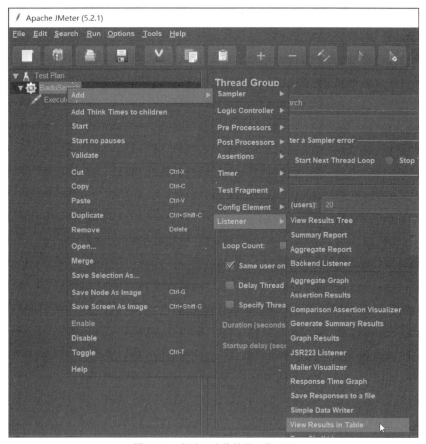

图 16-10　创建"表格结果"监听器

接下来整套测试就创建完成了，其结构如图 16-11 所示。

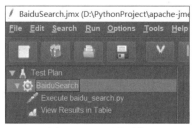

图 16-11　测试的结构

此时可以单击 JMeter 工具栏的运行按钮运行测试，如图 16-12 所示。

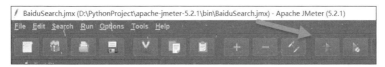

图 16-12　工具栏上的运行按钮

测试开始运行，运行结束后，单击 View Results in Table 查看表格形式的测试执行结果，如图 16-13 所示。

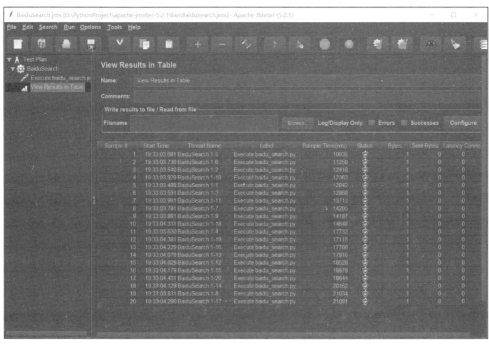

图 16-13　测试运行结果

虽然通过上述方式可以快速组织性能测试，但性能测试粒度比较粗犷，性能数据跨度较大，只适合验证某个流程的整体性能是否符合性能需求。

第三部分　自动化测试实战：落实及实践优化

如果使用的策略不当，自动化测试很容易沦为"秀技术工程"或"面子工程"，表面光鲜，却毫不实用。

要让自动化测试取得成功，真正在项目中落到实处，具备成效，得到实际收益，就不得不考虑自动化测试的目标和测试的设计、执行流程，以及如何对自动化测试进行评估和改善。

本书这一部分将详细介绍这些要点，使自动化测试能成功进行。

第 17 章 自动化测试的规划

对于自动化测试来说，成败的关键并不在于自动化测试技术本身。无论使用多么流行、强大的测试框架，无论测试代码编写者的技术多么高超，如果测试设计本身并不合格，自动化测试的效果仍将大打折扣，甚至白白投入人力资源，对项目毫无助益。

要让自动化真正发挥作用，实现真正的价值，良好的测试设计必不可少。本章将讲解自动化测试的设计原则，以及如何规避自动化测试设计的误区。

17.1 目标决定自动化测试的成败

如果自动化测试的目标本身有误，那么自动化测试必将走向失败。作者所在的团队曾经花费了极大的精力去实施自动化测试，走过不少的弯路。而在失败的自动化测试中，绝大多数是设立的目标不正确导致的。

本节先列举一些常见的、必定失败的自动化测试目标。如果你所在的团队设立了这样的目标，请务必警惕。

17.1.1 必定走向失败的目标

1. 替代手动测试

有一些团队以为能够用自动化测试替代手动测试，作者刚入行时也曾听到宏伟的规划："以后我们团队只有高级的自动化测试工程师，手动测试将逐步淘汰。"当时作者为之振奋。然而，这只是美好的愿望，现实是目前自动化测试无法替代人工测试。

测试工作本身分为测试计划、测试设计、测试用例、测试执行、测试结果分析与跟踪等。

然而，其中只有测试执行能够自动化，其他工作仍需要由人来实施。自动化测试只能是一种辅助和补充手段，而非替代手段。

即便只讨论测试执行，也不是所有的测试类型都适合自动化。根据 Brian Marick 提出的测试四象限理论，我们可以对测试进行归类，将其划分到 4 个象限中，不同的象限对自动化的支持程度不尽相同，如图 17-1 所示。

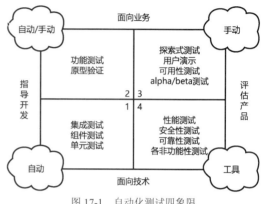

图 17-1　自动化测试四象限

第一象限中的测试类型全部可以自动化，包括单元测试、组件测试等。第二象限中的测试类型大部分可以自动化，例如功能验收测试，但通常由于成本太高，不会做全面的自动化测试覆盖。第四象限中的类型由于受工具限制，且测试场景具有一定局限，只有小部分可以做成可复用的自动化测试。而第三象限的测试通常只能以手动方式进行。

显然，自动化测试不可能完全取代手动测试。事实上，两者的定位各不相同，各自从不同的层面去保证软件的质量。而 Selenium 工具能够支持的也只是第二象限中自动化测试的执行。替代是不可能的。

2. 高比例的 UI 测试覆盖率

高比例的 UI 测试覆盖率是最常见的失败目标之一，常常出现在一些刚开始引入 UI 自动化测试的团队中。这些团队的想法比较理想化，期望 UI 自动化测试能覆盖所有的功能（或者较高比例的功能），将人从繁重的手动测试中解放出来，但没有考虑成本与收益的问题。

UI 层面的测试完全接近真实业务，自动化成本越高，运行速度比较缓慢（完整运行一次可能需要几小时），得不到及时的质量反馈，而任何一个层面的细微修改就可能导致测试失败（然后人工进行排查修改，检查很久却发现根本不是 Bug）。

如果追求全面的 UI 测试覆盖率，那么自动化测试开发的工作量甚至会比产品开发的工作量还要巨大。而自动化测试又高度依赖产品，一旦产品有任何功能发生改变，脚本也必然要维护变化，一劳永逸是不可能的，成本必然永久居高不下。本来期望自动化测试能够减轻人的负担，实际上却变成既需要人手动测试，又需要增加专员来维护自动化测试。自动化测试成为累赘，得不偿失。

关于自动化测试的比例，需要有一个健康的模式，才能得到最佳的成本收益比。这里引入 Mike Cohn 曾提出的自动化测试金字塔的概念，一个健康的自动化测试用例的分布应呈金字塔形，如图 17-2 所示。顶部应该以少而精的 UI 测试为主，中间由适量的 API 测试组成，而底部由大量的单元测试组成。自动化测试的整体搭配越接近金字塔形，自动化程度就越健康，收益越好。

3. 发现大多数 Bug

还有一些团队寄希望于通过自动化测试发现程序中的大多数 Bug。然而，对于 UI 测试来说，真能做到这一点吗？

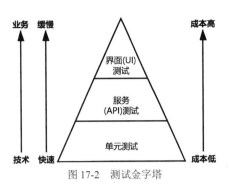

图 17-2　测试金字塔

我们不妨考虑一下 UI 测试的编写时机——UI 不存在或者功能不全时，能够为它开发和调试 UI 测试脚本吗？答案是否定的，只有在 UI 功能相对稳定时才有条件开发和调试自动化测试脚本，而此时 UI 功能已经相对稳定，还能发现多少 Bug 呢？

还有人尝试通过约定界面元素定义和操作的方式，在 UI 功能开发完成之前提前开发 UI 测试，以便在功能开发完成后拿出来使用。然而，这是一种为了非要让自动化测试发现 Bug 而做出的策略，这个策略不仅过于理想化，还会带来很多无意义的损耗。这种策略不仅需要大量的前期沟通，产生大量的文档，还会分散测试工程师的精力。原本重点应该在测试策略和设计上，此时却测试工程师埋头编写代码，这很容易遗漏测试场景，而测试脚本写完后也无法验证测试脚本身的正确性。UI 功能开发完毕后，由于前期约定和实际功能存在偏差，且测试脚本在之前没有基于实际功能运行和验证，因此错误在所难免，测试脚本会面临反反复复的修改，白白增加了成本，并延误了真正执行测试的时间。

UI 测试的特性决定了它只能用于已有功能的回归/冒烟测试，它根本无法发现大多数 Bug。自动化测试更多的作用是让测试工程师从重复的回归测试中解放出来，进行测试方法和测试策略的研究，以便在人工测试中发现更多的 Bug。

4. 缩短新功能（或一次性交付型项目）的测试时间

引入自动化测试，不仅不会马上减少测试工作，相反，在更多情况下，首次引入自动化会带来更多的工作量，让测试工作变得更困难。

关于自动化的成本与收益，可以用以下公式简单表示。

自动化测试的收益 = 有效运行次数 × 全手动执行成本 − 首次实施自动化成本 − 长期维护成本

可以用两条曲线表示随着测试次数的增加，手动测试与自动化测试的成本变化，如图 17-3 所示。

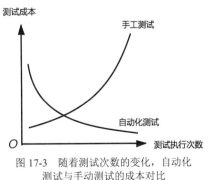

图 17-3　随着测试次数的变化，自动化测试与手动测试的成本对比

可以看出，首次自动化成本往往比较高，需要在长期运行测试之后才能逐渐体现其价值。对于开发新功能或一次性交付的软件项目，其较短的运营时间根本不足以弥补其成本，引入自动化不仅不会缩

短测试时间，还会增加整个项目的时间。

5. 让各个项目的自动化测试通过率大于 N%

在自动化测试已经覆盖了一部分功能，但是由于缺乏维护，部分自动化测试已经失效报错的情况下，可能会有团队认定一个项目的自动化测试成功率大于90%就算自动化测试通过。

然而，这种做法无异于掩耳盗铃，到时候没有人会关注测试的正确性，没有人会去排查自动化测试异常的原因，本质上就与没有自动化测试一样。

自动化测试不存在通过率这种说法，需要项目通过全部自动化测试。如果出现失败，一定要及时排查分析原因。

17.1.2 能够引领成功的目标

前面介绍了很多必然走向失败的目标，但什么样的目标才能够引领成功呢？

纵观前面的失败，不难发现，对于 UI 自动化测试来说，追求大而全是不合适的，少而精才是重点。要满足少而精的要求，最能保证成功的核心目标为**验证最重要的已有核心流程的正确性，保证最核心的功能正确**。

当 UI 测试以此为目标的时候，更容易达成使自动化测试收益最大化的先决条件。

- 长期频繁使用。
- 及时反馈质量信息。
- 较少的更新与维护。

基于核心目标，在实施过程中，可以将测试与开发过程紧密结合，例如将子目标定义为**在开发人员每次提交代码后，自动触发回归测试，快速地向开发团队提供质量反馈**。

另外，也可以与开发过程脱离，实现监控性的验证，例如将子目标定义为**定期监控在线产品的运行状态**。

下一章介绍这两种目标的具体实现方案。

17.2 测试设计决定自动化测试的成效

如果说目标定义在战略层面决定自动化测试的成败，那么测试设计在战术层面决定如何更好地实施自动化测试。

本质上，自动化测试替代人来执行既定的测试用例，自动化测试脚本相当于将测试用例翻译成了机器可识别的代码。因此自动化测试本身是否能取得成效，取决于测试用例的设计是否优良，测试设计实际上比自动化测试技术更重要。

17.2.1 无效的测试设计

遗憾的是,测试用例的设计最容易在自动化测试中忽视(甚至有些团队不仅在自动化测试上缺乏测试用例设计,还在常规的手动测试上缺乏测试用例设计),即兴发挥的空间很大,发现 Bug 较随机。在这样的情况下,自动化测试更多沦为测试人员秀技术的手法,但实际上很难取得成效。

关于自动化测试用例的设计,组织测试、编写用例属于测试人员应当具备的基本能力,在较多的专业文献和图书中都有论述,本章不做详细讨论。自动化用例的设计和手动用例的设计本质上是一样的,但其实自动化用例的编写要求更高,内容必须明确且无歧义,才能指导测试脚本的开发,并让自动化测试具备找到 Bug 的潜力。这里主要谈谈编写内容的问题。

在传统手动测试中,测试人员由于熟知被测试的网站,在用例中经常使用简写,例如对于一个登录成功的测试用例,可能会简单写为表 17-1 所示的内容。

表 17-1 用户登录测试用例

测试输入	预期输出
用 username1 和 password1 登录网站	登录成功

对于手动测试来说,这种用例本就不算好的用例,但至少还是可以执行的。但对于自动化测试来说,如果要将其转换为自动化测试,参考这样的用例根本无从下手。

首先,该用例对于测试输入的描述模糊不清。如果一个网站有多个登录入口,那么这个登录究竟是指在哪一个入口登录呢?上述用例中只给出了登录用的账号,但针对每个页面元素的具体操作是什么呢?

其次,对于预期输出的描述,这里仅仅写了登录成功,究竟什么才叫登录成功呢?对于手动测试来说,"登录成功"很容易判断出来,但对于机器来说,什么才叫作登录成功?如何编写"登录成功"的代码呢?我们的大脑进行过许多处理,才形成"登录成功"的印象,可问题是机器没有人的智能。

很多测试脚本开发人员不假思索地将登录成功定义为"界面弹出登录成功的提示"并编写相应的代码。请思考这样做会带来什么风险。这样的自动化测试能保证发现问题吗?

另一个关于商品搜索的测试案例如表 17-2 所示。

表 17-2 商品搜索测试用例

测试输入	预期输出
在商品搜索中,用 selenium 关键字进行搜索	搜索成功

首先,该用例对于测试输入的描述模糊不清。商品搜索或许有多个入口和元素,针对各个

页面元素的具体操作是什么呢？

其次，预期输出依然用了"搜索成功"字样，如何编写"搜索成功"的代码呢？

在实际项目中，有人写出过这样的用例，于是在编写自动化测试脚本时，脚本开发人员把"搜索结果>0"定义为"搜索成功"并编写相应的代码。这样的自动化测试能发现真正的问题吗？

以上两种测试用例设计都可以归为无效的设计，基于这些用例很容易开发出发现不了真正问题的自动化测试脚本。

17.2.2 有效的测试设计

一个良好的自动化测试用例应该明确且无歧义，同时将操作与数据分离。

接下来介绍之前的用例中预期输出的问题。对于"登录成功"和"搜索成功"，应该用哪种定义？

"登录成功"的证据如下。

- 给出登录成功的提示。（如果只提示了成功，但实际没有成功呢？）
- Cookie 中写入了用户登录信息。这个是底层设计层面的细节，并非面向最终用户的功能，不应该作为测试结论。
- 在页面顶部显示了已登录用户的头像和"退出"按钮。
- 界面上原有的"登录""注册"链接消失。
- 可以进入需要权限的私人页面。

很明显，这些证据中的前两个根本不适合用于预期输出的验证，而后面 3 个才是具备较强说服力的证据。

搜索成功的证据如下。

- 搜索结果的条数大于 0。（如果搜索出内容的与关键字无关呢？）
- 搜索结果中所有商品都带有 selenium 关键字。
- 搜索结果中的商品总数等于数据库中的实际相关商品总数。

很明显，这些证据中的第一个也完全不适合用于预期输出的验证，而后面两个才是具备较强说服力的证据。

当然，在实际测试中，考虑脚本编写与维护成本，没有必要将所有的证据都用于预期输出的验证。一般来说，关键证据只需要一两个就足够了，选择其中最有力的一两个证据作为预期输出结果即可。

除了预期输出外，对于测试用例的测试输入也有一定的编写要求，所有的测试输入都要细化到具体的操作，而不是一笔带过。同时，数据和操作需要分离出来，因此，真正有效的用例设计应如表 17-3 和表 17-4 所示。

表 17-3 用户登录测试用例

数据	
参数名称	参数值
登录页面 URL	http://....../login
用户名	username1
密码	password1
个人中心页面 URL	http://....../dashboard

操作	
测试输入	预期输出
(1) 进入{登录页面 URL} (2) 在账号区域输入{用户名} (3) 在密码区域输入{密码} (4) 单击"登录"按钮	登录成功 (1) 页面发生跳转,在页面顶部显示了用户头像信息和"退出"按钮 (2) 能够成功进入{个人中心页面 URL}

表 17-4 商品搜索测试用例

数据	
参数名称	参数值
商品搜索页面 URL	http://....../dashboard
关键字	selenium

操作	
测试输入	预期输出
(1) 进入{商品搜索页面 URL} (2) 在关键字区域输入{关键字} (3) 单击"放大镜"图标	搜索成功——搜索结果中的所有条目的标题都包含{关键字}

自动化测试用例设计编写完成后,需要组织用例评审,这样才更能保证其有效性。

以上是关于测试用例层面的设计,关于技术层面的设计,可以参考本书的第二部分。

第 18 章　使用 Jenkins 进行持续集成

若由人工触发自动化测试，则存在较多沟通环节，这要求团队的每个成员都遵守相应的流程与操作规范。而每个人的情况不尽相同，自动化测试的执行不一定准确与及时，即使经过再三强调和定期培训，但由于人员流动或测试人员专注于其他任务，流程的执行依然会大打折扣，很容易遗漏自动化测试的执行。总而言之，由人来触发某种流程中的操作，不可控性太高，无法完全发挥自动化测试的功效。

要使自动化测试顺利实施，适合的流程及配套工具必不可少。采用持续集成的全自动构建、部署与测试，让自动化测试能在需要时自动触发执行，才能最大限度地发挥自动化测试的功效。

本章将介绍如何将自动化测试加入持续集成过程中，让测试能自动触发、执行。持续集成要用的工具为 Jenkins。

本章的案例中还将用到 Git 及 GitHub，由于两者都过于基础，这里就不做过多介绍了。如果读者尚未掌握这部分基础，可以先查阅相关资料。

18.1　必要概念与工具简介

18.1.1　持续集成与 Jenkins 简介

持续集成是一种软件开发实践，即团队开发成员经常集成他们的工作，通常每个成员每天至少集成一次。这就意味着每天可能会发生多次集成。每次集成都通过自动化的构建（包括编译、部署、自动化测试）来验证，从而尽早地得到质量反馈并发现集成过程中的错误。许多团队发现自动化的构建过程可以大大减少集成的问题，让团队能够更快地开发内聚的软件。持续集成的流程如图 18-1 所示。

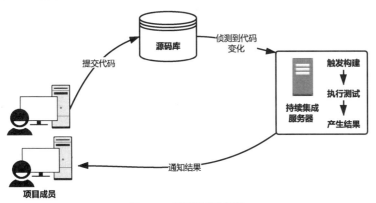

图 18-1　持续集成的流程

在持续集成的基础上，还可以进一步实现持续交付与持续部署。如果打通后续环节，将集成后的代码自动部署到更贴近真实运行环境的预生产环境，并执行相关测试与验证，在没有问题的情况下，可以选择手动部署到生产环境，这一套方法称为持续交付。如果把部署到生产环境的过程也自动化了，则称为持续部署。持续交付和持续部署的流程如图 18-2 所示。

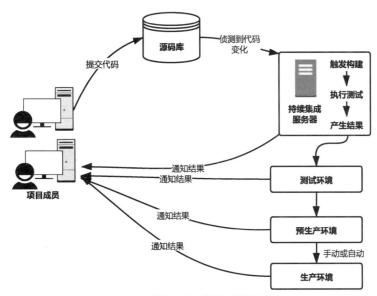

图 18-2　持续交付与持续部署的流程

而 Jenkins 是一种强大的自动化引擎，它拥有上千种插件，能够集成各式各样的工具来支持项目的自动化任务，例如构建，部署，自动化测试等，如图 18-3 所示。无论目标是持续集成、持续交付还是持续部署，都可以通过 Jenkins 实现。

第 18 章 使用 Jenkins 进行持续集成

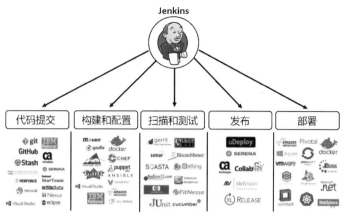

图 18-3 Jenkins

18.1.2 Jenkins 的安装与配置

Jenkins 的安装与配置并不复杂。首先在官网下载 Jenkins 安装包，在本例中下载的是长期支持（LTS）版本中的 Windows 版，如图 18-4 所示。

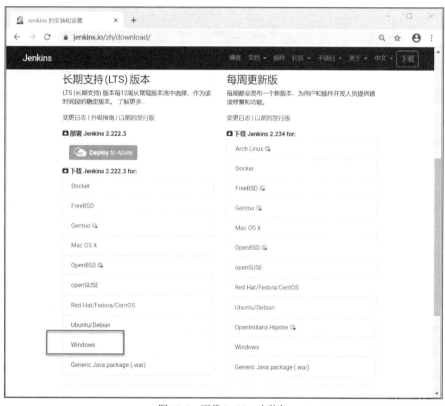

图 18-4 下载 Jenkins 安装包

下载完成后，运行安装包，选择安装路径后持续单击"下一步"按钮安装即可。安装结束后会自动打开网页对 Jenkins 进行初始化，初始化结束后进入图 18-5 所示的"解锁 Jenkins"界面。

图 18-5　"解锁 Jenkins"界面

此时根据提示，用记事本打开对应路径上的文件，将密码复制粘贴到文本框，再单击"继续"按钮。然后，跳转到"自定义 Jenkins"界面，如图 18-6 所示。接着，单击"安装推荐的插件"。

图 18-6　"自定义 Jenkins"界面

接着 Jenkins 将自动下载并安装插件，安装完成后，进入"创建第一个管理员用户"界面，如图 18-7 所示，此时根据需要设置用户名和密码即可。之后再登录 Jenkins 需要使用这里设置的用户名和密码。

图 18-7 "创建第一个管理员用户"界面

单击"保存并完成"按钮，进入"实例配置"界面，如图 18-8 所示。在这里可以设置对外公开 Jenkins 服务的地址，在本例中为"http://localhost:8080"，之后可以使用该地址访问 Jenkins。

图 18-8 "实例配置"界面

单击"保存并完成"按钮，Jenkins 初始设置到这就全部结束了。接着进入 Jenkins 主界面，如图 18-9 所示。

图 18-9　Jenkins 主界面

由于后续将使用 Git 作为源码管理工具，因此需要在左侧窗格中选择 Manage Jenkins，然后在右侧窗格中单击 Global Tool Configuration，如图 18-10 所示。

图 18-10　选择 Manage Jenkins，并单击 Global Tool Configuration

之后进入设置界面，在设置界面中找到 Git 区域，在 Path to Git executable 文本框中输入 Git 可执行文件的路径（位于"Git 安装目录\bin\git.exe"）即可，如图 18-11 所示。

图 18-11　输入 Git 可执行文件的路径

但配置还未结束，由于安装的是 Windows 版，因此还需要额外设置才能运行 Selenium 测试。首先，在 Windows 桌面或"开始"菜单中单击"此电脑"，在弹出的菜单中选择"管理"，进入图 18-12 所示的"计算机管理"窗口。然后，在"计算机管理"窗口左侧的窗格中，选择"服务和应用程序"→"服务"，在右侧窗格加载所有的 Windows 服务。在列表中找到名为 Jenkins 的服务，右击这个服务，在弹出的菜单中选择"属性"。

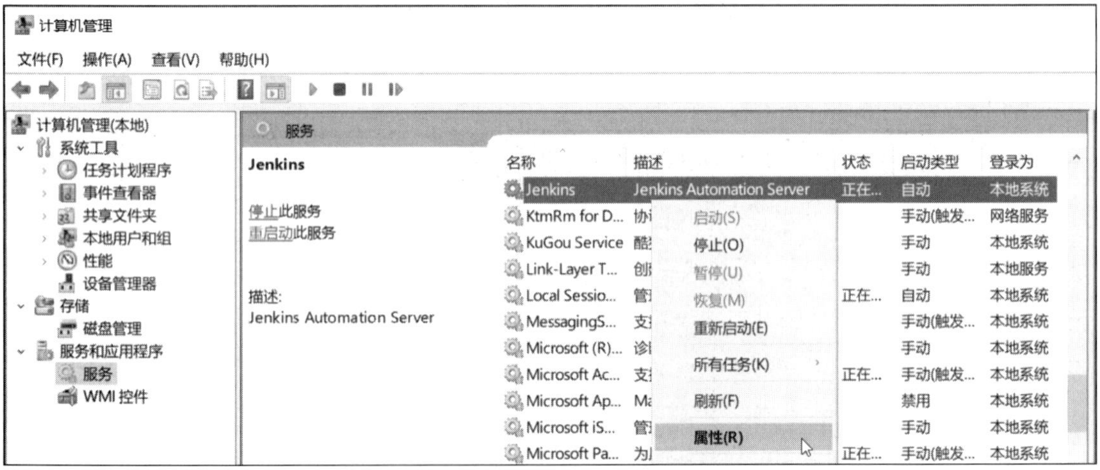

图 18-12　在"计算机管理"界面配置 Windows 服务

接着将弹出"Jenkins 的属性（本地计算机）"窗口，单击"登录"标签页。原先 Jenkins 服务的登录身份是"本地系统账户"，但这会导致一系列权限问题，使 Selenium 测试无法顺利运行。这里要单击"此账户"单选按钮，然后输入当前的账户名称和密码，如图 18-13 所示。

18.2 配置基于网站代码变化而自动执行的 Selenium 脚本

图 18-13 将登录身份更改为"此账户"

之后单击"确定"按钮保存设置，然后右击 Jenkins 服务，在弹出的菜单中选择"重新启动"，重启 Jenkins 服务，如图 18-14 所示。

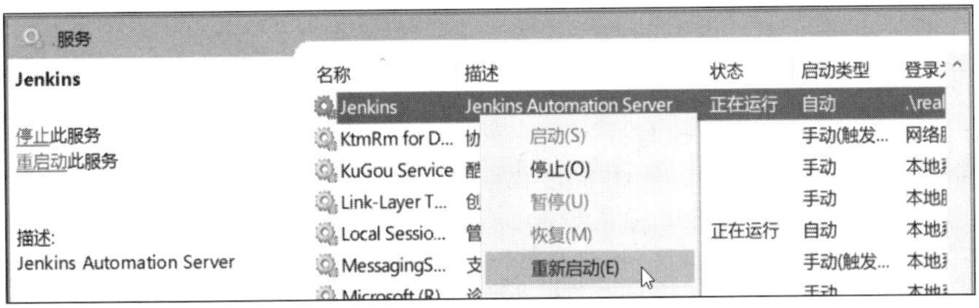

图 18-14 重启 Jenkins 服务

之后 Jenkins 就可以顺利运行 Selenium 自动化测试了。

18.2 配置基于网站代码变化而自动执行的 Selenium 脚本

通过 Jenkins，我们可以轻松实现上一章提到的第一个目标——在实施过程中，将测试与开发过程紧密结合，在开发人员每次提交代码后，触发自动化回归测试，快速地给予开发团队质量反馈。

假设我们有一个正在开发（或已经运营过一段时间）的网站，现在需要实现对它的自动化测试。网站代码和测试代码都存放在 GitHub 上，如果开发人员修改并提交该网站的代码，Jenkins 将会监控 GitHub 上对应项目代码的变化，自动触发构建及部署，并执行自动化测试，以验证本次代码修改是否破坏了网站的核心功能。其过程如图 18-15 所示。

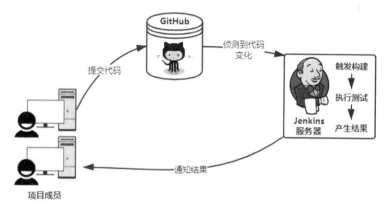

图 18-15　使用 Jenkins 进行持续集成，触发自动化测试的过程

接下来我们一步步进行配置。

18.2.1　编写一个基于 Flask 的网站

在正式开始测试之前，我们先来编写这个网站的代码。该网站使用 Python 的 Flask 框架开发，由于 Flask 的用法并不是本书的主要内容，且相对简单，因此这里不做过多介绍。感兴趣的读者可以自行研究。

在使用 Flask 框架前，需要执行以下命令来安装 Flask。

```
pip install flask
```

接下来编写网站的代码，其文件名为 FlaskWebsite.py，内容如下。

```python
from flask import Flask
from flask import request

app = Flask(__name__)

@app.route('/', methods=['GET'])
def home():
    return '''<h1>主页</h1>
<a href="/login">登录</a>'''

@app.route('/login', methods=['GET'])
def signin_form():
    return '''<form action="/loginstatus" method="post">
<p>用户名: <input name="username"></p>
```

```
<p>密码 ：<input name="password" type="password"></p>
<p><button type="submit">登录</button></p>
</form>'''

@app.route('/loginstatus', methods=['POST'])
def signin():
    if request.form['username']=='username1' and request.form['password']=='password1':
        return '''<h3>Hello, <a id="user" href="/dashboard">username1</a>!</h3>
<a href="/logout">登出</a>
    '''
    return '<h3>用户名或密码错误！</h3>'

if __name__ == '__main__':
    app.run(port=5001, debug=False)
```

运行这段代码（使用命令 python FlaskWebsite.py），将会在本机上的 5001 端口启动网站，接下来就可以通过"http://IP:端口号"的形式进行访问了。本例中使用的是 http://localhost:5001，访问结果如图 18-16 所示，接下来先简要介绍该示例网站的功能。

此时如果单击"登录"链接，将跳转到登录页面，如图 18-17 所示。

图 18-16　示例网站首页

图 18-17　示例网站登录页面

如果输入正确的用户名和密码，则会进入登录成功的状态页面，如图 18-18（a）所示；否则，将进入登录失败的提示页面，如图 18-18（b）所示。

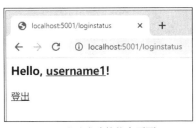

（a）登录成功的状态页面

（b）登录失败的提示页面

图 18-18　登录成功和登录失败对应的页面

18.2.2　编写该网站的自动部署脚本

接着，我们来编写这个网站的自动化部署脚本。本例中使用的 Windows 系统，所以可以很轻松地将其部署到 Windows 服务上。

要将 Python 代码部署到 Windows 服务上,需要使用 pywin32 框架。执行以下命令来安装 pywin32。

```
pip install pywin32
```

接下来编写自动化部署的代码,其文件名为 Deploy_FlaskWebsite.py,内容如下。

```python
import os
import subprocess
import win32service
import win32serviceutil
import win32event

class FlaskWebsiteOnWinService(win32serviceutil.ServiceFramework):
    #Windows 服务名称(唯一名称)
    _svc_name_ = "FlaskWebsite"
    #在 Windows 的服务管理列表中显示的名称
    _svc_display_name_ = "Flask Website"
    #Windows 服务的表述
    _svc_description_ = "For Selenium Testing."

    #初始化操作
    def __init__(self, args):
        win32serviceutil.ServiceFramework.__init__(self, args)
        self.hWaitStop = win32event.CreateEvent(None, 0, 0, None)

    #Windows 服务启动时执行的操作
    def SvcDoRun(self):
        work_dir = os.path.dirname(os.path.realpath(__file__))
        self.child_process = subprocess.Popen(
            "python FlaskWebsite.py", cwd=work_dir)
        win32event.WaitForSingleObject(
            self.hWaitStop, win32event.INFINITE)

    #Windows 服务停止时执行的操作
    def SvcStop(self):
        self.ReportServiceStatus(win32service.SERVICE_STOP_PENDING)
        win32event.SetEvent(self.hWaitStop)
        os.system("taskkill /t /f /pid %s" % self.child_process.pid)

if __name__ == '__main__':
    win32serviceutil.HandleCommandLine(FlaskWebsiteOnWinService)
```

之后可以通过以下命令部署、运行、卸载服务。

❑ `python Deploy_FlaskWebsite.py install`:部署服务。

❑ `python Deploy_FlaskWebsite.py --startup auto install`:部署服务

18.2 配置基于网站代码变化而自动执行的 Selenium 脚本

且设为开机后自动启动。

- `python Deploy_FlaskWebsite.py start`：启动服务。
- `python Deploy_FlaskWebsite.py restart`：重启服务。
- `python Deploy_FlaskWebsite.py stop`：停止服务。
- `python Deploy_FlaskWebsite.py remove`：删除/卸载服务。

部署服务后，可以在"计算机管理"窗口中找到名为 Flask Website 的服务，如图 18-19 所示。

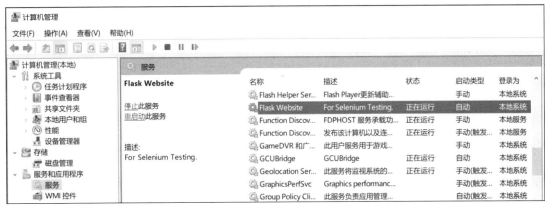

图 18-19　查看 Flask Website 服务

启动服务后，无须人工运行网站代码，就可以直接通过"http://IP:端口号"的形式访问示例 Flask 网站了。本例中使用 http://localhost:5001 进行访问。

18.2.3　编写测试该网站的 Selenium 测试脚本

使用 Pytest 框架和 Selenium，可以快速编写该网站的自动化测试脚本。目前该网站已经具有登录功能，我们可以分别编写两条自动化测试用例，先用正确的用户名和密码，测试登录成功的情况，然后使用错误的用户名和密码，测试登录失败的情况。

测试脚本对应的文件为 Test_FlaskWebsite.py，内容如下。

```
import pytest
from selenium import webdriver
from selenium.webdriver.common.by import By

class TestFlaskWebsite:
    #用正确的用户名和密码，测试登录是否成功
    @pytest.mark.parametrize('homeUrl,username,password',
        [("http://localhost:5001", "username1", "password1")])
    def test_site_login_success(self, homeUrl, username, password):
        driver = webdriver.Chrome()
```

```python
        driver.get(homeUrl)
        driver.find_element(By.LINK_TEXT,"登录").click()
        driver.find_element(By.NAME,"username").send_keys(username)
        driver.find_element(By.NAME,"password").send_keys(password)
        driver.find_element(By.XPATH,"//button[text()='登录']").click()

        #验证界面上是否显示了用户名
        assert driver.find_element(By.ID,"user").text==username
        #验证界面上是否显示了"登出"链接
        assert len(driver.find_elements(By.LINK_TEXT,"登出")) == 1

        driver.quit()

    #用错误的用户名和密码,测试登录是否失败
    @pytest.mark.parametrize('homeUrl,errorUsername,errorPassword',
        [("http://localhost:5001", "errorUser1", "errorPwd1")])
    def test_site_login_fail(self, homeUrl, errorUsername, errorPassword):
        driver = webdriver.Chrome()

        driver.get(homeUrl)
        driver.find_element(By.LINK_TEXT,"登录").click()
        driver.find_element(By.NAME,"username").send_keys(errorUsername)
        driver.find_element(By.NAME,"password").send_keys(errorPassword)
        driver.find_element(By.XPATH,"//button[text()='登录']").click()

        #验证界面上是否显示"用户名或密码错误!"
        assert driver.find_element(By.TAG_NAME,"h3").text=="用户名或密码错误!"

        driver.quit()
```

18.2.4　在 Jenkins 中配置自动构建、部署与执行测试

当网站代码、网站部署代码及网站测试代码都编写完毕后,需将其上传至 Git 平台,之后 Jenkins 将引用 Git 平台的地址。本例中使用的平台是 GitHub,之后将在 Jenkins 中引用的项目地址为 https://github.com/realdigit/Selenium_FlaskWebsite.git,项目页面如图 18-20 所示。

接下来就可以配置 Jenkins,以实现当网站代码发生变化时自动执行 Selenium 测试。

首先,打开 Jenkins 主界面,在左侧窗格中,选择"新建 Item",或单击右侧窗格中的"创建一个新任务"链接,创建新任务,如图 18-21 所示。

然后将进入任务设置界面,输入任务名称 Flask Website,项目类型选择 Freestyle project(自由风格项目),如图 18-22 所示。

18.2 配置基于网站代码变化而自动执行的 Selenium 脚本

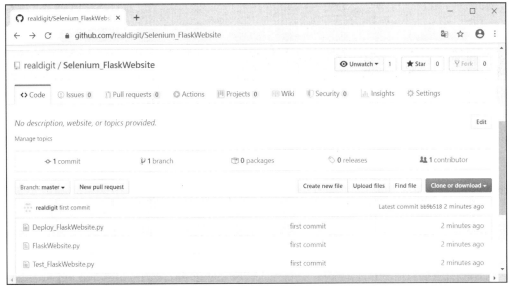

图 18-20　GitHub 项目——Selenium_FlaskWebsite

图 18-21　创建新任务

确认之后将进入详细设置界面，在"源码管理"区域中单击 Git 单选按钮，并将网站源码地址填入 Repository URL 文本框（在本例中为 https://github.com/realdigit/ Selenium_FlaskWebsite.git），如图 18-23 所示。

图 18-22　任务设置页面

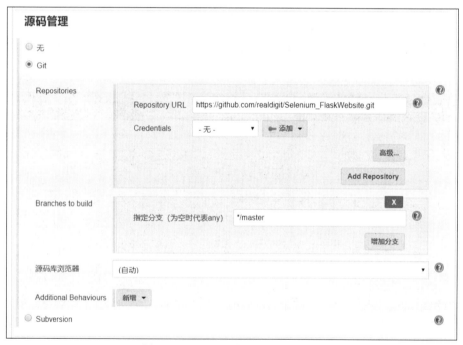

图 18-23　设置项目的 GitHub 源码地址

接下来,在"构建触发器"区域中选择 Poll SCM 复选框,表示定时检查源码变更,如果源码有更新,就会下载最新的代码,执行构建。日程表文本框填入"H/1＊ ＊ ＊ ＊"(使用的是 Jenkins cron 语法),表示每隔 1 小时检测一次,如图 18-24 所示。

接下来,在"构建"区域中,从"增加构建步骤"下拉列表中选择 Execute Windows batch command,如图 18-25 所示,以在构建时执行 Windows 命令行。

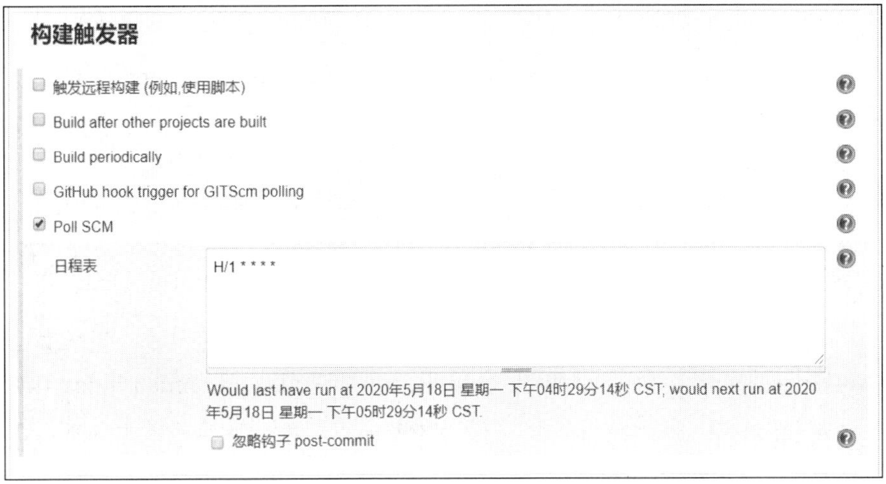

18.2 配置基于网站代码变化而自动执行的 Selenium 脚本

图 18-24 设置 Poll SCM 触发器

图 18-25 选择 Execute Windows batch command

接下来，在 Execute Windows batch command 区域中，填入图 18-26 所示的命令。

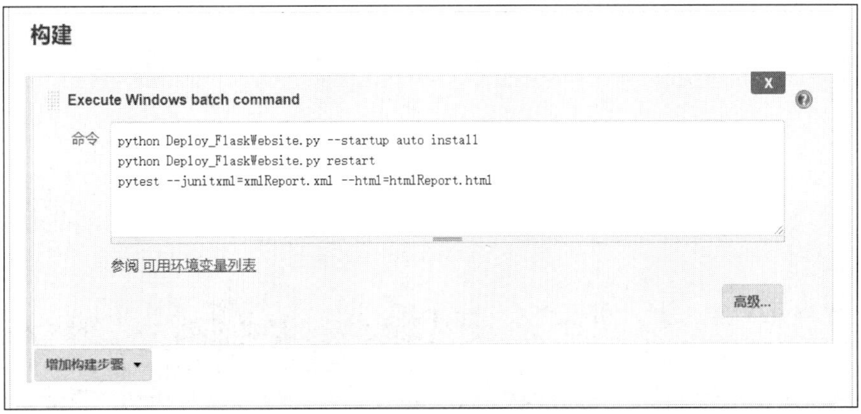

图 18-26 填入要执行的命令

命令含义如下。

- `python Deploy_FlaskWebsite.py --startup auto install`：部署 Flask Website 服务。
- `python Deploy_FlaskWebsite.py restart`：重启服务。
- `pytest --junitxml=xmlReport.xml --html=htmlReport.html`：运行自动化测试（并将测试报告以 XML 的形式存放到 xmlReport.xml 中，同时以 HTML 的形式存放到 htmlReport.html 中，报告在之后会使用）。

提示：Jenkins 在构建时会将 GitHub 上的代码下拉到项目工作目录（默认位于 "Jenkins 安装路径\workspace\项目名称"。本例中的项目工作目录为 D:\Program Files (x86)\Jenkins\workspace\Flask Website。在执行构建命令时，命令行的当前目录也是这个目录。同样，自动化测试的报告也存放到这个目录）。

设置完成后，单击界面最下方的"保存"按钮。

之后，每次在 GitHub 上修改该项目（本例中为 https://github.com/realdigit/Selenium_FlaskWebsite.git）的代码，都会触发构建，进行自动部署及自动化测试。在 Jenkins 主界面的左下角，可以看到构建的执行状态，如图 18-27 所示。

图 18-27　构建的执行状态

单击构建编号（例如#1），可以进入构建详细信息界面，如图 18-28 所示。

在左侧窗格中单击"控制台输出"，可以看到本次构建的详细执行情况，如图 18-29 所示。

在控制台输出结果的底部，可以看到 Selenium 自动化测试执行成功的日志，如图 18-30 所示。

18.2 配置基于网站代码变化而自动执行的 Selenium 脚本

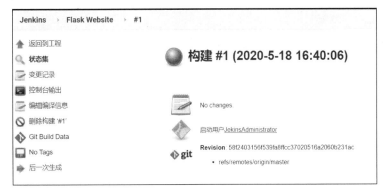

图 18-28　构建详细信息页面

图 18-29　本次构建的详细执行情况

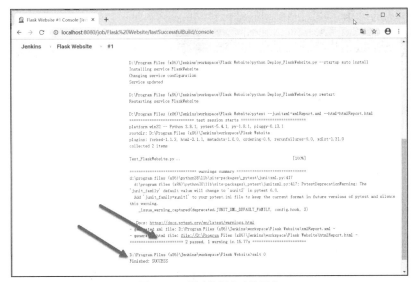

图 18-30　测试执行成功的日志

18.3 配置基于时间定期自动执行的 Selenium 脚本

通过 Jenkins，我们还可以轻松实现上一章提到的第二个目标——实现监控性的验证，例如定期监控产品的运行状态。监控过程如图 18-31 所示。

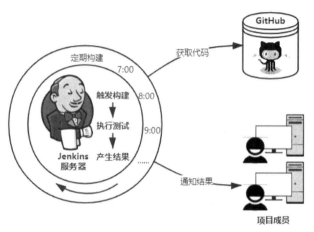

图 18-31 监控过程

接下来，在 Jenkins 中进行配置，新建一个名为 Flask Website Monitor 的任务，项目类型为 Freestyle Project，如图 18-32 所示。

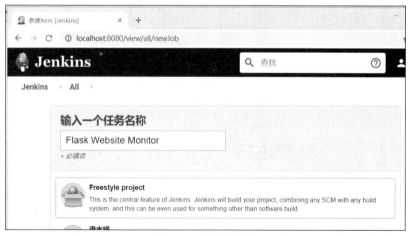

图 18-32 创建新任务

接下来，进入详细设置界面，在"源码管理"区域中单击 Git 单选按钮，并将网站源码地址填入 Repository URL 文本框（在本例中为 https://github.com/realdigit/Selenium_FlaskWebsite.git），如图 18-33 所示。

18.3 配置基于时间定期自动执行的 Selenium 脚本

图 18-33 设置项目的 GitHub 源码地址

接下来，在"构建触发器"区域中选择 Build periodically 复选框，表示基于时间设定定时执行构建。在"日程表"文本框中填入"H/30 * * * *"（使用的是 Jenkins cron 语法），表示每隔 30min 执行一次构建，如图 18-34 所示。

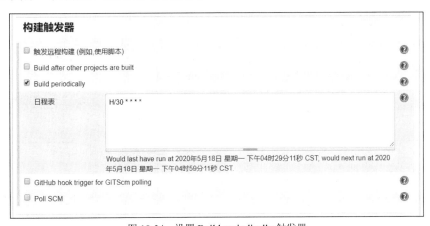

图 18-34 设置 Build periodically 触发器

最后在"构建"区域中选择 Execute Windows batch command。由于本次的主要目的是定时监控当前产品的状态，因此无须设置部署命令，只需填入测试执行的命令 `pytest --junitxml=xmlReport.xml --html=htmlReport.html` 即可，如图 18-35 所示。

设置完成后，单击页面最下方的"保存"按钮。之后每隔 30min 都会执行一次构建并进行自动化测试。

图 18-35　在 Execute Windows batch command 区域中填入需要执行的命令

18.4 完善运行反馈配置

在之前的示例中，我们是通过查看控制台输出来了解各个测试的运行状态。显然，这种反馈方式并不友好，可读性较差。我们需要完善反馈配置，使 Jenkins 生成可读性较好的测试报告，并发送邮件通知相应的成员。

接下来介绍测试报告与邮件的具体设置方法。

18.4.1 配置测试报告

测试报告的配置非常简单。首先，选中之前示例中的项目，单击项目名称右侧向下的箭头，从弹出的菜单中选择"配置"选项，如图 18-36 所示。

然后，进入详细设置界面，滑动到界面底部的"构建后操作"区域，从"增加构建后操作步骤"下拉列表中选择 Publish JUnit test result report（见图 18-37）。

图 18-36　选择"配置"选项

图 18-37　选择 Publish JUnit test result report

18.4 完善运行反馈配置

在之前的构建设置中，使用 `pytest --junitxml=xmlReport.xml --html=htmlReport.html` 命令来运行自动化测试。测试报告将以 XML 的形式存放到 xmlReport.xm 中。为了直接使用测试生成的 XML 报告，在"测试报告（XML）"文本框中填入报告的相对路径及名称即可，如图 18-38 所示。

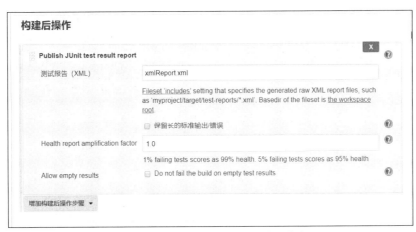

图 18-38　填入测试报告的相对路径及名称

之后若再触发构建，等自动化测试执行结束后，可以在构建详情界面的左侧窗格中选择 Test Result，以查看各个测试的执行结果，如图 18-39 所示。在执行结果界面中单击测试名称，还可以进一步查看测试用例的执行细节。

图 18-39　测试执行结果

18.4.2　配置邮件发送

构建完成后，相关成员如果能及时收到通知邮件，实时了解运行结果，将为项目带来极大的便利。在 Jenkins 中配置邮件发送需要 SMTP 服务，在本例中将演示如何使用 QQ 邮箱作为 SMTP 服务发送邮件。

首先，进入 QQ 邮箱，单击"设置"链接，然后在设置页面中选择"账户"标签页，如图 18-40 所示。

然后，滑动到页面下方，开启"POP3/SMTP 服务"，并单击"生成授权码"链接，如图 18-41 所示。

图 18-40　设置 QQ 邮箱的账户

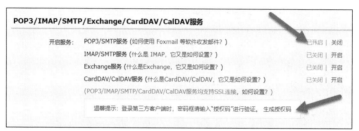

图 18-41　开启"POP3/SMTP 服务"并单击"生成授权码"链接

之后将会显示 QQ 邮箱 SMTP 服务的授权码，如图 18-42 所示。后续再发送邮件时，需要将此授权码作为 SMTP 密码。

图 18-42　生成的授权码

接下来，打开 Jenkins 主界面，在左侧窗格中选择 Manage Jenkins，在右侧窗格中单击 Configure System 选项，如图 18-43 所示。

接着，将进入 Jenkins 详细设置界面，向下滑动到 Jenkins Location 区域，在这里填入刚才开启了 SMTP 服务的 QQ 邮箱地址，如图 18-44 所示。

接下来，滑动到 Extended E-mail Notification 区域，如图 18-45 所示，设置相关信息。

18.4 完善运行反馈配置

图 18-43 进入 Manage Jenkins → Configure System

图 18-44 输入邮件地址

图 18-45 在 Extended E-mail Notification 区域设置信息

- ❑ 把 SMTP server 设置为 smtp.qq.com。
- ❑ 勾选 Use SMTP Authentication 复选框。
- ❑ 把 User Name 设置为开启了 SMTP 服务的 QQ 邮箱地址。
- ❑ 把 Password 设置为刚才在 QQ 邮箱中获取的授权码。
- ❑ 勾选 Use SSL 复选框。
- ❑ 从 Default Content Type 下拉列表中选择 HTML (text/html)选项。

单击"保存"按钮并退出 Jenkins 设置，然后选择要添加邮件通知的项目，单击项目名称

331

右侧的向下箭头，在弹出的菜单中选择"配置"选项，如图 18-46 所示。

接着进入详细设置界面，滑动到界面底部的"构建后操作"区域，从"增加构建后操作步骤"下拉列表中选择 Editable Email Notification，如图 18-47 所示。

图 18-46　配置项目

图 18-47　选择 Editable Email Notification

接下来，在 Editable Email Notification 区域中填写以下信息，如图 18-48 所示。

- Project Recipient List：收件人列表，如果有多个收件人，用 "," 分隔。
- Default Subject：邮件主题，这里使用了部分 Jenkins 变量，以便实现动态主题。
- Default Content：邮件正文，这里同样使用了部分 Jenkins 变量，以便实现动态正文。
- Attachments：附件列表，如果有多个附件，用 "," 分隔，在之前的构建设置中，我们使用 pytest --junitxml=xmlReport.xml --html=htmlReport.html 命令来运行自动化测试，测试报告会以 HTML 的形式存放到 htmlReport.html 中。为了直接使用测试生成的 HTML 报告，可以将 htmlReport.html 填写到 Attachments 文本框中。
- Attach Build Log：表示是否将构建日志作为邮件附件，这里选择 Attach Build Log，表示添加到附件中。

接下来，单击 Editable Email Notification 区域底部的 Advanced Settings 按钮，将弹出新的面板，在这里可以配置邮件发送时间和收件人。

接下来，在新弹出面板的 Triggers 选项区域中，删除原先的选项，从 Add Trigger 下拉列表中选择 Always（表示总是发送邮件，也可以选择 Failure - Any，表示只在构建失败时发送邮件），并在 Send To 文本框中新增 Recipient List，表示将邮件发送给刚才填写的收件人列表中的邮箱，如图 18-49 所示。

接下来，单击"保存"按钮并退出设置。

接下来，重新触发项目构建。构建完成后将会发送图 18-50 所示的邮件。

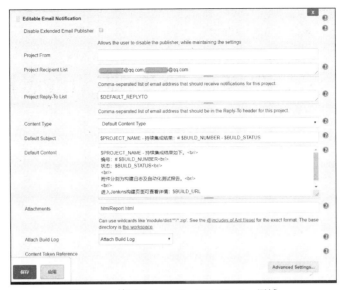

图 18-48　填写 Editable Email Notification 区域

图 18-49　配置邮件发送时间和收件人

图 18-50　发送的邮件

通过以上方式，相关成员能及时收到通知邮件并进行处理，从而为项目带来极大的便利。

第 19 章 选择自动化测试的实施方式

在自动化测试领域从来就没有所谓的"银弹",适合某一类团队的方法未必适用于另一类团队。在实施自动化测试时,切勿生搬硬套,对于不同的团队,需要结合团队自身的情况,采取适合的方式开展自动化测试。

不同的团队拥有不同的产品架构,其开发流程也各有不同。本章主要介绍对于不同的团队应当如何选择最佳的自动化测试实施方式,以及适用于所有团队的一些通用方案。

19.1 不同产品架构与开发流程下的自动化测试

产品架构与开发流程会对自动化测试的实施方式造成影响。作者曾开发过规模各不相同的产品,其中有一种产品维护了很多年。它是一种单体式架构,如图 19-1 所示。该产品功能繁多,代码极其庞大。这类架构原本非常适用于小项目,可通过集中式的方式管理。但随着新功能的添加,日积月累,原来的小项目渐渐变成一个庞然大物,臃肿不堪。在这种架构下,所有代码都在一处管理,并且统一部署。

通常来说,这类庞大的产品都分为不同的子模块,由不同的团队来维护不同的子模块。由于产品规模的限制,且部署过于复杂,发布新功能的方式通常为增量更新文件,因此很难实现自动化的持续集成或持续交付。大多数团队在开发过程中采用瀑布式开发流程,极少部分团队使用敏捷流程。

由于核心功能较多,而流程的反馈周期比较长,因此这类产品即使实现了 UI 自动化测试,要完整运行自动化测试通常也需要几小时。这样一来,自动化测试便无法实现快速反馈。由于产品规模庞大,环境搭建比较复杂,因此很可能多个团队一起使用本地测试环境,但这会导致

19.1 不同产品架构与开发流程下的自动化测试

不稳定性大大增加。如果另一个团队同时也在更改配置或文件，测试将面临失败。

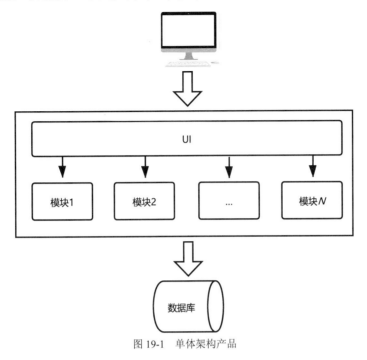

图 19-1 单体架构产品

在这种情况下，自动化测试的作用通常是验收或监控，由测试人员充当自动化测试的用户。如果要实施自动化测试，最好能满足以下条件。

- ❑ 各个团队使用独立的测试环境。如果没有独立环境，最好为 UI 自动化测试单独搭建一个，避免互相干扰。
- ❑ 各个团队负责开发和维护所属子模块的 UI 自动化测试。提交功能时，仅运行相关模块的自动化测试即可，以缩短反馈时间，避免全部运行。
- ❑ 在本地测试环境下避免运行全部测试，但可以在生产环境下每日定期运行全部测试，作为监控手段。

另外一种产品采用的是微服务架构，也是当下最流行的架构之一。每个服务都是独立的业务功能，能够部署在一个或者多个服务器上，如图 19-2 所示。这类产品更容易实施 UI 自动化测试。在微服务架构下，一个网站看似是一个整体，但实际上各个网站子模块甚至是各个页面都是分开的、独立的代码。它们拥有各自独立的部署，而不是像单体架构程序那样只能统一部署到一处。

使用这种架构的团队大多使用敏捷流程或 DevOps 流程，由于这两种流程本身要求较短的开发周期和迅速的反馈，因此更适合由开发人员充当自动化测试的用户，频繁触发自动化测试。实施时最好能满足以下条件。

335

- 将 UI 自动化测试加入持续集成过程中,在代码提交后自动触发自动化回归测试,快速地给予开发团队质量反馈,如有问题可以及时调整代码。
- 全部 UI 自动化测试的时间尽量控制在 10 分钟以内,最长不要超过 15 分钟。

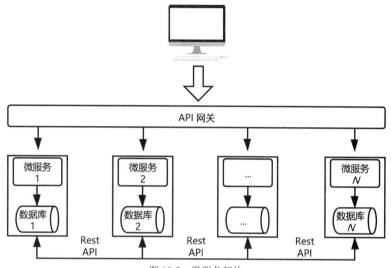

图 19-2　微服务架构

19.2　以正确的数据说话——建立自动化测试评估体系

如何评估自动化测试是成功的还是失败的呢?之前,我们介绍了计算自动化测试收益的简单公式。很明显,如果自动化测试的收益为正数,则可以断定自动化测试成功。

$$自动化测试的收益 = 有效运行次数 \times 全手动执行成本 - \\ 首次实施自动化成本 - 长期维护成本 \qquad (19\text{-}1)$$

然而,在实际项目中,很多人误解或忽视了这一公式,因此错误地评估了自动化测试的成本与收益。

公式的前半部分"有效运行次数×全手动执行成本"是最容易被误解的部分。有人认为自动化测试执行得越多,收益就越大。

有些团队在实施自动化测试时,为每个自动化测试用例都估算并标注了相应的手动测试执行时间,然后不分昼夜地让它们自动运行,并评估这些工作若用手动测试来执行,需要花费多少时间。得出的结论是短短的时间内,自动化测试相比手动测试节省了几十万小时。当看到这样的数据时,自动化测试似乎真的就成功了。

然而,节省的这几十万小时真的是必要的工作吗?答案自然是"未必"。不妨想一想,在拥有自动化测试之前,哪些测试工作是必须要靠人来完成的,这样的测试工作占多大的比例。

19.2 以正确的数据说话——建立自动化测试评估体系

如果原先就不是不可缺少的测试工作，那无论是手动执行测试还是自动执行测试，这些工作都没有意义。而如果原先根本不存在某些测试工作，同时也没有做的必要（谁会不分昼夜地去执行手动测试？），但由于实施了自动化测试，为了体现自动化测试的价值，于是硬生生加上了这些非必要的工作，也是毫无意义的。既然本身就是无意义的工作，所谓的节省"几十万小时"自然是毫无价值的。

请注意公式中最重要的一点，即"有效运行次数"，运行是否有效尤为重要。在之前不分昼夜运行测试的案例中，很明显那些运行次数都是不具备任何效益的，属于无效运行次数。只有"对于必须要执行的手动测试，由自动化来代替执行"的次数，才能真正算是"有效运行次数"。

想想实际工作中有哪些属于必须要经常手动执行的测试。例如，在每次发布新版本时，都必须对整个网站的核心功能进行一次回归测试，从而判断此次发布是否影响了核心功能。很明显，这就属于必须要手动执行的测试，而且频率很高，此时如果用自动化代替执行，是可以算作有效运行次数的。

自动化测试并不是执行得越多，收益越大，只有有效的运行才会真正带来收益。在统计数据时，一定要区分哪些是无效运行次数，哪些是有效运行次数，这样才能统计出正确的收益结果。

式（19-1）中的后两项则是最容易被忽视的部分。很多团队可能都记录了首次实施自动化时的工时成本，却没有持续跟踪长期维护成本。对于很多看上去成功的自动化测试，如果算上了长期维护成本，实际上是入不敷出的。

每当自动化测试用例执行失败，都会由人去排查与修复问题，这些统统都是维护成本，需要单独记录耗费的工时。对于那些经常出于各种原因执行失败（并非 Bug 引起的失败）的自动化测试用例，如果长期维护成本超过其收益，需要考虑弃用。自动化测试并非只增加脚本，必要时还得做减法。

要正确评估自动化测试的成本与收益，就需要一套合理的评估体系，这套体系其实并不难搭建，只需要准确收集公式中各项的数据，并将其保存到数据库中，定期产生表 19-1 所示的报表即可。

表 19-1 自动化测试成本与收益

测试用例	预计手动执行时间	有效执行次数	首次自动化实施成本	长期维护成本总数	维护次数	结论
测试用例 1	10min	40	120min	100min	3	收益：180min
测试用例 2	5min	30	100min	30min	1	收益：20min
测试用例 3	15min	30	200min	350min	10	亏损：100min

自动化测试整体是成功还是失败的？哪些测试用例效益最大？哪些测试用例需要弃用？通过这样的评估体系，可以很容易得出结论。

19.3 打造自动化测试闭环

自动化测试的实施会依次经历测试计划、测试设计、自动化测试开发、自动化测试运维这几个环节。但仅仅是这样,并没有形成一个完整的闭环。

自动化测试并非一件一劳永逸的事情,而是需要长期去优化改良的事情。一个良好的自动化测试实践应该形成图 19-3 所示的完整闭环。

评估与反馈是闭环中的一个转折环节。然而,这个环节常常被忽视。若缺乏有效的评估,就无法断言自动化测试是否成功。上一节已经介绍了如何进行评估。而缺乏反馈,就失去了进一步优化自动化测试效能的机会。

已有的自动化测试用例有自己的生命周期,可能因为造成亏损被淘汰。而有些效益不够明显的用例可以进行重构改良,排入下一轮的计划当中。而对于之前尚未实施自动化的测试用例或其他测试执行方面的任务,如果有必要,也可以将其安排到下一轮的自动化测试计划中。例如计划中可能包括第一期尚

图 19-3 自动化测试闭环

未完全实现自动化的剩余测试用例,也有可能包括由于某个功能区块 Bug 率较高,因此作为问题热点需要添加的自动化测试。总之,那些适合自动化的工作都可以经由反馈与梳理,进入下一轮的计划当中。

闭环的每一次轮转都是一个自我优化的过程,整个自动化测试不断历经物竞天择式的迭代,将会逐渐进化为更具效能的工具,发挥其最大的价值。